精通
Kubernetes

Mastering Kubernetes

[美] 吉吉·塞凡（Gigi Sayfan）著

任瑾睿 胡久林 译

人民邮电出版社
北　京

图书在版编目（CIP）数据

精通Kubernetes / （美）吉吉·塞凡（Gigi Sayfan）
著；任瑾睿，胡久林译. -- 北京：人民邮电出版社，
2020.7（2021.5重印）
ISBN 978-7-115-53611-2

Ⅰ. ①精… Ⅱ. ①吉… ②任… ③胡… Ⅲ. ①
Linux操作系统—程序设计 Ⅳ. ①TP316.85

中国版本图书馆CIP数据核字(2020)第046675号

版权声明

◆ 著　　[美] 吉吉·塞凡（Gigi Sayfan）
　　译　　任瑾睿　胡久林
　　责任编辑　陈聪聪
　　责任印制　王　郁　焦志炜

◆ 人民邮电出版社出版发行　　北京市丰台区成寿寺路 11 号
　　邮编　100164　电子邮件　315@ptpress.com.cn
　　网址　https://www.ptpress.com.cn
　　固安县铭成印刷有限公司印刷

◆ 开本：800×1000　1/16
　　印张：21.5
　　字数：404 千字　　　　　　　2020 年 7 月第 1 版
　　印数：2 301－2 600 册　　　2021 年 5 月河北第 3 次印刷

著作权合同登记号　图字：01-2018-7651 号

定价：89.00 元
读者服务热线：(010)81055410　印装质量热线：(010)81055316
反盗版热线：(010)81055315
广告经营许可证：京东市监广登字20170147号

内容提要

　　本书通过理论与实践相结合，全方位地介绍 Kubernetes 这一容器编排的理想工具。本书共 14 章，涉及的主题包括理解 Kubernetes 架构，创建 Kubernetes 集群，监控、日志记录和故障排除，高可用性和可靠性，配置 Kubernetes 安全、限制和账户，使用关键 Kubernetes 资源，管理 Kubernetes 存储，使用 Kubernetes 运行有状态应用程序，滚动更新、可伸缩性和配额，高级 Kubernetes 网络，在云平台和集群联邦中运行 Kubernetes，自定义 Kubernetes API 和插件，操作 Kubernetes 软件包管理器以及 Kubernetes 的未来。本书综合考虑不同环境和用例，使读者了解如何创建大型系统并将其部署在 Kubernetes 上。在各章节主题中，读者提供了丰富的实践案例分析，娓娓道来，引人入胜。

　　本书可以作为 Kubernetes 的实践参考手册，聚焦于设计和管理 Kubernetes 集群，为开发人员、运维工程师详细介绍了 Kubernetes 所提供的功能和服务。

关于作者

吉吉·塞凡（Gigi Sayfan）是 Helix 的软件架构师，Helix 是一家生物信息学和基因组学的创业公司。他已有 20 多年的软件开发经验，涉及即时通信、变形、芯片制造过程控制、游戏控制台嵌入式多媒体应用、脑启发机器学习、定制浏览器开发、3D 分布式游戏平台的 Web 服务以及物联网传感器和虚拟现实等多个领域。

他使用多种编程语言在多种操作系统中编写代码，编程语言诸如 Go、Python、C、C++、C#、Java、Delphi、JavaScript，甚至 Cobol 和 PowerBuilder；操作系统包括 Windows（3.11～7）、Linux、macOS、嵌入式 Lynx；另外，还有 Sony PlayStation 游戏机等。他的技术专长包括数据库、底层网络、分布式系统、非正统的用户界面和一般软件开发生命周期。

关于审稿人

雅库布·帕夫利克（Jakub Pavlik）是 TCP Cloud 的联合创始人、前 CTO 和首席架构师。TCP Cloud 于 2016 年被 Mirantis 收购。Jakub 和他的团队在基于 OpenStack-Salt 和 OpenContrail 项目的 IaaS 云平台从事了多年研发工作，这些云平台为全球服务提供商提供部署和运营服务。他的公司 TCP Cloud 凭借其架构成就和操作能力，被致力于 OpenStack 的 Mirantis 收购。

目前，他正与其他专业团队合作并担任产品工程总监，为 NFV/SDN、IoT 以及基于 Kubernetes、容器化的 OpenStack 和 OpenContrail 的大型数据用例开发一个新的 Mirantis 云平台。他同时也是 OpenContrail 咨询委员会的成员。

他还热衷于 Linux 操作系统、冰球和电影，并且十分爱他的妻子哈努尔卡。

名词说明

本书翻译历时 5 个多月，为了尽可能地做到技术词汇的统一、贴近中文，译者们可下了一番功夫。其间译者咨询了一些专业人士，在搜索引擎中查阅了大量的博客，关注了中文社区较长时间等。

"云提供商"和"云供应商"：两种中文说法都存在，并且好像都没有什么大的区别。本书采用了"云提供商"。

"注释"和"注解"：一部分人将 Annotation 翻译为"注释"，从 Annotation 的定义中可以发现，注解可使任意元数据与 Kubernetes 对象关联，而且其常以 JSON 对象等配置形式出现在命令行或者代码中。考虑到开发中注释为一种对代码的说明描述，而注解在 Java 等编程语言中是一种标记，故此处翻译为注解。

"Bare Metal"：本书翻译为裸金属，裸金属与物理机、裸机并不是一回事，它既不是虚拟机，也不是物理机，而是一个兼具虚拟机和物理机优势的产品。

上述只是 3 个举例，读者可以根据自己的习惯进行阅读，请读者理解。

翻译说明

参与本次翻译的一共有两位成员。其中胡久林负责第 5~11 章的翻译，任瑾睿负责序、第 1~4 章和第 12~14 章的翻译。译者尽量做到充分沟通，互相审阅，由胡久林负责统稿汇总。

有读者评价 *Mastering Kubernetes* 这本英文原书的时候，提到 Mastering 应该改为 Knowing。我对本书的评价是结合实践，浅显易懂。通俗易懂对一本书来说，并不是一件坏事。译者认为，技术图书不一定要编著得高深莫测。经过十年计算机领域的求学和工作后，译者对技术最大的感慨就是授人以鱼不如授人以渔。译者认为如何加强逻辑训练，如何尽可能全面地考虑问题，如何一步一步地结合现有的技术和产品设计出自己的大型系统是极其重要的。译者认为本书的益处就是潜移默化地提升了读者这方面的能力。

十分感谢获得这次机会参与到翻译技术图书的工作中，衷心地祝愿读者，能像本书的原作者说的那样，在阅读完本书之后，与 Kubernetes 一起创造惊人的东西！

译者对技术一直抱有敬畏之心，当得知有机会翻译 *Mastering Kubernetes* 这本书时一直诚惶诚恐。技术是神圣的，图书更是带领读者走向神圣的钥匙。译者一直担心因自己专业知识的不足、文字功底不够扎实不能完美地诠释这本书。如果读者发现本书翻译错误或专业词汇失当，请随时发邮件至 tohujiulin@126.com 与译者联系，亦可访问译者的博客进行反馈。

前言

本书聚焦于设计和管理 Kubernetes 集群，详细地介绍了 Kubernetes 为开发人员、DevOps 工程师以及需要协作使用容器编排来构建和演进复杂分布式系统的开发人员所能提供的所有功能和服务。本书综合考虑不同的环境和用例，使读者了解如何创建大型系统并将其部署在 Kubernetes 上。本书将带领读者深入了解如何组织 Kubernetes、它对特定资源的适宜场景，以及如何以有效的方式实现和配置集群。通过实际操作任务和练习，读者将深入了解 Kubernetes 体系结构，如何安装、操作和升级集群，以及如何使用最佳实践部署软件。

本书内容

第 1 章，理解 Kubernetes 架构：简要介绍了本书的主要目标和分布式系统中的容器编排。它帮助读者理解构建 Kubernetes 的基本指导原则，并涉及了设计细节。

第 2 章，创建 Kubernetes 集群：这是一个实践性的章节。在本章中读者会使用不同的工具创建多个 Kubernetes 集群，涉及从快速测试集群到成熟的产业强度集群所要用到的各类工具。

第 3 章，监控、日志记录和故障排除：阐述从 Kubernetes 集群进行事件监控、日志记录事件和度量收集的方法，使读者识别和分析集群行为中的模式。

第 4 章，高可用性和可靠性：介绍高可用性架构的最佳实践。在考虑成本/性能权衡、实时升级和性能瓶颈的情况下，Kubernetes 可以通过各种方式配置实现高可用性。

第 5 章，配置 Kubernetes 安全、限制和账户：带领读者了解如何通过 SSL API、附加组件和 Docker 身份验证等保证 Kubernetes 生产环境的安全性。本章探讨了各种安全主题，深入研究了准入控制、外部授权系统的接口和命名空间。

第 6 章，使用关键 Kubernetes 资源：在本章中，读者将参与基于微服务的复杂系统的设计，包括 Kubernetes 资源的演练部署，其中每个资源将映射到应用程序结构或配置中的对应部分。

第 7 章，管理 Kubernetes 存储：介绍 Kubernetes 中的持久化存储卷。读者将能够通过 Kubernetes 中不同的存储类型，映射到特定的使用案例。

第 8 章，使用 Kubernetes 运行有状态的应用程序：讨论了用户在运行遗留的整体有状态应用程序和服务（如数据库、消息队列等）时将面临的问题。本章还介绍了集群有状态应用的环境共享变量和 DNS 记录。

第 9 章，滚动更新、可伸缩性和配额：介绍 Kubernetes 的高级特性，如 Pod 水平自动伸缩、集群规模和滚动更新。本章也涵盖了 Kubernetes 规模测试和压力测试工具。

第 10 章，高级 Kubernetes 网络：介绍第三方 SDN 插件的容器网络接口，本章也详细介绍了 CNI 插件、负载均衡和网络安全策略。

第 11 章，在云平台和集群联邦中运行 Kubernetes：介绍如何在几个特定的平台（裸金属、AWS、GCE）上部署生产环境中的 Kubernetes 集群，也指明了现实世界中集群联邦的必要性。

第 12 章，自定义 Kubernetes API 和插件：介绍如何在 API 级别使用 Kubernetes，以及开发第三方资源的用例和动机，还介绍了 Kubernetes 支持的插件类型以及如何开发自定义插件。

第 13 章，操作 Kubernetes 软件包管理器：介绍如何以打包形式处理 Kubernetes 应用程序。本章讨论了如何查找和安装现有的 Helm 包，以及如何自行编写 Helm Chart。

第 14 章，Kubernetes 的未来：着眼于未来，展望了 Kubernetes 的发展路线和发展趋势，以及它在容器编排场景中的地位，同时也与其竞争对手进行了比较。

阅前准备

为了同步实现每一章中的示例，读者需要在机器上安装 Docker 和 Kubernetes 的最新版本，理想情况下是 Kubernetes 1.6。如果读者的操作系统是 Windows 10 专业版，最好启用系统管理程序模式，否则需要安装 VirtualBox 虚拟机并使用 Linux 客户操作系统。

目标读者

本书面向那些已经具备 Kubernetes 的中级知识，并想要掌握其高级特性的系统管理员和开发人员。读者也应该具备基本的网络知识。本书作为进阶图书，为读者指明了掌握 Kubernetes 的学习路径。

资源与支持

本书由异步社区出品，社区（https://www.epubit.com/）为您提供相关资源和后续服务。

配套资源

本书提供如下资源：

- 本书配套资源请到异步社区本书购买页下载。

要获得以上配套资源，请在异步社区本书页面中单击 配套资源，跳转到下载界面，按提示进行操作即可。注意：为保证购书读者的权益，该操作会给出相关提示，要求输入提取码进行验证。

提交勘误

作者和编辑尽最大努力来确保书中内容的准确性，但难免会存在疏漏。欢迎您将发现的问题反馈给我们，帮助我们提升图书的质量。

当您发现错误时，请登录异步社区，按书名搜索，进入本书页面，单击"提交勘误"，输入勘误信息，单击"提交"按钮即可。本书的作者和编辑会对您提交的勘误进行审核，确认并接受后，您将获赠异步社区的 100 积分。积分可用于在异步社区兑换优惠券、样书或奖品。

扫码关注本书

扫描下方二维码，您将会在异步社区微信服务号中看到本书信息及相关的服务提示。

与我们联系

我们的联系邮箱是 contact@epubit.com.cn。

如果您对本书有任何疑问或建议，请您发邮件给我们，并请在邮件标题中注明本书书名，以便我们更高效地做出反馈。

如果您有兴趣出版图书、录制教学视频，或者参与图书翻译、技术审校等工作，可以发邮件给我们；有意出版图书的作者也可以到异步社区在线提交投稿（直接访问 www.epubit.com/selfpublish/submission 即可）。

如果您所在的学校、培训机构或企业想批量购买本书或异步社区出版的其他图书，也可以发邮件给我们。

如果您在网上发现有针对异步社区出品图书的各种形式的盗版行为，包括对图书全部或部分内容的非授权传播，请您将怀疑有侵权行为的链接发邮件给我们。您的这一举动是对作者权益的保护，也是我们持续为您提供有价值的内容的动力之源。

关于异步社区和异步图书

"异步社区"是人民邮电出版社旗下 IT 专业图书社区，致力于出版精品 IT 技术图书和相关学习产品，为作译者提供优质出版服务。异步社区创办于 2015 年 8 月，提供大量精品 IT 技术图书和电子书，以及高品质技术文章和视频课程。更多详情请访问异步社区官网 https:// www.epubit.com。

"异步图书"是由异步社区编辑团队策划出版的精品 IT 专业图书的品牌，依托于人民邮电出版社近 30 年的计算机图书出版积累和专业编辑团队，相关图书在封面上印有异步图书的 LOGO。异步图书的出版领域包括软件开发、大数据、AI、测试、前端、网络技术等。

异步社区

微信服务号

目录

第 1 章
理解 Kubernetes 架构

Kubernetes 是拥有大量代码和功能的大型开源项目。读者可能阅读过 Kubernetes 的相关文章，或在其他项目中涉足这一领域，甚至在工作中使用过 Kubernetes。但若想深入理解并有效使用 Kubernetes，将其更好地应用于实践，则需要对其有更深入的了解。本章将构建 Kubernetes 的基本框架，首先，我们将理解容器编排（Container Orchestration）的含义；接着解释几个与 Kubernetes 相关的重要概念，这些概念将贯穿于全书；之后，深入介绍 Kubernetes 的体系架构，了解如何将 Kubernetes 的所有功能提供给用户；紧接着将介绍 Kubernetes 支持的各种运行时和容器引擎（Docker 便是其中之一）；最后，对 Kubernetes 在全连续集成（Full Continuous Integration）和部署管道（Deployment Pipeline）中的作用进行探讨。

本章将重点介绍以下几个方面：容器编排、Kubernetes 适用条件、Kubernetes 设计原理和体系结构以及 Kubernetes 支持的不同运行时环境。读者将熟悉开源仓库的整体结构，并为解决其余问题打好基础。

1.1 理解容器编排

Kubernetes 的主要功能是容器编排，是指确保所有容器都按照计划运行在物理机或虚拟机上。这些容器在部署环境和集群配置的约束下被打包执行大量工作负载。此外，Kubernetes 必须密切关注所有运行中的容器，替换运行中止、无响应或其他非正常状态的容器。后续章节将会介绍 Kubernetes 的更多功能，本节将重点介绍容器及其编排。

1.1.1 物理机、虚拟机和容器

硬件贯穿于容器编排的始终。运行工作负载需要一些真正的硬件配置，包括具有计算能力（CPU 或核心）、内存和一些本地持久存储（机械硬盘或 SSD）的实体物理机。

此外，需要一些共享的持久存储，并使用网络连接所有物理机，以便于其互相查找和信息互通。此时，可在物理机上运行多个虚拟机或单纯保持裸金属状态。Kubernetes 可部署在实体硬件或虚拟机集群上，同时也可以直接在实体硬件或虚拟机上管理容器。理论上，一个 Kubernetes 集群可以由物理机和虚拟机组合而成，但这并不常见。

1.1.2　云端容器

容器是封装微服务的理想选择，因为它们不仅为微服务提供隔离，并且非常轻量，且在部署多个微服务时不会像使用虚拟机时那样产生大量开销。这使得容器非常适合于云部署，因为为每个微服务分配整个虚拟机的成本非常高。

现在主要的云提供商（如 AWS、GCE 和 Azure）都提供容器托管服务，其中一些便是基于 Kubernetes（如 Google 的 GKE）；另外诸如 Microsoft Azure 的容器服务，则是基于 Apache Mesos 等其他解决方案。此外，AWS 将 ECS（EC2 上的容器服务）作为其自有的编排解决方案。Kubernetes 的强大之处在于，它可以部署在上述这些云服务器上。Kubernetes 有一个云提供商接口，允许任何云提供商执行并无缝集成 Kubernetes。

1.1.3　服务器运行模式

过去系统规模很小，每个服务器都有一个名字。开发人员和用户确切地知道每台机器上运行的是什么软件。我工作过的许多公司都进行过数日讨论，来决定服务器的命名主题。例如，作曲家和希腊神话人物是受欢迎的选择。开发人员像对待自己挚爱的宠物一样对待服务器。如果一台服务器发生故障，这将是重大的危机，所有人都需投入全部精力完成这 3 件事情：更换一台新的服务器；确认发生故障的服务器上还运行着哪些数据；如何让这些数据在新服务器上运行。如果发生故障的服务器存储了一些重要的数据，那只能寄希望于备份数据和数据恢复。

显然，这种方法并不合适，当有几十个甚至上百个服务器时，必须像对待牲畜一样对待它们，此时需考虑的是集体而非个体。或许此时构建机器时仍需要像对待宠物一样处理，但对于网络服务器来讲，只能像对待牲畜一样去处理。

Kubernetes 把这一方法推向极致，它承担了将容器分配给特定机器的全部任务。无须花费大量时间与各个机器（节点）交互。这对于无状态工作负载来说是最好的。对于有状态应用程序，情况稍有不同，但 Kubernetes 提供了一个名为 StatefulSet 的解决方案，我们接下来将对其进行讨论。

在本节中，讲述了容器编排的概念，讨论了主机（物理机或虚拟机）和容器之间的关系，以及在云端运行容器的优势，最后以牲畜和宠物作为类比探讨服务器的运行模式。1.2 节将进入 Kubernetes 的世界，了解与之相关的概念和术语。

1.2　Kubernetes 的相关概念

本节将简要介绍许多与 Kubernetes 相关的重要概念，并提供一些案例来说明这些概念的重要性和相互间的关系，以便熟悉这些术语和概念。接着，介绍如何将这些概念编排在一起以实现令人敬畏的效果。读者可将其中的许多概念视为构建块。一些概念被视作一个 Kubernetes 组件来执行，如节点和主节点。这些组件处于不同的抽象级，这将在 1.5 节中进行详细讨论。

图 1.1 是著名的 Kubernetes 架构。

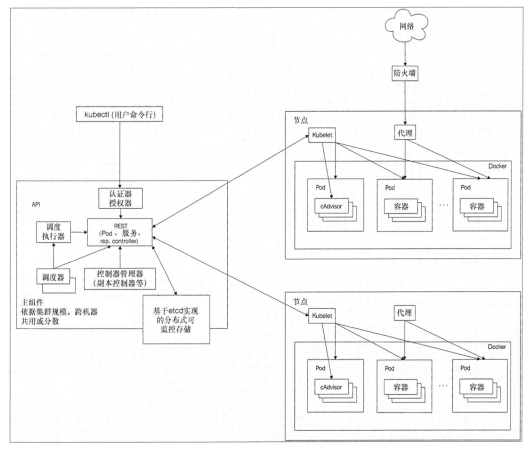

图 1.1　Kubernetes 架构

1.2.1　集群

集群是主机存储和网络资源的集合，Kubernetes 使用集群来运行组成系统的各种工作负载。一个完整的系统可以由多个集群组成。之后会详细讨论集群联邦的高级用例。

1.2.2　节点

节点是单个主机，它可以是物理机或虚拟机，职责是运行 Pod。每个 Kubernetes 节点运行多个 Kubernetes 组件，如 Kuberlet 和 Kube 代理。节点由 Kubernetes 主控制器管理，这些节点类似于 Kubernetes 的工蜂，肩负重担，过去它们被称为下属（Minion）。如果读者曾阅读过以往的文献资料，请不要被混淆，下属即指节点。

1.2.3　主节点

主节点是 Kubernetes 的控制面板，由几个组件组成，包含 API 服务器、调度器和控制器管理器。主节点负责节点在全局、集群水平的调度和事件处理。通常，所有的主控制器组件都设置在一个单一主机上，在考虑到高可用性场景或大型集群时，会倾向于采用多个主节点。在第 4 章中将详细说明高可用性集群。

1.2.4　Pod

Pod 是 Kubernetes 的工作单元，每个 Pod 包含一个或多个容器，Pod 通常在同一台机器上运行并一起调度。Pod 中的所有容器具有相同的 IP 地址和端口空间，它们可通过本地主机或标准进程进行通信。此外，Pod 中的所有容器都可以访问承载于 Pod 的节点上的本地共享存储，共享存储会存在于每个容器上。Pod 是 Kubernetes 的重要特征，通过作为运行于多个进程的主 Docker 应用程序的超级管理员，可以实现在单个 Docker 容器中运行多个应用程序，但出于以下几点，并不鼓励这种做法。

- **透明性**：使 Pod 内的容器对基础设施可见，使得基础设施能够向这些容器提供服务，例如流程管理和资源监控，这为用户提供了许多便利。
- **解耦软件依赖**：可以独立地对单个容器进行版本化、重建和重新部署。Kubernetes 甚至有望支持单个容器的实时更新。
- **易用性**：用户无须运行自有进程管理器，也不需要担心信号和退出代码的事务传播等。
- **效率**：由于基础设施将承担更多的职责，因此容器可以更加轻量。

对于相互依赖且需要在同一主机上协作以实现其目标的容器组，Pod 提供了很好的解决方案。切记，Pod 被认为是临时、可替代的实体，需要的话可以被丢弃和替换，Pod 可破坏任何 Pod 存储。每个 Pod 都有一个唯一的 ID（UID），因此，区分它们仍是可实现的。

1.2.5 标签

标签是用来组合对象集合（通常是 Pod）的键值对。这对于其他几个概念非常重要，例如副本控制器、副本集以及需要在对象动态组上进行操作、标识组成员的服务。对象和标签之间存在 $N×N$ 的关系，每个对象可以具有多个标签，并且每个标签可以应用于不同的对象。标签的设计有一定的限制，对象上的每个标签都必须且有唯一密钥，标签密钥必须遵守严格的语法。它的语法包含两个部分：前缀和名称。前缀是可选的，如果它存在，则通过前斜杠（/）与名称分离，并且必须是有效的 DNS 子域，前缀最多包含 253 个字符。名称是强制的，最多包含 63 个字符。名称必须以字母、数字、字符（a~z、A~Z、0~9）开头和结尾，并且只包含字母、数字、字符、点、破折号和下划线。值的规则与名称相同。需注意的是，标签只用于标识对象，而不会将任何元数据附加到对象中。这便是注解的目的（参见 1.2.6 节）。

1.2.6 注解

注解可使任意元数据与 Kubernetes 对象关联。Kubernetes 只存储注解并使其元数据可用。与标签不同的是，它对字符类型和大小没有严格要求。复杂的系统通常需要这样的元数据，而 Kubernetes 可识别这样的需求并提供开箱即用的元数据，这样用户则不必提取自己单独的元数据存储进行映射。

这里已涵盖了大部分 Kubernetes 的概念，也对其进行了简要概括。在 1.2.7 节中，将从其设计动机、内部结构与实现、源代码方面继续研究 Kubernetes 的体系结构。

1.2.7 标签选择器

标签选择器根据标签选择对象，基于相等的选择器指定键名和值。基于值的等式或不等式，它有两个运算符：=（或==）和!=，代码如下。

```
role = webserver
```

这将选择所有具有该标签键和值的对象。

标签选择器可以用多个逗号分隔，代码如下。

```
role = webserver, application != foo
```

基于集合的选择器扩展性能并允许基于多个值进行选择，代码如下。

```
role in (webserver, backend)
```

1.2.8　副本控制器和副本集

副本控制器和副本集管理由标签选择器标识的一组 Pod，确保一定数量的 Pod 始终运行。它们之间的主要区别在于，副本控制器通过名称匹配来测试成员资格，副本集则通过基于集合的选择器。副本集更新，并被指定为下一代副本控制器。它还处于测试阶段，且在编写时不能被所有工具支持。但也许读者在读到这本书时，它已完全成熟。

Kubernetes 会保证在副本控制器或副本集中保持相同数量的 Pod 运行。在因主机节点或 Pod 本身的问题而导致数量下滑时，Kubernetes 将启动新的用例。需注意的是，如果人为启动 Pod 并超过指定数量，则副本控制器将结束多余 Pod 的进程。

副本控制器曾经是许多工作流的中心，例如滚动更新和运行一次性作业。随着 Kubernetes 的发展，它引入了对很多类似工作流的直接支持，例如 Deployment、Job 和 DaemonSet 等专用对象。这些将在下面的章节中提到。

1.2.9　服务

服务向用户或其他服务暴露一些功能。它们通常包含一组 Pod，由标签进行区分。服务可提供对外部资源的访问路径，或者直接控制虚拟 IP 的 Pod。本地 Kubernetes 服务器通过便捷的端点暴露功能。需注意的是，服务在第 3 层（TCP/UDP）进行。Kubernetes 1.2 添加了入口对象，该对象提供对 HTTP 对象的访问，后续会对这一部分展开详谈。服务可通过以下两种机制之一被发布或发现：DNS 或环境变量。服务可以由 Kubernetes 均衡负载。但当服务使用外部资源或需要特殊处理时，开发人员可自行管理和均衡负载。

与 IP 地址、虚拟 IP 地址和端口空间相关的细节，都将在之后的章节中深入讨论。

1.2.10　存储卷

Pod 上的存储是临时的，会随 Pod 一起消失。如果只是在节点的容器间交换数据，这已经足够，但有时数据需要在 Pod 上存储更长的时间，或在 Pod 间传递数据，存储卷的概念便支持了这种需求。需注意的是，虽然 Docker 中也有存储卷的概念，但它仍比较有限（尽管功能越来越强大）。Kubernetes 使用自有的存储卷，并且支持额外的容器类型（如 rkt），因此在根本上它独立于 Docker 的存储卷。

存储卷类型有多种，Kubernetes 目前直接支持所有类型。如果可添加间接层，则抽象存储卷插件也许会被开发。emptyDir 存储卷类型会在每个容器上安装一个卷，该卷会默认在宿主机器的任意可用容器上备份。如果需要，可以请求存储介质。当 Pod 由于任何原因终止时，此存储会被删除。对于特定的云环境、各种联网的文件系统，甚至 Git 存储库，都有许多存储卷类型。一个比较有意思的存储卷类型是 PersistentDiskClaim，它概括了部分细节，并在开发者的云提供商环境中使用默认的持久存储。

1.2.11　有状态服务集

如果关注 Pod 上的数据，则可以使用持久化存储。但若需要 Kubernetes 管理诸如 Kubernetes 或 MySQL Galera 分布式数据存储库，便不能用常规的 Pod 和服务来模拟它，因为这些集群存储使数据分布在唯一的节点上。说回有状态服务集，前文讨论了宠物与牲畜的关系，以及牲畜是如何管理和执行的。有状态服务集介于二者之间。有状态服务集能够确保给定数量的具有唯一标识的宠物在任意给定时间运行（类似于复制控制器）。宠物具有以下特性。

- 在 DNS 中可用的稳定主机名。
- 序数索引。
- 与序数和主机名相连接的稳定存储。

有状态服务集可以帮助对等体发现、添加或移除宠物。

1.2.12　密钥对象

密钥对象是包含敏感信息的小型对象，如凭据和令牌。它们以明文的形式存储在 etcd 中，可通过 Kubernetes API 服务器访问，并在需要访问时作为文件装入 Pod 中（使用负载于常规容量上的专用密钥对象容量）。相同的密钥对象可被安装到多个 Pod 中。Kubernetes 本身已为它的组件加密，开发者也可以创造自有密钥对象。另一种方法是使用密钥对象作为环境变量。需注意的是，为获得更好的安全性，在预制密钥对象的情况下，Pod 中的密钥对象一般存储于 tmpfs 内存中。

1.2.13　名称

Kubernetes 中的每个对象都由 UID 和名称标识，该名称用于引用 API 调用中的对象。

名称应不超过 253 个字符，并使用小写字母数字字符、下划线（_）和圆点（.）。如果删除对象，则可以创建与已删除对象具有相同名称的另一对象，但 UID 在集群生命周期中必须是唯一的。UID 由 Kubernetes 生成，因此无须担心其重复。

1.2.14　命名空间

命名空间是一个虚拟集群。由命名空间分隔的多个虚拟集群可组成一个单独的物理集群。每个虚拟集群与其他虚拟集群完全隔离，它们只能通过公共接口交换信息。需注意的是，节点对象和持久化存储卷不存在于命名空间中。Kubernetes 可以调度来自不同命名空间的 Pod 在同一节点运行。同样，来自不同命名空间的 Pod 可以使用相同的持久存储。

在使用命名空间时，必须考虑网络策略和资源配额，以确保物理集群资源的正确访问和分配。

1.3　深入了解 Kubernetes 架构

Kubernetes 有非常宏大的目标，它致力于管理并简化跨环境和云提供商的分布式系统的编排、部署和管理。它提供了许多功能和服务，这些功能和服务应当适应于各种情境，并不断衍化和保持足够简单以供大部分用户使用。这是一个艰巨的任务。Kubernetes 通过清晰的排布、高水平的设计和成熟的架构来实现这一点，该架构同时促进了系统的扩展性和灵活性。Kubernetes 的许多部分仍是硬编码或环境敏感的，但它们会被逐渐分解为插件，并保持内核的通用性和概括性。在本节中，将对 Kubernetes 层层解剖，首先介绍各种分布式系统设计模式以及 Kubernetes 如何对其进行支持；然后介绍 Kubernetes 外层，即它的 API 集；接下来会介绍组成 Kubernetes 的实际组件；最后，对源代码树进行简要介绍，以对 Kubernetes 的结构进行进一步了解。

在本节的最后，读者将对 Kubernetes 的架构、执行以及其部分设计决策有深入的理解。

分布式系统设计模式

用托尔斯泰在《安娜·卡列尼娜》中的一句话来形容幸福的家庭（工作的分布式系统）都是相似的。这意味着，所有设计良好的分布式系统都必须遵循最佳实践和原则，以使其功能正常运行。Kubernetes 不仅是一个管理系统，它同时还可应用这些最佳实践为开发者和管理员提供高水平的服务。下面将介绍几种设计模式。

1．边车模式

边车模式除主应用容器之外，还在 Pod 中共同定位另一个容器。应用容器并不知道边车容器，只是单纯执行自己的任务。中央日志代理（Central Logging Agent）就是一个很好的例子。主容器只将日志记录到 stdout，但边车容器会将所有日志发送到一个中央日志服务，这些日志将在此处聚合整个系统的日志。使用边车容器相较于将中央日志添加到主应用容器有巨大的优势，应用不再受到中央日志的负担，如果要升级或更改中央日志记录策略或切换到新的提供商，只需更新并部署边车容器，应用容器并没有任何改变，因此不会由于意外情况而遭到破坏。

2．外交官模式

外交官模式是指将远程服务当作本地服务，并使其强制执行部分策略。外交官模式的一个很好的例子是，如果有一个 Redis 集群，该集群中一个主机用于编写，其余副本用于读取，则本地外交官容器可作为代理，并将 Redis 暴露给本地主机上的主应用容器。主应用容器简单地连接到 localhost:6379（Redis 缺省端口）上的 Redis，但是它其实只是连接到在相同 Pod 中运行的外交官容器，该容器过滤请求，将编写请求发送到真正的 Redis 主机，并将读取请求随机发送到其中一个读取副本上，与挎斗模式类似，主应用在这期间并不了解运行过程。当测试真正的本地 Redis 集群时，这会有很大的帮助。此外，如果 Redis 集群配置发生改变，则只需要修改外交官容器，主应用同样不了解这一运行过程。

3．适配器模式

适配器模式是关于主应用容器的标准化输出。逐步推出的服务可能会面临如下问题：服务可能会生成不符合先前版本的格式报表，而其他使用该输出的服务和应用还未升级。适配器容器可以与新的应用容器共同部署在同一 Pod 上，并将其输出与旧版本相匹配，直到所有的用户都被升级。适配器容器与主应用程序容器共享文件系统，以此监控本地文件系统，每当新应用写入某个文件时，适配器容器将立即进行适配。

4．多节点模式

单节点模式都是直接由 Kubernetes 通过 Pod 直接进行支持的。而多节点模式并不被直接支持，例如负责人选举、工作队列和分散收集等，但使用标准接口组合 Pod 可实现 Kubernetes 支持。

1.4　Kubernetes API

若想了解一个系统的功能及其提供的服务，需要关注它的 API。API 为使用该系统的用户提供了一个全局图。Kubernetes 从多角度为开发者提供多组 REST API。有些 API 需通过工具使用，有些则可以被开发者直接使用。API 的一个重要方面在于它们也在不断地发展，Kubernetes 开发者通过尝试扩展（向现有对象添加新对象和新字段），避免重命名或删除现有对象和字段来保持其可管理性。此外，所有 API 端点都是版本化的，通常也包含 Alpha 或 Beta 记法。代码如下。

```
/api/v1
/api/v2alpha1
```

通过基于客户端库的 kubectl CLI，或者直接调用 REST API，可以访问 API。下面的章节会对认证和授权机制进行详细介绍。由此，读者可对 API 有初步的认识。

1.4.1　Kubernetes API

这是 Kubernetes 的主要 API，它非常庞大。前文所讲的所有概念以及许多辅助概念，都有相应的 API 对象和运算。若有正确的权限，则可列出、获取、创建和更新对象。下面是一个常见操作的详细文档，可以得到所有的 Pod 列表。

```
GET /api/v1/pods
```

它支持各种可选参数。
- `pretty`：如果为 `true`，输出则用 pretty 打印。
- `labelSelector`：用于限制结果的选择器表达。
- `watch`：如果为 `true`，则观察变化并返回事件流。
- `resourceVersion`：使用 `watch`，只返回该版本之后发生的事件。
- `timeoutSeconds`：列表或监控器的超时时长。

1.4.2　自动伸缩 API

自动伸缩 API 非常聚焦，允许控制同级别的 Pod 自动缩放器。该自动缩放器基于 CPU 利用率，甚至特定于应用的度量来管理一组 Pod。它可以用 `/apis/autoscaling/v1` 端点来列出、查询、创建、更新和销毁自动缩放器对象。

批处理 API

批处理 API 用来管理作业。作业是执行和终止某些活动的 Pod。与副本控制器管理的常规 Pod 不同，它们在作业完成时就应该终止。批处理 API 使用 Pod 模板指定作业，然后在大部分情况下，允许通过 /apis/batch/v1 端点列出、查询、创建和删除作业。

1.5 Kubernetes 组件

Kubernetes 集群具有几个用于控制集群的主组件，以及在每个集群节点上运行的节点组件。这一部分将介绍这些组件，并解释它们是如何协同工作的。

1.5.1 主组件

主组件通常在一个节点上运行，但在高可用性集群或大型集群上，它们可以分布在多个节点上。

1. API 服务器

Kube API 服务器（Kube-API Server）提供 Kubernetes REST API。由于其具有无状态性，因此它可以很轻松地水平缩放。它的所有数据都存储在 etcd 集群中。API 服务器是 Kubernetes 控制平面的体现。

2. etcd

etcd 是一种非常可靠的分布式数据存储。Kubernetes 使用它来存储整个集群状态。在小型的瞬态集群中，单个 etcd 可以与所有其他主组件在同一节点上运行。但考虑到冗余和高可用性，更大型的集群通常包含 3 个，甚至 5 个 etcd 集群。

3. 控制器管理器

控制器管理器是各种管理器的集合，这些管理器被打包成一个二进制文件。它包含副本控制器、Pod 控制器、服务控制器和端点控制器等。所有这些控制器通过 API 监控集群状态，它们的任务是将集群控制在目标状态。

4. 调度器

Kube 调度器负责将 Pod 调度到节点中。这是一个非常复杂的任务，因为它需要考虑多个相互作用的因素，例如以下几点：

- 资源需求。
- 服务要求。
- 硬/软件策略约束。
- 亲和性和反亲和性规范。
- 数据局部性。
- 截止日期。

5. DNS

从 Kubernetes 1.3 开始，DNS 服务便成为标准 Kubernetes 集群的一部分。它被调度成一个普通的 Pod。除 Headless 服务外的每个服务都会接收 DNS 名称，Pod 也可以接收 DNS 名称，这对于自动化探索非常有用。

1.5.2　节点组件

集群中的节点需要几个组件与集群主组件交互，接收要执行的工作负载，并根据它们的状态更新集群。

1. 代理

Kube 代理在每个节点上进行低水平的网络维护，它用于呈现本地 Kubernetes 服务，可以执行 TCP 及 UDP 转发，通过环境变量或 DNS 寻找集群 IP。

2. Kubelet

Kubelet 是节点上 Kubernetes 的代表。它负责监控与主组件的通信并管理运行中的 Pod，包括以下几个方面的内容。

- 从 API 服务器下载 Pod 机密。
- 装载卷。
- 运行 Pod 的容器（Docker 或 Rkt）。
- 报告节点和每个 Pod 的状态。
- 运行容器活性探针。

在本节中，我们通过 Kubernetes 的 API 以及用于控制管理集群的组件，深入研究了它的内在构成，从宏观的视角探讨了它的体系结构及其所支持的设计模式。1.6 节将介绍 Kubernetes 支持的运行时。

1.6 Kubernetes 运行时

Kubernetes 最初只支持 Docker 作为容器运行时引擎，目前情况有所变化，Rkt 成为另一被支持的运行时引擎，也通过 `Hypernet` 与 `Hyper.sh` 容器工作进行了一些有趣的尝试。一个较为重要的设计策略是，Kubernetes 本身应与特定的运行时完全脱离。Kubernetes 与运行时的交互是通过运行时引擎必须执行的一个相对通用的接口实现的。大多数信息交换会通过 Pod、容器概念以及可在容器上执行的操作来实现，每个运行时引擎负责保证 Kubernetes 运行时接口是兼容的。

在本节中，将深入介绍运行时接口，并细化到单个运行时引擎。阅读完本节，读者将能选择适合实际用例的运行时引擎，并知晓在同一系统中切换或组合多个运行时的具体实用场景。

1.6.1 运行时接口

容器的运行时接口在 GitHub 的 Kubernetes 项目中有详细介绍。Kubernetes 是开源的，可以查看相关网址。

下面的代码展示了该文件中没有详细注释的部分片段。即便是对 Go 语言一无所知的入门级程序员，也能够从 Kubernetes 的角度掌握运行时引擎的功能范围。

```
type Runtime interface {
  Type() string
  Version() (Version, error)
  APIVersion() (Version, error)
  Status() error
  GetPods(all bool) ([]*Pod, error)
}
```

在此对 Go 语言进行简要介绍，以帮助读者更好地解析代码——首先是方法名，接下来是括号中的方法参数。每个参数都是一对，由名称和名称类型组成。最后，指定返回值。Go 语言允许多个返回类型。除返回实际结果之外，返回错误对象也很常见，如果一切正常，错误对象将为 nil。

事实上，这是一个意味着 Kubernetes 不执行任何操作的接口。第一组方法提供了运行时的基本信息：类型、版本、API 版本和状态。通过下面的代码可以得到全部 Pod。

```
SyncPod(pod *api.Pod, apiPodStatus api.PodStatus, podStatus
```

```
*PodStatus, pullSecrets []api.Secret, backOff
*flowcontrol.Backoff) PodSyncResult

KillPod(pod *api.Pod, runningPod Pod, gracePeriodOverride *int64)
error

GetPodStatus(uid types.UID, name, namespace string) (*PodStatus,
error)

GetNetNS(containerID ContainerID) (string, error)

GetPodContainerID(*Pod) (ContainerID, error)

GetContainerLogs(pod *api.Pod, containerID ContainerID, logOptions
*api.PodLogOptions, stdout, stderr io.Writer) (err error)

DeleteContainer(containerID ContainerID) error
```

下一组方法主要处理 Pod，因为这是 Kubernetes 概念模型中的主要概念框架。然后是 GetPodContainerID（），它将数据从容器传输到 Pod。还有如下一些与容器相关的更多方法。

- ContainerCommandRunner
- ContainerAttacher
- ImageService

ContainerCommandRunner、ContainerAttacher 和 ImageService 是运行时接口继承的接口。这意味着，任何需要执行运行时接口的人都需要执行这些接口方法。接口的定义存放在同一文件中，接口名称已经提供了很多接口功能的信息。显然，Kubernets 需要在容器中执行命令，将容器附加到 Pod 并抽取容器映像。建议读者搜索这个文件并熟悉代码。

现在，读者已经在代码级别对作为运行时引擎的 Kubernetes 有了初步的认知，接下来将对各个运行时的引擎进行介绍。

1.6.2　Docker

当然，Docker 是举足轻重的容器。Kubernetes 在设计之初仅针对 Docker 容器，在 Kubernetes 1.3 中才首次加入多运行时功能。在此之前，Kubernetes 只能管理 Docker 容器。

假定读者在阅读此书时对 Docker 非常熟悉并了解其功能，我们知道 Docker 饱受赞誉并历经发展，但也受到一些批判，对它的批判主要针对以下几个方面进行。

- 安全性。
- 难以建立多容器应用（特别是网络）。
- 开发、监测和日志记录。
- Docker 容器执行单个命令的局限性。
- 释放 Half-Based 特征过于迅速。

针对上述问题，Docker 做出了一些改善，尤其针对 Docker Swarm 产品。Docker Swarm 是一个对标 Kubernetes 的 Docker 本地编排解决方案，它使用起来比 Kubernetes 更简单，但没有 Kubernetes 强大和成熟。

 从 Docker 1.12 开始，Docker Daemon 进程中就自带群模式，但由于膨胀和范围蠕变使部分用户受挫。这反过来又使更多的人转而将 CoreOS Rkt 作为替代方案。

从 2016 年 4 月发布的 Docker 1.11 开始，Docker 已经改变了运行容器的方式。运行时现在用 containerd 和 Runc 在容器中运行开放容器倡议（OCI）镜像，如图 1.2 所示。

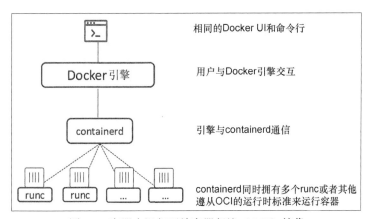

图 1.2 容器中运行开放容器倡议（OCI）镜像

1.6.3 Rkt

Rkt 是一个来自 CoreOS 的新型容器管理器（CoreOS Linux 发行版、etcd、Flannel 等）。Rkt 运行时得益于其简单性、安全性和隔离性。它没有像 Docker 引擎那样的 Daemon 进程，而是依赖于诸如 Systemd 的 OS Init 系统来启动 Rkt 可执行文件。Rkt 可以下载镜像［无论是 App 容器（appc）镜像，还是 OCI 镜像］、验证镜像，并在容器中运行镜像，它的体系结构要简单得多。

1. App 容器

CoreOS 于 2014 年 12 月开始了标准化工作，名为 appc，包括标准镜像格式（如 ACI）、运行时、签名和发现。几个月后，Docker 也开始了自己的 OCI 标准化工作。由此可见，所有成果都将汇聚。这是一个伟大的事情，因为工具、镜像和运行时都能够自由地互相执行，然而，目前还未实现这一愿景。

2. Rkrnetes

Rktnetes 在 Kubernetes 引入 Rkt 作为运行时引擎。Kubernetes 仍抽象于运行时引擎进程中。Rktnetes 并不是一个独立的产品。从外部来看，只需在每个节点上使用几个命令行交换机运行 Kubelet。但由于 Docker 和 Rkt 之间存在根本性差异，因此实际中可能会遇到多种问题。

3. Rkt 是否已为生产使用做好准备

Rkt 和 Kubernetes 的集成不是完美的，这其中仍存在一些缺陷。在目前阶段（2016 年底），若非有明确具体的原因而使用 Rkt，仍然建议读者首选 Docker。若有重要用例需使用 Rkt，那最好基于 CoreOS 建立，这样便于找到与 CoreOS 集群的最佳集成，以及最佳文档和联机支持。

1.6.4　Hyper Container

Hyper Container 是另一种选择。Hyper Container 有一个轻量级的 VM（它自己的客户内核），它运行在裸金属上，并且依赖于系统管理程序进行隔离，而非 Linux Cgroup。这种方式相比建立起来很费力的标准裸金属集群，提供了一个更为有趣的组合，并且公共云容器可以部署在重量级 VM 上。

Hypernetes

Hypernetes 是一个多租户 Kubernetes 发行版，它使用 Hyper Container 以及一些 OpenStack 组件进行身份验证、持续存储和联网，如图 1.3 所示。由于容器不共享主机内核，因此在同一物理主机上运行不同租户的容器是安全的。

本节介绍了 Kubernetes 支持的各种运行时引擎以及标准化和融合化的趋势。1.7 节将纵观全局，了解 Kubernetes 如何适应 CI/CD 流水线。

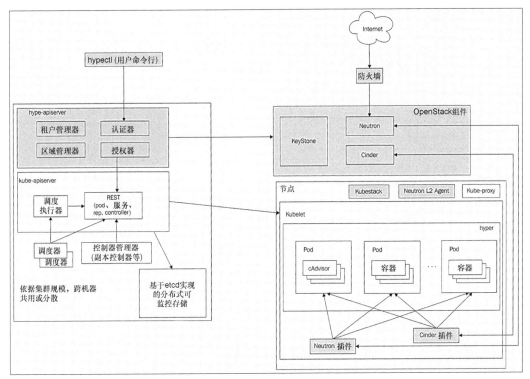

图 1.3 Hypernetes

1.7 持续集成与部署

Kubernetes 对于基于微服务的应用是一个很好的运行平台。通常，大多数开发人员可能并不知道系统部署在 Kubernetes 上，但是 Kubernetes 可以使之前看起来非常困难的任务成为可能。

本节将探讨 CI/CD 流水线以及 Kubernetes 可以为之带来什么。阅读完本节，读者将可以自行设计 CI/CD 流水线，该流水线利用 Kubernetes 特性（如易于伸缩和开发生产奇偶性）来提高日常开发和部署的效率和稳定性。

1.7.1 CI/CD 流水线

CI/CD 流水线是由开发人员或操作人员修改系统代码、数据或配置，测试并将其部署到生产中的一系列步骤。有些流水线是完全自动化的，有些则是需人工核查的半自动化的。在大型公司中，测试和预演环境可能是自动化部署的，但发布到生产环境仍需人工干预。

　　值得一提的是，开发人员可以完全脱离生产基础设施。他们的接口只是一个 Git 工作流，一个很好的例子是 Deis 工作流（Kubernetes 上的 PaaS，类似于 Heroku），如图 1.4 所示，描述了一个典型的传输过程。

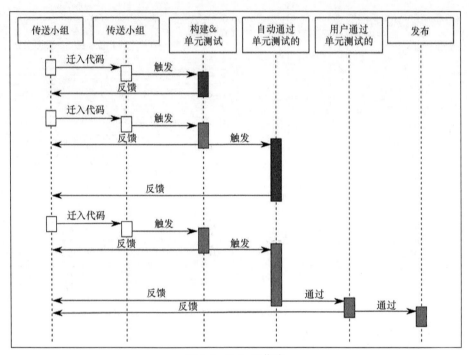

图 1.4　Deis 工作流

1.7.2　为 Kubernetes 设计 CI/CD 流水线

　　当部署目标是 Kubernetes 集群时，应该重新思考一些传统的做法。首先，其包装是不同的，需要为容器打包镜像，通过使用智能标记来恢复代码的改变是非常简单和快捷的。如果一个不好的变化通过测试，但能立即恢复到之前版本，这会给用户很大的信心。但需要注意的是，模式更改和数据迁移不能自动回滚。Kubernetes 的另一个独特性在于，开发者可以在本地运行整个集群。这在设计集群时会耗费一些精力，但由于组成系统的微服务在容器中运行，且这些容器通过 API 进行交互，因此仍是可行的。通常，如果系统是数据驱动的，则需要提供开发者可用的数据快照和合成数据来适应这种情况。

1.8　总结

本章介绍了大量的基础和知识,读者可以了解 Kubernetes 的设计和架构。Kubernetes 是运行在容器中、基于微服务的应用程序编排平台,Kubernetes 集群有主节点和工作节点。容器在 Pod 内运行,每个 Pod 在单个物理机或虚拟机上运行。Kubernetes 直接支持许多概念,例如服务、标签和持续存储。可以在 Kubernetes 上实现各种分布式系统设计模式。容器本身可以是 Docker、Rkt 或 Hyper Container。

在第 2 章中,我们将探讨创建 Kubernetes 集群的各种方法,讨论如何在不同场景下使用不同的选项以及构建多节点集群。

第 2 章
创建 Kubernetes 集群

第 1 章对 Kubernetes 进行了大致介绍,包括它的设计原理、支持的概念、运行时引擎以及如何适应 CI/CD 流水线。

创建 Kubernetes 集群是一件复杂的任务,有许多方法和工具可供选择,同样也要考虑很多因素。本章将集中笔墨介绍构建 Kubernetes,也会顺便介绍 Minikube 和 Kubeadm 等工具,以及本地、云和裸金属等部署环境。

在本章的最后,读者将了解创建 Kubernetes 集群的各种方法并扎实理解创建 Kubernetes 集群的各种选项,明确如何选择创建 Kubernetes 集群的最佳工具,读者还将跟随本书一起创建一些集群实例,比如单节点集群和多节点集群。

2.1 用 Minikube 快速创建单节点集群

本节介绍如何在 Windows 上创建一个单节点集群。之所以着眼于 Windows 是因为 Minikube 和单节点集群对本地开发者机器最有效。虽然 Kubernetes 在生产环境中通常部署在 Linux 上,但许多开发者都在 Windows 或 macOS 上工作。也就是说,在 Linux 上安装 Minikube 并没有太大的差异。

2.1.1 准备工作

在创建集群本身之前,需要先安装一些软件,包括 VirtualBox、Kubernetes 的 kubectl 命令行接口以及 Minikube 本身。

在 Windows 10 Pro 上可以使用 Hyper-V 管理程序。从技术上讲,这是比 VirtualBox 更优的方案,但它需要 Windows 的 Pro 版本,并且只针对 Windows 系统。通过 VirtualBox,这些指令

> 都将通用，并且很容易适应其他版本的 Windows 系统或其他
> 操作系统。如果读者启用了 Hyper-V，那么必须禁用它，因为
> VirtualBox 不能与 Hyper-V 共存。

安装 VirtualBox 并确保 kubectl 和 Minikube 在路径上，我个人喜欢将所有命令行程序都放在 C:\Windows 下，读者可选择自己喜欢的存放路径。在 Windows 系统上，可以使用 ConEMU 管理多个控制台、终端和 SSH 会话，它与 cmd.exe、PowerShell、PuTTY、Cygwin、MSYS 和 Git-Bash 一起工作。在 Windows 系统中没有比其有更好的实现效果了。

在本章剩余部分，将使用 PowerShell 作为管理员模式。将代码的别名和函数添加到 PowerShell 配置文件中。

```
Set-Alias -Name k -Value kubectl
function mk
{
minikube-windows-amd64 `
--show-libmachine-logs `
--alsologtostderr `
@args
}
```

通过上述操作，便可使用 k、mk 以及更少的输入。mk 函数中的 Minikube 标志以这种方式提供了更好的日志记录，并将其定向到控制台以及类似于 tee 的文件。

输入 mk version 用于验证 Minikube 是否正确安装和运行，代码如下所示。

```
> mk version
minikube version: v0.12.2
```

输入 k version 用于验证 kubectl 是否正确安装和运行，代码如下所示。

```
> k version
Client Version: version.Info{Major:"1", Minor:"4",
GitVersion:"v1.4.0", GitCommit:"a16c0a7f71a6f93c7e0f222d961f4675c
d97a46b", GitTreeState:"clean", BuildDate:"2016-09-26T18:16:57Z",
GoVersion:"go1.6.3", Compiler:"gc", Platform:"windows/amd64"}
Unable to connect to the server: dial tcp [::1]:8080: connectex: No
connection could be made because the target machine actively refused it.
```

不要担心代码最后一行的错误。由于目前没有任何集群运行，因此 kubectl 无法进行连接。

这里只介绍用得到的命令，并不会把每行代码都介绍一遍，读者可详细钻研一下 Minikube 和 kubectl 开发可用的命令和标志。

2.1.2　创建集群

Minikube 工具支持多种版本的 Kubernetes，在编写时，下面的代码是支持的版本
列表。

```
> mk get-k8s-versions
```

下列展示了 Kubernetes 的可用版本。

```
- v1.5.0-alpha.0
- v1.4.3
- v1.4.2
- v1.4.1
- v1.4.0
- v1.3.7
- v1.3.6
- v1.3.5
- v1.3.4
- v1.3.3
- v1.3.0
```

本书将使用 v1.4.3，这是一个稳定的版本。下面的代码使用 start 命令并指定
v1.4.3 版本创建群集。

```
> mk start --kubernetes-version="v1.4.3"
```

由于 Minikube 可能需要下载镜像，然后建立本地集群，因此可能需要等待一段时间。
下面的代码是输出结果。

```
I1030 01:46:23.841589   12948 notify.go:111] Checking for updates...
Starting local Kubernetes cluster...
Running pre-create checks...
Creating machine...
(minikube) Downloading C:\Users\the_g\.minikube\cache\boot2docker.iso
from file://C:/Users/the_g/.minikube/cache/iso/minikube-0.7.iso...
(minikube) Creating VirtualBox VM...
(minikube) Creating SSH key...
(minikube) Starting the VM...
(minikube) Check network to re-create if needed...
(minikube) Windows might ask for the permission to configure a dhcp
server. Sometimes, such confirmation window is minimized in the taskbar.
(minikube) Waiting for an IP...
Waiting for machine to be running, this may take a few minutes...
```

```
Detecting operating system of created instance...
Waiting for SSH to be available...
Detecting the provisioner...
Provisioning with boot2docker...
Copying certs to the local machine directory...
Copying certs to the remote machine...
Setting Docker configuration on the remote daemon...
Checking connection to Docker...
Docker is up and running!
I1030 01:47:32.517217    12948 cluster.go:273] Setting up certificates for
IP: %s 192.168.99.100
I1030 01:47:33.284815    12948 cluster.go:210] sudo killall localkube ||
true
I1030 01:47:33.394690    12948 cluster.go:212] killall: localkube: no
process killed

I1030 01:47:33.394690    12948 cluster.go:210]
# Run with nohup so it stays up. Redirect logs to useful places.
sudo sh -c 'PATH=/usr/local/sbin:$PATH nohup /usr/local/bin/localkube   \
--generate-certs=false --logtostderr=true --enable-dns=false --node-
ip=192.168.99.100 > /var/lib/localkube/localkube.out 2> /var/lib/
localkube/localkube.err < /dev/null & echo $! > /var/run/localkube.pid &'

I1030 01:47:33.475866    12948 cluster.go:212]
I1030 01:47:33.608029    12948 start.go:166] Using kubeconfig:  C:\Users\
the_g/.kube/config
Kubectl is now configured to use the cluster.
```

这里总结一下 Minikube 在输出过程中所起到的作用。从头开始创建集群时，需要完成以下步骤。

- 创建 `VirtualBOx VM`。
- 设置 `boot2docker`。
- 为本地机器和虚拟机创建证书。
- 在本地机器和虚拟机之间建立联网。
- 在虚拟机上运行本地 Kubernetes 集群。

2.1.3　故障排除

如果在过程中出错，请尝试跟踪错误信息。我在这一过程中遇到下述问题（在 Windows 上的实验阶段）：Minikube v0.12 存在一个 Bug，虽然之后升级到 v0.121 版本，但是用 v0.12 版本创建集群的失败尝试创建了一个虚拟机。在~/.minikube/

machines 下可以找到所有的虚拟机，但由于另一个进程的锁定，不能删除该虚拟机，此时需要重启计算机进行删除。而 v0.12.2 版本则不会出现类似问题。

2.1.4　检查集群

通过之前的步骤，已经有一个集群并在运行中，接下来将了解其内部结构。

首先，通过 ssh 进入虚拟机，代码如下所示。

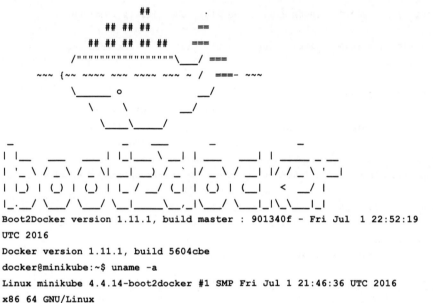

```
> mk ssh
```

```
Boot2Docker version 1.11.1, build master : 901340f - Fri Jul 1 22:52:19
UTC 2016
Docker version 1.11.1, build 5604cbe
docker@minikube:~$ uname -a
Linux minikube 4.4.14-boot2docker #1 SMP Fri Jul 1 21:46:36 UTC 2016
x86_64 GNU/Linux
docker@minikube:~$
```

接下来可以开始使用 kubectl，它就像 Kubernetes 的瑞士军刀，对所有集群（包括联邦集群）都有效。

这个过程将包括很多 kubectl 命令，首先，用 cluster-info 检查集群状态，代码如下所示。

```
> k cluster-info
Kubernetes master is running at https://192.168.99.100:8443
KubeDNS is running at https://192.168.99.100:8443/api/v1/proxy/
namespaces/kube-system/services/kube-dns
kubernetes-dashboard is running at https://192.168.99.100:8443/api/v1/
proxy/namespaces/kube-system/services/kubernetes-dashboard
```

通过上述操作，可以看到主控程序运行正常，Minikube 提供了适当的 DNS 服务和仪表板。

接着，使用 `get nodes` 检查集群中的节点，代码如下所示。

```
> k get nodes
NAME         STATUS     AGE
Minikube     Ready      7h
```

到目前为止，已经有一个叫作 Minikube 的节点，为获得更多关于它的信息，输入 `k describe node minikube`，读者可自行尝试。

2.1.5　部署服务

通过上述步骤，现在已经建立一个空集群并使其运行（当然，因为 DNS 服务和仪表板作为 Pod 运行在 kube-system 命名空间中，所以这个集群不完全是空的），此时运行一些 Pod，可以使用 echo 服务器从 Minikubez 中查阅入门指南，代码如下所示。

```
K run echo --image=gcr.io/google_containers/echoserver:1.4 --port=8080
deployment "echo" created
```

Kubernetes 创建了一个部署，此时有一个 Pod 在运行中，需注意 echo 前缀，代码如下所示。

```
k get pods
NAME                       READY     STATUS      RESTARTS     AGE
echo-3580479493-cnfn1      1/1       Running     0            1m
```

要将 Pod 暴露为服务，需要输入如下代码。

```
k expose deployment echo --type=NodePort
```

服务为类型 NodePort 意味着，它将被暴露在某个端口的主机上，但它不是运行在 Pod 上的 8080 端口，端口在集群中被映射。若要访问服务，需要集群 IP 并暴露端口，代码如下所示。

```
> mk ip
192.168.99.100
> k get service echo --output='jsonpath="{.spec.ports[0].NodePort}"'
32041
```

现在便可以访问 echo 服务了，它会返回很多信息，代码如下所示。

```
> curl http://192.168.99.100:32041/hi
```

通过上述一系列操作便可创建本地 Kubernetes 集群并部署一个服务。

2.1.6 用仪表板检查集群

Kubernetes 的 Web 界面被部署成 Pod 中的服务。仪表板可以展示集群的高水平概况，并深入单个资源查看日志、编辑资源文件等。如果需要手动检查集群，那么这将是一个不错的工具。请输入 `minikube dashboard` 启动它。

仪表板的 UI 为 Minikube 设计了打开浏览器的窗口。请注意，Microsoft Edge 不能显示仪表板，需要在另外的浏览器上运行它。

从工作负载的视角来看，仪表板显示了部署、副本集、副本控制器和 Pod，它还可以显示后台程序集、pet 集和作业，但前面创建的集群中没有上述内容。

本节介绍了如何在 Windows 上创建一个本地单节点 Kubernetes 集群、使用 kubectl 对其进行深入研究并部署服务，以及运行 Web UI。在 2.2 中将涉及多节点群集。

2.2 用 Kubeadm 创建多节点集群

本节将介绍 Kubeadm，推荐使用它在所有环境中创建 Kubernetes 集群。由于它相对较新，因此会有一些限制，但是它也有其独特之处，我将介绍如何在两个单独的推荐中部署带有备份存储的自定义服务。

2.2.1 准备工作

Kubeadm 在预先配置的硬件（物理或虚拟）上运行。在创建 Kubernetes 集群之前，需要准备一些虚拟机并安装基本软件，包括 Docker、Kubelet、Kubeadm 和 kubectl（仅在主服务器上需要）。

2.2.2 组建 Vagrant 虚拟机集群

下面代码中的 Vagrant 文件将创建 4 个虚拟机，称作 n1、n2、n3 和 n4。它基于 Beto/ Ubuntu-16.04，而非 Ubuntu / xenial，后者会遇到各种问题。

```
# -*- mode: ruby -*-
# vi: set ft=ruby :
hosts = {
  "n1" => "192.168.77.10",
  "n2" => "192.168.77.11",
```

```
  "n3" => "192.168.77.12",
  "n4" => "192.168.77.13"
}
Vagrant.configure("2") do |config|
  # 总使用 Vagrant 不安全的密钥
  config.ssh.insert_key = false
  # 转发 SSH 代理，以便轻松地将 SSH 转移到不同的机器上
  config.ssh.forward_agent = true

  check_guest_additions = false
  functional_vboxsf     = false

  config.vm.box = "bento/ubuntu-16.04"
 hosts.each do |name, ip|
    config.vm.define name do |machine|
      machine.vm.network :private_network, ip: ip
      machine.vm.provider "virtualbox" do |v|
        v.name = name
      end
    end
  end
end
```

2.2.3 安装所需软件

我习惯用 Ansible 配置管理，虽然可以管理 Windows 服务器，但因为它无法在 Windows 上运行，所以将其安装在 n4 虚拟机（运行 Ubuntu 16.04）上。使用 n4 作为控制器意味着在 Linux 环境中运行，代码如下所示。

```
> vagrant ssh v4
Welcome to Ubuntu 16.04.1 LTS (GNU/Linux 4.4.0-38-generic x86_64)

 * Documentation:  https://help.ubuntu.com
 * Management:      https://landscape.canonical.com
 * Support:         https://ubuntu.com/advantage

0 packages can be updated.
0 updates are security updates.
```

必须先安装 pip，然后通过 pip 来安装 Ansible，代码如下所示。

```
vagrant@vagrant:~$ sudo apt-get install python-pip
vagrant@vagrant:~$ sudo pip install ansible
```

使用 v2.1.2.0 版本，代码如下所示。

```
vagrant@vagrant:~/ansible$ ansible --version
ansible 2.1.2.0
```

此时便创建了一个名为 ansible 的目录，并在其中放入 3 个文件：hosts、vars.yml 和 playbook.yml。

1. 主机文件

下面的代码是一个清单文件，它告诉 ansible 目录哪些主机在运行中。主机必须从控制器访问 SSH，下面是集群中将要安装的 3 个虚拟机。

```
[all]
192.168.77.10
192.168.77.11
192.1680.77.12
```

2. vars.yml 文件

vars.yml 文件只保留了每个节点上安装包的列表。在下面的代码中，vim、htop 和 tmux 是我较喜欢的在每台机器上安装的软件包，其余是 Kubernetes 所要求的。

```
---
PACKAGES:
  - vim
  - htop
  - tmux
  - docker.io
  - kubelet
  - kubeadm
  - kubectl
  - kubernetes-cni
```

3. playbook.yml 文件

playbook.yml 文件是所有主机上安装包的运行文件。

```
---
- hosts: all
  become: true
  vars_files:
    - vars.yml
  strategy: free
```

```
tasks:
  - name: Add the Google signing key
    apt_key: url=https://packages.cloud.google.com/apt/doc/apt-key.gpg
    state=present

  - name: Add the k8s APT repo
    apt_repository: repo='deb http://apt.kubernetes.io/ kubernetes-
    xenial main' state=present

  - name: Install packages
    apt: name={{ item }} state=installed update_cache=true force=yes
    with_items: "{{ PACKAGES }}"
```

由于一些包来自 Kubernetes APT repo，因此需要将它与 Google 签名密钥一起进行添加。

运行 playbook 的代码如下所示。

```
ansible-playbook -i hosts playbook.yml
```

 如果遇到连接失败，请再试一次。Kubernetes APT repo 有时反应迟缓。每个节点只需要做一次该工作。

2.2.4 创建集群

完成以上步骤便可以创建集群本身了。首先要初始化第一个虚拟机上的主节点，然后建立网络，并将其余的虚拟机作为节点。

初始化主节点

下面的代码用于初始化 n1 上的主节点（192.168.77.10）。在 Vagrant 基于虚拟机云端的情况下使用-api-advertise-addresses 是至关重要的。

```
vagrant@vagrant:~$ sudo kubeadm init --api-advertise-addresses
192.168.77.10
<master/tokens> generated token: "cca1f6.e87ed55d46d00d91"
<master/pki> created keys and certificates in "/etc/kubernetes/pki"
<util/kubeconfig> created "/etc/kubernetes/kubelet.conf"
<util/kubeconfig> created "/etc/kubernetes/admin.conf"
<master/apiclient> created API client configuration
<master/apiclient> created API client, waiting for the control plane to
```

```
become ready
<master/apiclient> all control plane components are healthy after
34.066056 seconds
<master/apiclient> waiting for at least one node to register and become
ready
<master/apiclient> first node is ready after 6.838296 seconds
<master/discovery> created essential addon: kube-discovery, waiting for
it to become ready
<master/discovery> kube-discovery is ready after 14.503696 seconds
<master/addons> created essential addon: kube-proxy
<master/addons> created essential addon: kube-dns

Kubernetes master initialised successfully!
```

现在可以通过在每个节点上运行如下代码来加入任意数量的机器。

```
kubeadm join --token cca1f6.e87ed55d46d00d91 192.168.77.10
```

请注意最后一行，稍后需要用它将节点添加到集群中。

2.2.5　建立 Pod 网络

这是一项复杂的工程，Pod 需要互相交换信息，这就需要一个 Pod 网络插件。该插件有多种选择，由 Kubeadm 生成的集群需要基于 CNI 的插件，我使用 Weave 网络插件，它支持网络策略资源。读者在实际使用中可选择多种方式。

在主节点虚拟机上运行如下代码。

```
vagrant@vagrant:~$ kubectl create -f https://git.io/weave-kube
```

接着，运行如下代码。

```
vagrant@vagrant:~$ daemonset "weave-net" created
```

进一步输入如下代码进行验证。

```
vagrant@vagrant:~$ kubectl get po --all-namespaces
NAMESPACE        NAME                                 READY        STATUS
RESTARTS    AGE
kube-system      etcd-vagrant                         1/1          Running   0
40m
kube-system      kube-apiserver-vagrant               1/1          Running   0
41m
kube-system      kube-controller-manager-vagrant      1/1          Running   0
41m
kube-system      kube-discovery-982812725-wfie6       1/1          Running   0
```

```
                                                                    41m
kube-system      kube-dns-2247936740-mwpyo        3/3       Running    0
40m
kube-system      kube-proxy-amd64-tunqf           1/1       Running    0
40m
kube-system      kube-scheduler-vagrant           1/1       Running    0
40m
kube-system      weave-net-vi25g                  2/2       Running    0
3m
```

最后一个 Pod 就是这里所需的 `weave-net-vi25g` 以及 `kube-dns` Pod，此时两者都在运行中。

2.2.6　添加工作节点

现在，便可以用前述步骤中得到的令牌向集群添加工作节点了，在每个节点上运行如下代码（不要忘记 `sudo`）。

```
sudo kubeadm join --token cca1f6.e87ed55d46d00d91 192.168.77.10
```

正确输入后，应输出如下代码。

```
<util/tokens> validating provided token
<node/discovery> created cluster info discovery client, requesting info
from "http://192.168.77.10:9898/cluster-info/v1/?token-id=cca1f6"
<node/discovery> cluster info object received, verifying signature using
given token
<node/discovery> cluster info signature and contents are valid, will use
API endpoints [https://192.168.77.10:443]
<node/csr> created API client to obtain unique certificate for this node,
generating keys and certificate signing request
<node/csr> received signed certificate from the API server, generating
kubelet configuration
<util/kubeconfig> created "/etc/kubernetes/kubelet.conf"
Node join complete:
* Certificate signing request sent to master and response
  received.
* Kubelet informed of new secure connection details.

Run 'kubectl get nodes' on the master to see this machine join.
```

2.3　在 GCP、AWS 和 Azure 云端创建集群

本地创建集群在开发和定位解决本地问题时非常重要，但最终 Kubernetes 依然被设计为云本地应用程序（在云端运行的应用程序）。Kubernetes 并不需要了解单独的云环境，因为它无法扩展。与之相反，Kubernetes 提出了云提供商接口的概念，每个云提供商都可以执行这个接口，然后托管 Kubernetes。需要注意的是，直至 v1.5 版本，Kubernetes 仍然在自己的树中为许多云提供商保持实现，但将来它们将被重构。

2.3.1　云提供商接口

云提供商接口是 Go 数据类型和接口的集合。它在一个名为 cloud.go 的文件中被定义，在 http://bit.ly/2fq4NbW 中可以找到。下面的代码是其主接口。

```
type Interface interface {
  LoadBalancer() (LoadBalancer, bool)
  Instances() (Instances, bool)
  Zones() (Zones, bool)
  Clusters() (Clusters, bool)
  Routes() (Routes, bool)
  ProviderName() string
  ScrubDNS(nameservers, searches []string) (nsOut, srchOut []string)
}
```

从上述案例中很清楚地看到，Kubernetes 根据实例、区域、集群和路由进行操作，还需访问负载均衡器和提供商名称。ScrubDNS（）是唯一的低层级方法。所有的主要方法返回其他接口。

比如，Clusters interface 的代码便非常简单。

```
type Clusters interface {
  ListClusters() ([]string, error)
  Master(clusterName string) (string, error)
}
```

ListClusters（）方法返回集群名称，Master（）方法返回主节点的 IP 地址或 DNS 名称。

其他接口并不比这个复杂很多，整个文件共 167 行，其中包含大量注释。值得一提的是，如果云端使用这些基本概念，那么执行 Kubernetes 提供商并不是难事。

2.3.2 GCP

谷歌云平台（Google Cloud Platform, GCP）是唯一支持箱外 Kubernetes 的云提供商。所谓的谷歌 Kubernetes 引擎（Google Kubernetes Engine, GKE）是一个基于 Kubernetes 的容器管理解决方案。用户无须在 GCP 上安装 Kubernetes，却可以使用谷歌云 API 创建 Kubernetes 集群并为其提供支持。事实上，Kubernetes 是 GCP 的内置部分，这意味着它总能被很好地集成和测试，而且用户不必担心底层平台中的更改会破坏云提供商的接口。

总之，如果需要使系统基于 Kubernetes 进行建立，且在其他云平台上没有任何现成的代码，那 GCP 是一个可靠的选择。

2.3.3 AWS

AWS 有自己的叫作 ECS 的容器管理服务，读者也可以在 AWS 上运行 Kubernetes，但它不是基于 Kubernetes 的。它除了提供支持和帮助，还提供了很多关于如何设置它的文档。虽然可以用 Kubeadm 自行准备虚拟机，但我建议使用 Kops（Kubernetes Operations）项目。Kops 是一个可在 Github 上获得的 Kubernetes 项目，它不是 Kubernetes 的一部分，但它由 Kubernetes 开发者开发和维护。

Kops 拥有以下几个特征。

- 用于 AWS 云端自动化的 Kubernetes 集群 CRUD 。
- **高度可用的（HA）**Kubernetes 集群。
- 使用状态同步模型进行干运行和自动幂。
- 自定义支持 kubectl 附加组件。
- Kops 可以产生 Terraform 配置。
- 在目录树中定义的简单元模型。
- 易用的命令行语法。
- 社区支持。

创建集群需要通过 Route53 进行一些 DNS 配置、设置 S3 Bucket 来存储集群配置，然后运行如下代码。

```
kops create cluster --cloud=aws --zones=us-east-1c ${NAME}
```

2.3.4　Azure

Azure 也有自己的容器管理服务，可以使用基于 Mesos 的 DC/OS 或 Docker Swarm 来管理，当然也可以使用 Kubernetes。读者可以自行提供集群（如使用 Azure 所需的状态配置），然后使用 Kubeadm 创建 Kubernetes 集群。但我这里推荐的方式是使用另一个称为 Kubernetes-anywhere 的非核心 Kubernetes 项目，Kubernetes-anywhere 的目标是在 GCP、AWS 和 Azure 云平台中提供一种跨平台的方式创建集群。

这个过程比较复杂，要安装 Docker、make、kubectl，并且需要 Azure 订阅 ID。然后，复制 Kubernetes-anywhere 库，运行两个 make 命令，并保证集群能够运行。

本节介绍了云提供商接口（Cloud Provider Interface），并探讨了在各种云平台上创建 Kubernetes 集群的多种方式。工具发展迅速，各种使用场景也很新颖，我相信诸如 Kubeadm、Kops、Kargo 和 Kubernetes-anywhere 之类的工具和项目最终将逐渐融合，并提供一个统一且简单的方式来引导 Kubernetes 集群。

2.4　从头开始创建裸金属集群

2.3 节探讨了如何在云提供商上运行 Kubernetes，这是 Kubernetes 的主要部署线，但是在裸金属上运行 Kubernetes 也有重要的用例，这里将不着重探讨托管和专有，这是另一个维度。如果读者已经管理了很多专有服务器，那将拥有极好的决定权。

2.4.1　裸金属用例

裸金属集群较难使用，特别是当用户自行管理它们的时候。有些公司为裸金属 Kubernetes 集群提供商业支持，如 Platform 9，但其产品尚未成熟。一个可靠的开源选项是 Kubespray 的 Kargo，它可以在裸金属、AWS、GCE 和 OpenStack 上部署优质的 Kubernetes 集群。

下面展示了一些有意义的用例。

- 价格：如果已经管理了大型裸金属集群，那么在物理基础设施上运行 Kubernetes 集群可能要便宜得多。
- 低网络延迟：如果在节点之间必须有低延迟，那么虚拟机上的开销可能会很大。
- 法规要求：如果必须遵守法规，那可能不允许使用云提供商。
- 若想要完全控制硬件层：云提供商会提供很多选择，但用户可能会有特殊需求。

2.4.2 什么时候应该考虑创建裸金属集群

从零开始创建 Kubernetes 集群非常复杂。网上有很多关于如何创建裸金属集群的文档，但是随着整个生态系统的发展，大部分指南很快就过时了。

如果具有在堆栈的每个级别调试问题的操作能力，则应该考虑采用这种方式。大多数问题可能与网络相关，但是也可能会出现文件系统和存储驱动程序的问题，包括诸如 Kubernetes 本身、Docker（或 Rkt）、Docker 映像、OS、OS 内核和各种插件和工具这类的问题。

2.5 进程

还有很多事情要完成，以下是要解决的部分问题的清单。

- 实现或规避自己的云提供商接口。
- 选择并实现一个网络模型（CNI 插件、直接编译）。
- 是否使用网络策略。
- 为系统组件选择镜像。
- 安全模型和 SSL 证书。
- 管理凭证。
- 组件的模板，如 API 服务器、副本控制器和调度器。
- 集群服务：DNS、日志记录、监控和 GUI。

为了更深入地了解从头创建集群需要什么，建议读者从 Kubernetes 官网获得指导。

2.6 使用虚拟私有云基础设施

如果采用裸金属用例，但没有必要的技术人员或应对裸金属的基础设施挑战的意愿，那么读者可以选择使用私有云，比如 OpenStack。如果在抽象阶梯中有更高的目标，那么 Mirantis 提供了一个构建在 OpenStack 和 Kubernetes 之上的云平台。

本节中介绍了建立裸金属集群库 Kubernetes 集群的可选项，探讨了需要用到它的实际用例，并强调了其中的挑战和困难。

2.7　总结

本章介绍了一些实用的集群创建过程。包括如何使用 Minikube 创建单节点集群以及如何使用 Kubeadm 创建多节点集群，之后介绍了云服务提供商创建 Kubernetes 集群的多种选择，最后探讨了在裸金属上创建 Kubernetes 集群的复杂性。当前市场日新月异，基础组件正在迅速变化，工具仍然不够完善，并且在不同环境下有不同的选项。建立 Kubernetes 集群并不是一件小事，但通过不断的努力和对细节的关注，最终是可以快速完成的。

在第 3 章中，将会探讨监控、日志记录和故障排除这一重要的主题。一旦集群启动并运行，并且开始部署工作负载，就需要确保它正确运行并满足需求，这就要求持续的关注和应对现实世界中出现的各种故障。

第 3 章
监控、日志记录和故障排除

第 2 章介绍了如何在不同的环境中、使用不同的工具创建 Kubernetes 集群，并提供了部分创建集群的代码。

创建 Kubernetes 集群只是开始，一旦集群启动并运行，就需要确保它是可操作的，所有必要组件都各就各位并且配置正确，同时部署了能满足需求的足够的资源。响应故障、调试和排除故障是管理任何复杂系统中的主要部分，Kubernetes 也不例外。

在本章的最后，读者将对监控 Kubernetes 集群的各种选项、如何访问日志以及如何分析日志有扎实的理解，也将能查看和验证 Kubernetes 集群是否一切正常，以及如何洞察不健康的 Kubernetes 集群，有条不紊地诊断、定位和指出其中的问题。

3.1 用 Heapster 监控 Kubernetes

Heapster 是一个 Kubernetes 项目，它为 Kubernetes 集群提供完备的监控解决方案。它以 Pod 的形式运行，因此可以由 Kubernetes 自行管理。Heapster 支持 Kubernetes 和 CoreOS 集群，它拥有模块化的灵活设计。Heapster 从集群中的每个节点收集操作度量和事件，将它们存储在持久后端具有良好定义的架构中，并允许可视化和编程访问。Heapster 可以配置为不同的后端（用 Heapster 的话叫作接收器）和它所对应的可视化前端，常见的组合是将 InfluxDB 作为后端，Grafana 作为前端。谷歌云平台将 Heapster 与谷歌监控服务集成在一起。此外，还有许多不太常见的后端，如下列几种。

- Log。
- InfluxDB。
- 谷歌云监测。
- 谷歌云日志。
- Hawkular-Metics (仅限 metrics)。
- OpenTSDB。

- Monasca (仅限 metrics)。
- Kafka (仅限 metrics)。
- Riemann (仅限 metrics)。
- Elasticsearch。

可通过在命令行上指定 sink 来使用多个后端，代码如下所示。

```
--sink=log --sink=influxdb:http://monitoring-influxdb:80/
```

用 Heapster 监控 Kubernetes 的架构如图 3.1 所示。

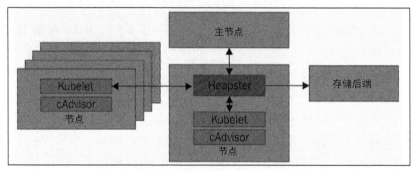

图 3.1　用 Heapster 监控 Kubernetes 的架构

cAdvisor

cAdvisor 是 Kubelet 的一部分，它在每个节点上运行。它收集每个容器的 CPU/内核用量、内存、网络和文件系统的信息，并在 4 194 端口上提供了一个基本的 UI，但最重要的是，Heapster 通过 Kubelet 提供了所有上述信息。Heapster 记录每个节点上的 cAdvisor 所收集的信息，并将其存储在后端进行分析和可视化。

举个例子，在 Heapster 尚未挂接时创建新集群，这个时候如果希望快速验证特定节点是否正确设置，那么 cAdvisor UI 将很有用。

图 3.2 所示便是它的界面。

图 3.2　cAdvisor 界面

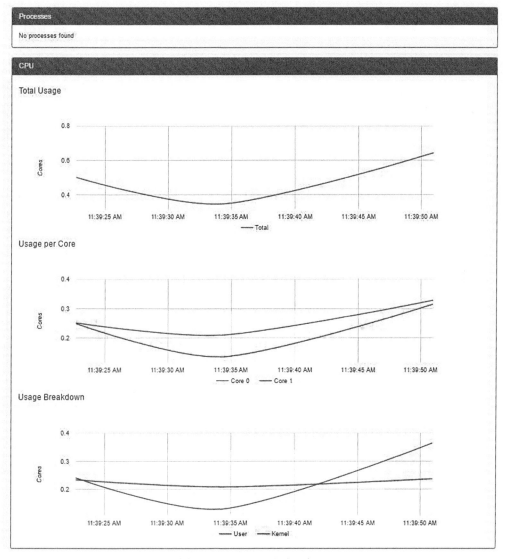

图 3.2　cAdvisor 界面（续）

3.2　InfluxDB 后端

InfluxDB 是一种现代的、健壮的分布式时间序列数据库。它非常适合并广泛用于集中式度量和日志记录。它也是除谷歌云平台之外的首选 Heapster 后端。最重要的是 InfluxDB 集群的搭建，高可用性是企业提供的一部分。

3.2.1　存储模式

InfluxDB 存储模式定义了 Heapster 在 InfluxDB 中存储的信息，并可用于以后的查询和图表化。度量分为多个类别，称为测量。读者可以分别处理和查询每个度量，或者将整个类别作为一个度量进行查询，并将各个度量作为字段接收。命名约定是 `<category>/<metrics name>`（除了具有单个度量的运行时间）。如果有 SQL 背景，则可以把测量当作表，将每个度量存储在容器中并标记以下信息。

- `pod_id`：Pod 的唯一 ID。
- `pod_name`：用户提供的 Pod 名称。
- `pod_namespace`：Pod 的命名空间。
- `container_base_image`：容器的基本镜像。
- `container_name`：用户提供的容器名称或系统容器的全 CGroup 名称。
- `host_id`：指定的云提供商或用户指定的节点标识符。
- `hostname`：容器运行的主机名。
- `labels`：用户提供的标签的逗号分隔列表；格式是 `key: value`。
- `namespace_id`：Pod 的命名空间的 UID。
- `resource_id`：用于区分相同类型的多个度量的唯一标识符，例如，`filesystem/usage` 下的 FS 分区。

以上是按类别分组的所有度量，其范围非常广泛。

1. CPU

- `CPU/limit`：CPU 微核心上的硬限值。
- `CPU/node_capacity`：一个节点的 CPU 容量。
- `CPU/node_allocatable`：一个节点的可分配 CPU。
- `CPU/node_reservation`：可分配的节点上保留的 CPU 份额。
- `CPU/node_utilization`：作为节点可分配的共享的 CPU 利用率。
- `CPU/request`：CPU 请求（保证资源量）。
- `CPU/usage`：在所有内核上累积的 CPU 使用率。
- `CPU/usage_rate`：所有微核心的 CPU 使用率。

2. 文件系统

- `filesystem/usage`：文件系统上消耗的字节总数。

- filesystem/limit：文件系统的总字节大小。
- filesystem/available：文件系统中剩余的可用字节数。

3. 内存

- memory/limit：内存字节硬限制。
- memory/major_page_faults：主要页面错误的数量。
- memory/major_page_faults_rate：每秒主要页面错误的数量。
- memory/node_capacity：节点的存储容量。
- memory/node_allocatable：节点的内存分配。
- memory/node_reservation：可分配节点上保留的内存份额。
- memory/node_utilization：内存利用率作为可分配内存的一部分。
- memory/page_faults：页面错误数。
- memory/page_faults_rate：每秒页面错误数。
- memory/request：内存请求字节数（保证资源量）。
- memory/usage：总内存用量。
- memory/working_set：总工作集用量；工作集是内存中被使用的部分，不容易被内核丢弃。

4. 网络

- network/rx：网络接收的累积字节数。
- network/rx_errors：网络在接收时累积的错误数。
- network/rx_errors_rate：每秒网络接收的错误数。
- network/rx_rate：每秒网络接收的字节数。
- network/tx：网络发送的累积字节数。
- network/tx_errors：网络发送的累积错误数。
- network/tx_errors_rate：网络发送的错误率。
- network/tx_rate：每秒网络发送的字节数。

5. 运行时间

- uptime：容器启动后的毫秒数。

如果熟悉 InfluxDB，那么可以直接使用它的 API 连接或使用 Web 界面，输入如下代码以查找其端口。

```
k describe service monitoring-influxdb --namespace=kube-system | grep
NodePort
```

```
Type:                    NodePort
NodePort:          http      32699/TCP
NodePort:          api       30020/TCP
```

此时便可以通过 HTTP 端口浏览 InfluxDB Web 界面，需要将其配置为指向 API 端口，用户名和密码默认为 root 和 root，如图 3.3 所示。

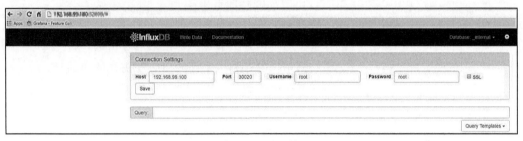

图 3.3　运行时间

一旦设置完成，就可以选择要使用的数据库（见右上角）。Kubernetes 数据库被称为 k8s。可以使用 InfluxDB 语言查询度量。

3.2.2　Grafana 可视化

Grafana 运行在自己的容器中，以 InfluxDB 作为数据源，提供了一个复杂的仪表板。若要定位端口，请输入如下代码。

```
k describe service monitoring-influxdb --namespace=kube-system | grep
NodePort
```

```
Type:                    NodePort
NodePort:          <unset> 30763/TCP
```

现在，便可以访问该端口上的 Grafana Web 界面，如图 3.4 所示。首先设置数据源来指向 InfluxDB 后端。

请确保测试连接成功，然后浏览仪表板中的各种选项。其中有几个默认仪表板，但读者应该能够自定义它并设置为首选项。Grafana 的设计能够满足各种需要。

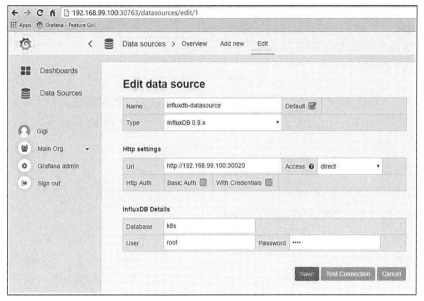

图 3.4　Grafana Web 界面

3.3　仪表板的性能分析

在只想了解集群中的运行内容时，我最喜欢的工具是 Kubernetes 仪表板，原因如下。

- 它是内置的（通常是同步的，可用 Kubernetes 测试）。
- 快速。
- 提供了一个直观的下钻接口，从集群级别一直向下到单个容器。
- 不需要任何定制或配置。

虽然 Heapster、InfluxDB 和 Grafana 更适合于定制和重量级的视图和查询，但 Kubernetes 仪表板的预定义视图可以回答用户 80%～90%的问题。

还可以通过上传适当的 YAML 或 JSON 文件来部署应用程序并使用仪表板创建任何 Kubernetes 资源，但这里暂时不对此进行介绍，因为它与可管理基础设施的模式相反，在处理测试集群时可能有用，但是如果目的是实际修改集群的状态，我更倾向于选择命令行，每个人的习惯都不尽相同。

寻找端口的代码如下所示。

```
k describe service kubernetes-dashboard --namespace=kube-system | grep
NodePort
```

```
Type:              NodePort
NodePort:          <unset> 30000/TCP
```

3.3.1　顶视图

仪表板由左侧的分层视图（可以通过单击 **hamburger** 菜单隐藏）和右侧的动态、基于上下文的内容组成。可以深入查看分层视图，以便深入了解相关的信息。

有几个顶级类别。

- 管理员（**Admin**）。
- 工作负载（**Workloads**）。
- 服务与发现（**Services and discovery**）。
- 存储（**Storage**）。
- 配置（**Config**）。

还可以通过特定的命名空间过滤所有的内容，或者选择所有的命名空间。

1．管理员视图

Admin 管理员视图有 3 个部分：**命名空间**（**Namespaces**）、**节点**（**Nodes**）和**持久存储卷**（**Persistent Volumes**），这些都是观察集群的物理资源，如图 3.5 所示。

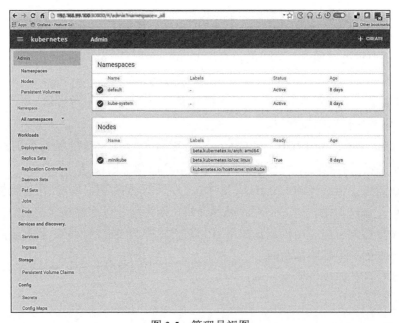

图 3.5　管理员视图

读者一眼就能看到很多信息：可用的命名空间、它们的**状态**（**Status**）和**年龄**（**Age**）。对于每个节点，可以看到它的**标签**（**Label**）、**准备**（**Ready**）状态以及年龄。

可以在 **Admin** 下单击 **Nodes**，然后获得集成所有节点的 CPU 和内存历史视图，如图 3.6 所示。

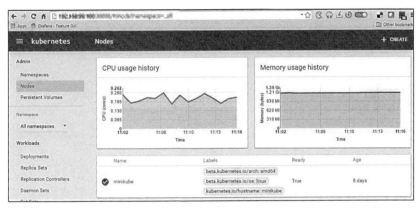

图 3.6　CPU 和内存历史视图

不过，这还远远不够，当单击 **minikube** 节点本身时，将得到关于该节点的详细信息的视图，如图 3.7 所示。

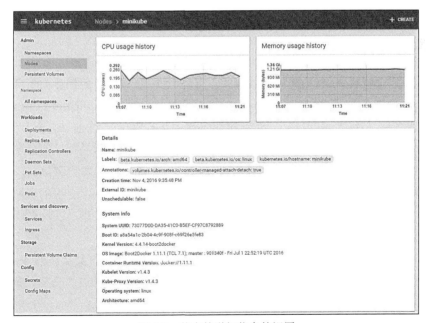

图 3.7　节点的详细信息的视图

如果向下滚动，会看到更多有趣的信息。当需要处理性能问题时，分配的资源量是一个非常重要的参数。如果一个节点没有足够的资源，那么它可能无法满足 Pod 的需求。可以在 **Conditions** 面板看到对应的信息。

可以在单个节点级别获得一个非常简洁的内存和磁盘压力视图，如图 3.8 所示。

图 3.8　内存和磁盘压力视图

此外，还有一个 **Pods** 面板，Pods 将在下面介绍。

2．工作负载

工作负载（**Workloads**）类别非常重要。它组织 Kubernetes 的许多类型资源，例如部署（**Deployments**）、副本集（**Replica Sets**）、副本控制器（**Replication Controllers**）、后台支撑服务集（**Daemon Sets**）、有状态服务集（**Pet Sets**）、作业（**Jobs**），当然还有 **Pods**，读者可以继续沿着这些维度进行深入的研究。图 3.9 所示是默认的命名空间的顶层工作负载视图，它目前只部署了回放服务，可以看到**部署**、**副本集**和 **Pods**。

这里切换到所有的命名空间，进入 **Pods** 子类，这是一个非常有用的视角。在每一行中，都可以知道 Pod 是否处在运行中、它重启了多少次、它的 IP，以及 CPU、内存使用历史，这两项甚至可以嵌入其中成为图表，如图 3.10 所示。

还可以通过单击 **text** 文本符号（从右边数第二个选项）来查看任何 Pod 的日志（**Logs**）。下面来检查一下 InfluxDB 数据库的日志，一切都看起来井井有条，Heapster 已成功地向它写入了数据，如图 3.11 所示。

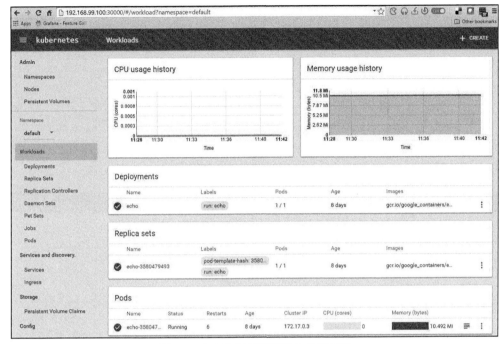

图 3.9 命名空间的顶层工作负载视图

图 3.10 **Pods** 子类

还有一个细节没有提到，下行到容器的层级，单击 **kube-dns** Pod，得到图 3.12 所示的内容。它显示了各个容器及其运行的命令，也可以查看它们的日志。

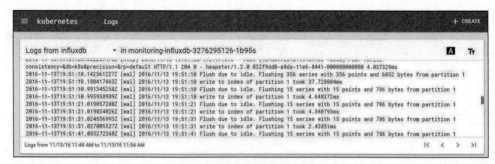

图 3.11　InfluxDB 数据库日志

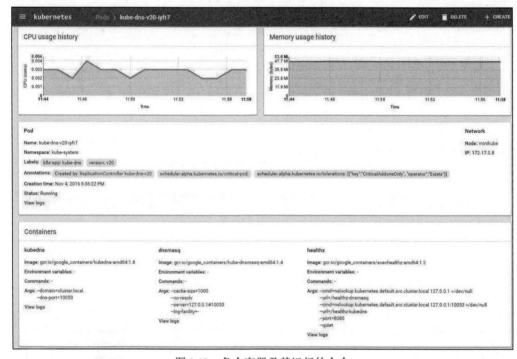

图 3.12　各个容器及其运行的命令

3．服务和发现

服务和发现（**Services and discovery**）类别通常是开始的界面。服务是 Kubernetes 集群的公共接口。严重的问题会影响开发者的服务，同时会影响其用户，如图 3.13 所示。

通过单击服务向下浏览，会获得一些关于服务的信息（最重要的是标签选择器）和一个 Pods 视图。

图 3.13 服务和发现

3.3.2 添加中央日志

中央日志或集群级别日志记录是任何多于两个节点、Pods 或容器的集群的基本需求。首先，独立地查看每个 Pod 或容器的日志是不切实际的，开发者无法得到系统的全局镜像，而且会有太多的消息需要过滤。这便需要一个聚合日志消息解决方案，并允许开发者轻松地切片和删除它们。其次，容器是短暂的，有问题的 Pod 通常会被丢弃，副本控制器或副本集通常只启动一个新的实例，而丢失所有重要的日志信息。通过登录中央日志记录服务，开发者可以保存关键故障的排除信息。

1. 设计中央日志

从概念上讲，中央日志记录非常简单。在每个节点上，运行一个专用代理，该代理拦截来自节点上所有 Pod 和容器的日志消息，并将它们连同足够的元数据一起发送到安全存储它们的中央存储库。

如果在谷歌平台上运行，那么 GKE 便可以满足需求，它很好地集成了谷歌中央日志服务。而对于其他平台，流行的解决方案是 Fluentd、Elasticsearch 和 Kibana.。有一个官方提供的插件来为每个组件设置适当的服务。Fluentd-elasticsearch 插件被安装为一组用于 Elasticsearch 和 Kibana 的服务，并且在每个节点上安装了 Fluentd 代理。

2. Fluentd

Fluentd 是一个统一的日志记录层，它位于任意数据源和数据接收器之间，并确保日志消息能够从 A 流到 B。Kubernetes 提供了一种插件，该插件带有部署了 Fluentd 的 Docker 镜像。Fluentd 能够读入大量与 Kubernetes 相关的日志，如 Docker 日志、etcd 日志和 Kube 日志。它还为每个日志消息添加标签，以便于用户之后通过标签进行过滤。下面的代码是 `td-agent.conf` 文件中的一个片段。

```
# Example:
# 2016/02/04 06:52:38 filePurge: successfully removed file
/var/etcd/data/member/wal/00000000000006d0-00000000010a23d1.wal
<source>
  type tail
  # 不用解析它,因为对其无法解析出有用的信息
  format none
  path /var/log/etcd.log
  pos_file /var/log/es-etcd.log.pos
  tag etcd
</source>
```

3. Elasticsearch

Elasticsearch 是一种优秀的文档存储和全文搜索引擎，因为其具有非常快速、可靠和可扩展的特点，Elasticsearch 几乎成为企业中最受欢迎的搜索引擎。它使用 Kubernetes 中央日志插件作为 Docker 镜像，并被部署为服务。需注意的是，部署在 Kubernetes 集群上的成熟的 Elasticsearch 产品集群需要自己的主节点、客户机和数据节点。对于大规模和高可用性的 Kubernetes 集群，中央日志本身就会聚集。Elasticsearch 可以使用自我发现。

下面的代码展示的是 `logging.yml config` 文件。

```
# 你可以通过设置系统属性来覆盖此属性，比如-Des.logger.level=DEBUG
es.logger.level: INFO
rootLogger: ${es.logger.level}, console
logger:
  # 记录操作执行错误以便于调试
  action: DEBUG
  # 减少 AWS 的日志记录，默认信息下记录过多
INFO
  com.amazonaws: WARN

appender:
  console:
    type: console
    layout:
```

```
type: consolePattern
conversionPattern: "[%d{ISO8601}][%-5p][%-25c] %m%n"
```

4．Kibana

Kibana 是 Elasticsearch 的最佳组合。它被用来进行可视化，以及交互 Elasticsearch 的数据存储和索引，同时也被插件打包作为服务安装。如下代码是 Kibana Docker 文件。

```
FROM gcr.io/google_containers/ubuntu-slim:0.4

  MAINTAINER Mik Vyatskov vmik@google.com

  ENV DEBIAN_FRONTEND noninteractive
  ENV KIBANA_VERSION 4.6.1
  RUN apt-get update \
    && apt-get install -y curl \
    && apt-get clean

  RUN set -x \
    && cd / \
    && mkdir /kibana \
    && curl -O https://download.elastic.co/kibana/kibana/kibana-
$KIBANA_VERSION-linux-x86_64.tar.gz \
    && tar xf kibana-$KIBANA_VERSION-linux-x86_64.tar.gz -C /kibana -
-strip-components=1 \
&& rm kibana-$KIBANA_VERSION-linux-x86_64.tar.gz

  COPY run.sh /run.sh

  EXPOSE 5601

CMD ["/run.sh"]
```

3.4 检测节点问题

在 Kubernetes 的概念模型中，工作单位是 Pod，但 Pod 被安排在节点上。当涉及监控和可靠性时，节点是最需要被关注的，因为 Kubernetes 本身（调度器和副本控制器）负责 Pod。节点可能遇到各种各样的问题，Kubernetes 是不知道的。因此，它会继续将 Pod 调度到故障节点，这样 Pod 将无法正常工作。下面展示了节点在遇到故障时，仍然表现为可用的情况。

- 损坏的 CPU。

- 损坏的内存。
- 损坏的磁盘。
- 内核死锁。
- 文件系统损坏。
- Docker 后台支撑服务的问题。

由于 Kubelet 和 cAdvisor 检测不到这些问题，因此有必要采取其他解决方案。下面进入节点问题检测器的部分。

3.4.1　节点问题检测器

节点问题检测器是在每个节点上运行的 Pod。它需要解决一个难题：在不同的环境、不同的硬件和不同的 OSes 中检测各种问题。它需要足够可靠而不会受到自身影响（否则它不能报告问题），并且具有相对低的开销来避免垃圾邮件，此外，它需要在每个节点上运行。Kubernetes 更新了一个功能，称为后台支撑服务集（DaemonSet），它解决了最后一个问题。

3.4.2　DaemonSet

DaemonSet 是所有节点都需要的 Pod。一旦定义了 DaemonSet，集群中的每个节点就自动得到一个 Pod。如果这个 Pod 发生故障，则 Kubernetes 将在该节点上启动另一个实例。把它想象成具有 1 : 1 的节点-Pod 关联副本控制器。节点问题检测器被定义为一个 DaemonSet，与它的要求完全匹配。

3.4.3　节点问题检测 DaemonSet

节点问题检测器的问题在于它需要处理太多的问题，试图将它们全部压缩成单个代码库会导致产生复杂、臃肿和不稳定的代码库。节点问题检测器的设计要求将向主节点报告节点问题的核心功能与特定问题检测分离。报告 API 基于通用条件和事件。问题检测应该由单独的、在自己容器中的问题后台支撑服务来完成。这样，可以在不影响代码节点问题检测器的情况下添加和演化新的问题检测器。此外，控制平面可以具有能够自动解决一些节点问题的补救控制器，从而实现自愈，如图 3.14 所示。

到本书成书时（Kubernetes 1.4），问题后台支撑服务被编译到节点问题检测器二进制文件中，并作为 Goroutine 执行，所以读者还无法从松耦合设计中获益。

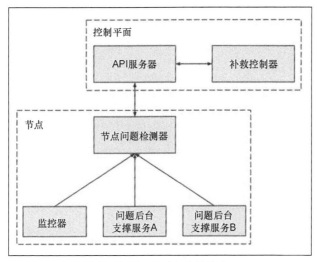

图 3.14 问题后台支撑服务

本节讨论了节点问题这一重要的议题，它可能会妨碍工作负载的成功调度，同时讨论了节点问题检测器如何为之提供帮助。在下面，将讨论各种故障场景以及如何使用Heapster、中央日志、Kubernetes 仪表板和节点问题检测器进行故障排除。

3.5 故障排除方案

在一个庞大的 Kubernetes 集群中，会出现各种各样的问题，这都在意料之中。开发者可通过对过程的严格控制，并采用最佳实践，将其中的部分错误最小化，这主要是指人工错误。但是，诸如硬件故障和网络问题这类的故障却无法完全避免。即便是人为错误，如果解决它意味着更长的开发时间，那么它也不应该总是被最小化看待。本章将讨论各种类型的故障，如何检测它们，如何评估它们的影响，并考虑对其做出适当的响应。

3.6 设计健壮的系统

如果想要设计一个健壮的系统，那么首先需要了解可能的故障模式、每个故障的风险/概率以及每个故障的影响/成本。然后需要考虑各种预防措施、减少损失策略、事件管理策略和恢复过程。最后，需要提出一个计划来降低包括成本损失在内的风险。一个全面的设计是非常重要的，需要随着系统的升级而不断更新，若想抵御更高的风险就需要更优秀的设计，这便要求为每个组织量身定制。错误恢复和健壮性的一个方面便是能够检测和排除故障。接下来描述了几种常见的故障类别，包括如何检测它们，以及应在何处收集附加信息。

3.6.1　硬件故障

Kubernetes 的硬件故障可分为两组。

- 节点不响应。
- 节点响应。

当节点不响应时，很难确定它是网络问题、配置问题还是实际硬件故障。显然，不能利用日志本身的任何信息进行诊断，如日志或运行。那么该如何操作呢？首先，考虑节点是否有响应。如果它只是添加到集群中的节点，则更可能是配置问题；如果它是集群的一部分，则可以查看 Heapster 或中央日志中的节点上的历史数据，并查看是否检测到日志中的任何错误或性能下降，这可能指示硬件故障。

当节点响应时，它可能仍然遭受冗余硬件的故障，例如非 OS 磁盘或一些内核。如果节点问题检测器在节点上运行，并引发某些事件或节点条件，则可以检测到硬件故障。或者，当注意到 Pod 重新启动，或者作业需要超出正常时间才能完成时，这些情况都可能是发生硬件故障的迹象。硬件故障的另一个重要提示是，问题被隔离到单个节点，并且重新启动这类标准维护操作不能解决问题。

如果开发者的集群部署在云中，则替换疑似存在硬件问题的节点是非常简单的，只需手动提供一个新的 VM 并移除损坏的 VM。在某些情况下，开发者可能希望采用更自动化的过程，并配置一个补救控制器，它由节点问题检测器设计来推荐。补救控制器可以侦听问题（或错过的健康检查）并自动替换坏节点。保留一个额外的节点池准备随时替换，在对私有主机或裸金属的情况下都适用。即使在大部分时间中容量减少的情况下，大规模集群仍然可以正常运行。或者，当少量节点下降时，可以容忍容量稍微减少，也可以多预备一些容量，这样，在节点下降时，开发者会有一些容错时间。

3.6.2　配额、份额和限制

Kubernetes 是一个多租户系统。虽然 Kubernetes 的设计能够有效地利用资源，但是它可以基于可用配额和每个命名空间的限制调度 Pod 和分配资源，并在其中进行检查和平衡，我将在本书的后面深入讨论这一细节。在这里，将讨论哪里会出错，以及如何检测它。下面是开发者可能会遇到的一些不良后果。

- **资源不足**：如果一个 Pod 需要一定数量的 CPU 或内存，并且没有具有可用容量的节点，那么 Pod 就不能被调度。
- **利用率不足**：Pod 可能声明它需要一定数量的 CPU 或内存，Kubernetes 会为其提供，但最终 Pod 可能只使用了其请求资源的一小部分，这非常浪费。

- **不匹配的节点配置**：需要大量 CPU 但内存很少的 Pod 可能被调度到高内存节点并使用其所有 CPU 资源，从而占用节点，这样便不能调度其他 Pod，但这会浪费其未使用的内存。

检查仪表板是寻找可疑 Pod 的直观方法，在配额和资源请求不匹配的问题中，超负载或未被充分利用的节点和 Pod 是重点的怀疑对象，如图 3.15 所示。

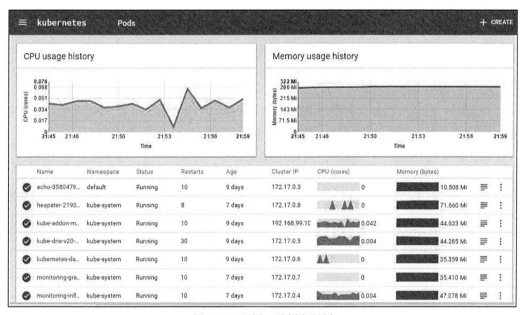

图 3.15　配额、份额和限制

　　一旦检测到配额和资源不匹配的情况，就可以在节点或 Pod 级别使用描述命令深入了解。在大型集群中，应该有一个自动检查来比较利用量与计划容量的关系，这非常重要，因为大多数大型系统有一定程度的波动，并且不会均匀地负载。开发者应确保理解系统的需求，并且保证集群的容量在正常范围内，或根据需要进行弹性调整。

3.6.3　Bad Configuration

　　Bad Configuration（错误配置）是一个概述性术语。Kubernetes 集群状态是配置；容器的命令行参数是配置；Kubernetes、应用程序服务和任何第三方服务使用的所有环境变量是配置；所有配置文件也是配置。在一些数据驱动系统中，配置存储在各种数据存储中。配置问题很常见，因为通常没有任何适合的方法来测试它们。它们通常具有各种各样的回退（例如，配置文件的搜索路径）和默认值，并且生产环境的配置与开发或预演环境不同。

在 Kubernetes 集群水平，存在许多可能的配置问题，例如以下几种。

- 不正确地标注节点、Pods 或容器。
- 调度无副本控制器的 Pod。
- 服务端口的错误说明。
- 不正确的配置图。

这些问题大多可以通过适当的自动化部署过程来解决，但必须对集群体系结构和 Kubernetes 资源的整合有深入的了解。

配置问题通常发生在某些内容更改之后。因此在每次部署或手动更改到集群之后，验证其状态是至关重要的。

Heapster 和仪表板是很好的选择。我建议从服务开始，验证它们是可用的、响应的和功能性的，然后进行深入测试，并验证系统也在预期的性能参数内运行。

日志还给出提示，并可以确定特定的配置选项。

3.6.4　成本和性能

大型集群并不便宜，在云中运行集群是非常明智的选择。操作大型系统的一个重要部分是跟踪开销。

1．云管理成本

云的一大好处是它可以满足弹性需求，即通过按需分配和释放资源自动扩展和收缩系统。Kubernetes 非常适合这个模型，并且可以根据需要在必要时提供更多的节点。这里的风险在于，如果不进行适当的约束，拒绝服务攻击（恶意的、意外的或者自发的）可能导致配置过度昂贵的资源。这就需要仔细地监控，以便能在早期检测到问题。命名空间的配额可以避免这种情况，但仍然需要深入研究并确定核心问题。问题的根源可能是外部的（僵尸网络攻击）、配置错误、内部测试出错，或者代码中检测或分配资源的 Bug。

2．裸金属的成本管理

在裸金属上，通常不必担心分配失控，但如果需要额外的容量，并且不能足够快速地提供更多资源，则很容易陷入困境。规划容量和监控系统的性能以尽早发现需求是 ops 的主要关注点。Heapster 可以显示历史趋势，并帮助确定需求的高峰时期和总体增长。

3. 混合集群的管理成本

混合集群在裸金属和云上运行（也可能在私人托管服务上运行）。需要考虑的情况类似，但是可能需要汇总用户的分析。稍后我们将更详细地讨论混合集群。

3.7 总结

本章介绍了监控、日志记录和故障排除。这是操作任何系统的关键部分，特别是类似于 Kubernetes 这样拥有大量移动部件的平台。当对某事负责时，我最担心事情出错，而且没有系统的方法去找出问题的根源及修复方法。Kubernetes 拥有大量内置的工具和设备，如 Heapster、日志记录、后台支撑服务集和节点问题检测器。读者也可以部署任何自己擅长和喜欢的监控解决方案。

在第 4 章中，将介绍高度可用和可扩展的 Kubernetes 集群。这可以说是 Kubernetes 最重要的用例，它比其他业务流程的解决方案更为出色。

第 4 章
高可用性和可靠性

第 3 章介绍了监控 Kubernetes 集群、在节点级别检测问题、识别和纠正性能问题，以及一般的故障排除。

本章将深入讨论与高可用性集群相关的话题，这个话题非常复杂，Kubernetes 项目和社区目前尚未实现高可用性的真正解决方案。高可用性 Kubernetes 集群包含许多方面，例如，确保控制平面在故障时能维持功能正常运转、在 etcd 中保护集群状态、保护系统数据以及快速恢复容量和/或性能。不同的系统对可靠性和可用性要求不同，如何设计和实现一个高度可用的 Kubernetes 集群取决于上述要求。

本章将帮助读者理解与高可用性相关的各种概念、熟悉 Kubernetes 高可用性的最佳实践并明确使用它们的最佳时机。本章也会涉及如何使用不同的策略和技术实时升级集群，如何基于性能、成本和可用性在多种潜在解决方案之间权衡选择。

4.1 高可用性概念

本节将探讨可靠性和高可用系统的概念并构建其模块。一个非常重要的问题是，如何用不可靠的组件构建可靠且高度可用的系统？如果组件失效，则可以把它放到库中。硬/软件可能发生故障、网络可能连接失败、配置可能有误、过程中可能会发生人为的失误，考虑到这些问题，需要设计一个系统，即使组件失效，它依然是可靠且高度可用的。可以从冗余思路开始，检测组件故障，并快速替换失效组件。

4.1.1 冗余

冗余（**Redundancy**）是可靠和高度可用的系统在硬件和数据层的基石。如果一个关键组件发生故障却希望系统继续运行，就必须有另一个相同的组件随时做好准备。Kubernetes 本身通过副本控制器和副本集来保护无状态 Pod。但当某些组件失效时 etcd

中的集群状态和主组件本身需要起冗余作用。此外，如果系统的高级组件没有通过冗余存储（如云平台）进行备份，那么就需要添加冗余以防止数据丢失。

4.1.2　热交换

热交换（**Hot Swapping**）是指在不破坏系统的情况下动态地替换失效的组件，用户几乎感知不到中断。如果组件是无状态的（或者其状态存储在单独的冗余存储中），那么在热交换中用新组件来替换它是很容易的，只需将所有客户端重定向到新组件即可。但如果它存储了本地状态（包括内存），那么热交换便不会起到太大作用。此时有两种方案可供选择。

- 放弃未提交的事务。
- 保持热副本完全同步。

第一种解决方案要简单得多，大多数系统为故障提供了足够的灵活性，客户端可以重试失败的请求且有热交换组件为它们服务。

第二种解决方案更为复杂和脆弱，并且会带来性能损耗，因为每个交互都必须复制且得到两个副本的确认，这种方案对系统的某些部分来说可能会有必要。

4.1.3　领导选举

在分布式系统中，领导选举（Leader Election）是一种常见的模式。通常系统会有多个相同的组件协作和共享负载，但其中一个组件会被选为领导，并且一些操作会通过领导序列化。可以认为拥有领导的分布式系统是冗余和热交换的结合。所有组件都是冗余的，当领导发生故障或不可用时，系统将选举并热交换出新的领导。

4.1.4　智能负载均衡

负载均衡是指将服务传入的请求分布到多个组件上。当某些组件发生故障时，负载均衡器必须先停止向故障或无法传达的组件发送请求，接下来便是提供新的组件来恢复容量并更新负载均衡器。Kubernetes 通过服务、端点和标签为此提供了极大的支持。

4.1.5　幂等

很多种故障都是暂时的，典型的便是网络问题或过于严格的超时。不响应健康检查的组件将认为不可达，会有另一个组件取代它，故障组件的任务将被发送到另一个组件来执行它原本的任务，但最初的组件仍可能继续完成同样的任务，最终结果便是相同的任务被执行了两次。要避免这种局面是非常困难的，若想完全精准地执行，需要在开销、性能、延迟和复杂性方面花费昂贵的开销。因此，大多数系统选择至少执行一次的方案，这意味着多次执行相同任务是可被接受的，这个属性被称为幂等。即使针对同一操作执行了多次，幂等系统依然会使系统维持原本状态。

4.1.6　自愈

当动态系统中的组件发生故障时，通常需要系统自行恢复。Kubernetes 副本控制器和副本集是很好的自愈系统，他们宕机的可能性远远低于 Pod。前面的章节对资源监控和节点问题检测进行了探讨，补救控制器是自愈概念的一个非常好的案例。自愈始于自动检测问题之后的自动解决，配额和限制有助于建立检查和均衡，以确保自动自愈不会因诸如 DDOS 攻击等不可预测的环境因素而出现混乱。

本节介绍了创建可靠和高度可用的系统涉及的多个概念，4.2 节将应用这些概念并展示部署在 Kubernetes 集群上的系统最佳实践。

4.2　高可用性最佳实践

建立可靠和高可用的分布式系统是一项宏大的任务。本节将介绍部分最佳实践用例，这些用例使基于 Kubernetes 的系统能够可靠地工作，还能应对各种类型的故障。

4.2.1　创建高可用性集群

要创建一个高可用性 Kubernetes 集群，主组件必须是冗余的。这意味着 etcd 必须以集群的形式部署（常常是跨 3 个或 5 个节点的集群），并且 Kubernetes API 服务器必须是冗余的。如果有必要，则 Heapster 存储之类的辅助集群管理服务也可进行冗余部署。图 4.1 展示了一个典型的可靠和高可用的 Kubernetes 集群，其中包含几个负载均衡的主节点，每个主节点包含完整的主组件和 etcd 组件。

这并非配置高可用性集群的唯一方法。例如，为优化机器的工作负载部署单例 etcd 集群或者为 etcd 集群配置比其他主节点更多的冗余。

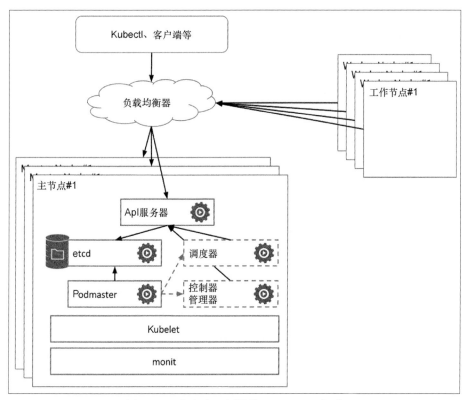

图 4.1 可靠和高可用性的 Kubernetes 集群

4.2.2 确保节点可靠

节点或某些组件可能发生故障，但许多故障都是暂时的。一些基本的保障可确保 Docker 后台支撑服务和 Kubelet 在发生故障时自动重启。

如果运行 CoreOS、现代的 Debian-based OS（Ubuntu≥16.04 版本）或任何其他使用 Systemd 作为其初始化机制的操作系统，则很容易将 Docker 和 Kubelet 部署为自启动后台支撑服务，代码如下所示。

```
systemctl enable docker
systemctl enable kublet
```

对于其他操作系统，Kubernetes 项目为其高可用性用例提供了 Monit，读者可根据需求自行选择任意过程监视器。

4.2.3　保护集群状态

Kubernetes 集群状态存储在 etcd 集群中，etcd 集群被设计得非常可靠，且分布在多个节点上。将这些能力应用到可靠和高可用的 Kubernetes 集群上非常重要。

1．etcd 集群

在 etcd 群集中至少应该有 3 个节点。如果读者需要更强的可靠性和冗余，则可以使用 5 个、7 个或任何其他奇数个节点。考虑到网络分裂的情况，节点的数量必须是奇数的。

为了创建一个集群，etcd 节点应该能够发现彼此。有几种方法可以做到这一点。

2．静态发现

通过静态发现，可以直接管理每个 etcd 的 IP 地址/主机名。这并不意味着可以在 Kubernetes 集群之外管理 etcd 集群，或对 etcd 集群的健康运行状态负责。etcd 节点将作为 Pod 运行，并在需要时自动重新启动。

假设 etcd 集群包含 3 个节点，代码如下所示。

```
etcd-1 10.0.0.1
etcd-2 10.0.0.2

etcd-2 10.0.0.3
```

每个节点将接收这个初始集群信息作为命令行信息，代码如下所示。

```
--initial-cluster etcd-1=http://10.0.0.1:2380,etcd-
2=http://10.0.0.2:2380,etcd-3=http://10.0.0.3:2380
--initial-cluster-state new
```

或者，接收其作为环境变量，代码如下所示。

```
ETCD_INITIAL_CLUSTER="etcd-1=http://10.0.0.1:2380,etcd-
2=http://10.0.0.2:2380,etcd-3=http://10.0.0.3:2380"
ETCD_INITIAL_CLUSTER_STATE=new
```

3．etcd 发现

使用 etcd 发现，可以使用现有的集群来让新集群的节点发现彼此。当然，这需要新的集群节点能够访问现有的集群。如果读者不担心依赖项和安全隐患，也可以使用 https://discovery.etcd.io 上的公共 etcd 发现服务。

读者需要创建一个发现令牌，如有必要可以指定集群大小，默认值为 3，如下代码中是需要输入的命令。

```
$ curl https://discovery.etcd.io/new?size=3
https://discovery.etcd.io/3e86b59982e49066c5d813af1c2e2579cbf573de
```

在使用发现服务时，需要将令牌作为命令行参数传递，代码如下所示。

```
--discovery https://discovery.etcd.io/3e86b59982e49066c5d813af1c2e2579cbf573de
```

还可以将其作为环境变量传递，代码如下所示。

```
ETCD_DISCOVERY=https://discovery.etcd.io/3e86b59982e49066c5d813af1c2e2579cbf573de
```

值得注意的是，发现服务仅与初始集群的初始引导有关，一旦启动集群并使用初始节点运行，就使用单独的协议从正在运行的集群中添加和删除节点，这样便不会对公共 etcd 发现服务保持永久的依赖性。

4. DNS 发现

也可以使用 DNS 并通过 SRV 记录来建立发现，SRV 记录可以包含或者不包含 TLS，本书不涉及这部分内容，读者可以通过寻找 etcd DNS 发现来寻找解决方案。

5. etcd.yaml 文件

根据发现的思路，在每个节点上启动 etcd 实例的命令和在 etcd.yaml Pod 清单中的配置略有不同。清单应复制粘贴到每个 etcd 节点的/etc/kubernetes/manifests 中。

如下代码展示了 etcd.yaml 清单文件的不同部分。

```
apiVersion: v1
kind: Pod
metadata:
  name: etcd-server
spec:
  hostNetwork: true
  containers:
  - image: gcr.io/google_containers/etcd:2.0.9
    name: etcd-container
```

初始部分包含 Pod 的名称，指定它使用的主机网络，并定义一个名为 etcd-container 的容器。然后，最关键的部分是所使用的 Docker 镜像。在如下代码所示的案例中，它是 etcd: 2.0.9，类似于在 etcd V2 中。

```
command:
- /usr/local/bin/etcd
- --name
- <name>
- --initial-advertise-peer-urls
- http://<node ip>:2380
- --listen-peer-urls
- http://<node ip>:2380
- --advertise-client-urls
- http://<node ip>:4001
- --listen-client-urls
- http://127.0.0.1:4001
- --data-dir
- /var/etcd/data
- --discovery
- <discovery token>
```

命令部分列出 etcd 正确操作所需的命令行参数。在以上代码所示的案例中，因为使用了 etcd 发现机制，所以需要指定 discovery 标志。<name>、<node IP> 和 <discovery token> 应该替换为唯一的名称（主机名便是很好的选择）、节点的 IP 地址和先前接收的发现令牌（对于所有节点相同的令牌）。

```
ports:
- containerPort: 2380
  hostPort: 2380
  name: serverport
- containerPort: 4001
  hostPort: 4001
  name: clientport
```

在以上代码所示的案例中，端口部分列出了服务器（2380）和客户端（4001）端口，这些端口被映射到主机上的相同端口。

```
volumeMounts:
- mountPath: /var/etcd
  name: varetcd
- mountPath: /etc/ssl
  name: etcssl
  readOnly: true
- mountPath: /usr/share/ssl
  name: usrsharessl
  readOnly: true
- mountPath: /var/ssl
  name: varssl
```

```
      readOnly: true
    - mountPath: /usr/ssl
      name: usrssl
      readOnly: true
    - mountPath: /usr/lib/ssl
      name: usrlibssl
      readOnly: true
    - mountPath: /usr/local/openssl
      name: usrlocalopenssl
      readOnly: true
    - mountPath: /etc/openssl
      name: etcopenssl
      readOnly: true
    - mountPath: /etc/pki/tls
      name: etcpkitls
      readOnly: true
```

挂载部分列出/var/etcd 处的 varetcd 挂载,etcd 在其中写入数据,还有一些 etcd 没有修改的 SSL 和 TLS 只读挂载，代码如下所示。

```
    volumes:
    - hostPath:
        path: /var/etcd/data
      name: varetcd
    - hostPath:
        path: /etc/ssl
      name: etcssl
    - hostPath:
        path: /usr/share/ssl
      name: usrsharessl
    - hostPath:
        path: /var/ssl
      name: varssl
    - hostPath:
        path: /usr/ssl
      name: usrssl
    - hostPath:
        path: /usr/lib/ssl
      name: usrlibssl
    - hostPath:
        path: /usr/local/openssl
      name: usrlocalopenssl
    - hostPath:
        path: /etc/openssl
      name: etcopenssl
```

```
- hostPath:
    path: /etc/pki/tls
  name: etcpkitls
```

volumes 部分为映射到相应主机路径的每个挂载提供一个存储卷。虽然只读挂载尚且可行，但用户也许会希望将 varetcd 卷映射到更健壮的网络存储，而不是仅仅依赖于 etcd 节点本身的冗余。

6. 验证 etcd 集群

一旦 etcd 集群启动并运行，就可以访问 etcdctl 工具来检查集群状态和健康状况。Kubernetes 允许通过 exec 命令直接在 Pod 或容器中执行命令（类似于 docker exec）。建议的命令代码如下所示。

- etcdctl member list
- etcdctl cluster-health
- etcdctl set test ("yeah, it works!")
- etcdctl get test (should return "yeah, it works!")

7. etcd v2 与 etcd v3

在本书撰写时，Kubernetes 1.4 仅支持 etcd v2，但 etcd v3 有了显著的改进，也增加了许多值得称赞的新特性，例如以下特性。

- 从 JSON REST 切换到 protobufs gRPC，本地客户端的性能提高了一倍。
- 支持租赁与冗长的密钥 TTL，从而改进了性能。
- 使用 gRPC 将多个 Watch 复用在一个连接上，而不是为每个 Watch 保持一个开放的连接。

etcd v3 已被证明可以在 Kubernetes 上运行，但尚未被正式支持，这是一大进步，该项工作正在进行中。希望读者读到本书时，v3 能正式被 Kubernetes 官方所支持。若非如此，也有可能将 etcd v2 迁移到 etcd v3。

4.2.4　保护数据

保护集群状态和配置很重要，但保护自身数据却更为重要。如果集群状态遭到破坏，那么通常可以从头开始重新构建集群（尽管在重建期间集群将不可用）。但是如果数据被破坏或丢失，那么就会陷入麻烦。同样的规则适用于冗余，但是当 Kubernetes 集群状态为动态时，大部分数据可能并不同步（非动态）。例如，许多历史数据往往很重要，可以备份和恢复；实时数据可能会丢失，但整个系统可能会恢复到早期版本，并且只受到暂时性的损坏。

4.2.5 运行冗余 API 服务器

API 服务器是无状态的，从 etcd 集群中能获取所有必要的数据。这意味着可以轻松地运行多个 API 服务器，而不需要在它们之间进行协调。一旦有多个 API 服务器运行，就可以把负载均衡器放在它们之前，使其对用户透明。

4.2.6 用 Kubernetes 运行领导选举

一些主组件（如调度器和控制器管理器）不能同时具有多个实例。多个调度器试图将同一个 Pod 调度到多个节点或多次进入同一个节点将导致混乱。高度可扩展的 Kubernetes 集群可以让这些组件在领导者选举模式下运行。这意味着虽然多个实例在运行，但是每次只有一个实例是活动的，如果它失败，则另一个实例被选为领导者并代替它。

Kubernetes 通过--leader-elect 标志支持这种模式。调度器和控制器管理器可以通过将它们各自的清单复制到/etc/kubernetes/manifests 来部署为 Pod。

如下代码是调度器清单中的一个片段，它显示了标志的用法。

```
command:
- /bin/sh
- -c
- /usr/local/bin/kube-scheduler --master=127.0.0.1:8080 --v=2
--leader-elect=true 1>>/var/log/kube-scheduler.log
    2>&1
```

如下代码是控制器管理器清单中的一个片段，它显示了标志的用法。

```
 - command:
  - /bin/sh
  - -c
  - /usr/local/bin/kube-controller-manager --master=127.0.0.1:8080
--cluster-name=e2e-test-bburns
      --cluster-cidr=10.245.0.0/16 --allocate-node-cidrs=true --cloud-
provider=gce  --service-account-private-key-file=/srv/kubernetes/server.
key
     --v=2 --leader-elect=true 1>>/var/log/kube-controller-manager.log
2>&1
    image: gcr.io/google_containers/kube-controller-manager:fda24638d51a4
8baa13c35337fcd4793
```

需要注意的是，这里无法像其他 Pod 那样由 Kubernetes 自动重新启动这些组件，因为这些组件负责重新启动失败 Pod 的 Kubernetes 组件，所以如果失败，它们就不能重新启动自己。此处必须有一个现成的组件来随时准备替换。

领导选举用于应用程序

领导选举对于应用程序也非常有用，但却很难实施。幸运的是，Kubernetes 有巧妙的办法，它有一个文件化的程序，通过 Google 的 `Leader-elector` 容器来支持用户申请的领导人选举。基本概念是使用 Kubernetes 端点结合资源转换和注解。当将这个容器作为辅助工具耦合到应用程序 Pod 中时，用户将以非常流畅的方式获得领导人选举功能。

如下代码展示了用 3 个 Pod 和一个叫作 election 的选择程序来运行 leader-elector。

```
> kubectl run leader-elector --image=gcr.io/google_containers/leader-
elector:0.4 --replicas=3 -- --election=election -http=0.0.0.0:4040
```

稍后，会看到集群上出现 3 个新的 Pod，称为 `leader-elector-xxx`，代码如下所示。

```
> kubectl get pods
NAME                              READY    STATUS     RESTARTS    AGE
echo-3580479493-n66n4             1/1      Running    12          22d
leader-elector-916043122-10wjj    1/1      Running    0           8m
leader-elector-916043122-6tmn4    1/1      Running    0           8m
leader-elector-916043122-vui6f    1/1      Running    0           8m
```

但是哪个是主节点？如下代码演示了如何查询选举端点。

```
> kubectl get endpoints election -o json
{
    "kind": "Endpoints",
    "apiVersion": "v1",
    "metadata": {
        "name": "election",
        "namespace": "default",
        "selfLink": "/api/v1/namespaces/default/endpoints/election",
        "uid": "48ffc442-b451-11e6-9db1-c2777b74ca9d",
        "resourceVersion": "892261",
        "creationTimestamp": "2016-11-27T03:26:29Z",
        "annotations": {
            "control-plane.alpha.kubernetes.io/leader":
"{\"holderIdentity\":\"leader-elector-916043122-10wjj\",\"leaseDura
tionSeconds\":10,\"acquireTime\":\"2016-11-27T03:26:29Z\",\"renewTi
me\":\"2016-11-27T03:38:02Z\",\"leaderTransitions\":0}"
        }
```

```
        },
        "subsets": []
    }
```

如果上述过程相对较难，则可以在 `metadata.annotations` 中查阅更多内容。为了便于检测，我推荐使用 `jq` 程序进行切片和切割 JSON。它对解析 Kubernetes API 或 kubectl 的输出非常有用，代码如下所示。

```
kubectl get endpoints election -o json | jq -r .metadata.annotations[]
| jq .holderIdentity
"leader-elector-916043122-10wjj"
```

如下代码展示了如何删除领导，以证明选举的有效性。

```
kubectl delete pod leader-elector-916043122-10wjj
pod "leader-elector-916043122-10wjj" deleted
```

这样，便有了一个新的领导，代码如下所示。

```
kubectl get endpoints election -o json | jq -r .metadata.annotations[]
| jq .holderIdentity
"leader-elector-916043122-6tmn4"
```

还可以通过 HTTP 的方式找到领导，因为每个 `leader-elector` 容器通过运行在端口 4 040 的本地 Web 服务器公开领导。

```
Kubectl proxy
http http://localhost:8001/api/v1/proxy/namespaces/default/pods/
leader-elector-916043122-vui6f:4040/ | jq .name
"leader-elector-916043122-6tmn4"
```

本地 Web 服务器允许 `leader-elector` 容器充当同一个 Pod 中的主应用程序容器的边车（sidecar）容器。由于应用程序容器与 `leader-elector` 容器共享相同的本地网络，因此它可以访问 `http://localhost:4040` 并获得当前领导的名称。只有与所选领导共享 Pod 的应用程序容器才会运行应用程序，其他 Pod 中的其他应用程序容器将处于休眠状态。如果它们收到请求，会转发给领导，并且一些负载均衡技巧可以自动将所有请求发送给当前的领导。

4.2.7　使预演环境高度可用

高可用性十分重要，如果遇到了设置高可用性的问题，那将意味着有一个高度可用系统的商业案例。因此，在将集群部署到生产环境之前（除非是在生产环境中进行测试的 Netflix），需要测试可靠且高度可用的集群。此外，理论上对集群的任何更改都可能会破坏高可用性，而不会破坏其他集群功能。

默认用户需要测试可靠性和高可用性，那最好的方法便是创建一个可以尽可能地复制生产环境的预演环境，这可能会很昂贵，下面展示了几种控制成本的方案。

- **Ad hoc HA 预演环境**：仅在 HA 测试期间创建一个大型 HA 集群。
- **压缩时间**：提前创建有意义的事件流和场景，提供输入，并快速连续地模拟情境。
- **将 HA 测试与性能和压力测试相结合**：在性能和压力测试结束时，对系统进行过载，并查看可靠性和高可用性配置如何处理负载。

4.2.8　测试高可用性

测试高可用性需要制定计划并对系统有深入理解。每个测试的目标是揭示系统设计和/或实现中的缺陷，并提供足够的覆盖范围，测试通过将能够保证系统按预期运行。

在可靠性和高可用性领域，这意味着需要找出破坏系统的方法，并将它们重新组合在一起观察效果。

这就需要以下几种方式。

- 全面列出可能出现的故障（包括合理的组合）。
- 对于每一个可能的故障，需要清楚系统应该如何应对。
- 一种诱发故障的方法。
- 一种观察系统反应的方法。

上述每种方式都很重要，根据以往经验，最好的方法是增量执行它，并尝试提出相对少量的通用故障类别和通用响应，而不是一个详尽的、不断变化的低级故障列表。

例如，一般故障类别是节点无响应的；一般响应可能是重新启动节点，导致故障的方式可能是停止节点的 VM（如果它是 VM），并且当节点停机时，系统仍然基于标准验收测试，节点最终上升，系统恢复正常。开发者可能还想测试许多其他内容，例如问题是否被记录、相关警报是否发给相应人员，以及是否更新了各种统计和报告。

需要注意的是，有时故障不能在单一的响应中解决。例如，在无响应节点的情况下，如果是硬件故障，那么重新启动将无济于事。在这种情况下，第二响应开始执行，也许是新的 VM 被启动、配置并连接到节点。在这种情况下，不能定义得太宽泛，可能需要为节点上特定类型的 Pod/角色（etcd、Master、Worker、数据库、监控）创建测试。

如果有更高的要求，则要花费比生产环境更多的时间来设置适当的测试环境和测试。

最重要的一点是，尽量做到非侵入性。这意味着在理想情况下，生产系统将不具有允许关闭其部分功能或将其配置为以降低的测试容量运行的测试特性。原因是它增加了系统的攻击面，并且可能由于配置错误而意外触发。理想情况下，开发者可以控制测试环境，而不需要修改将在生产中部署的代码或配置。使用 Kubernetes，通常很容易注入具有定制测试功能的 Pod 和容器，这些功能可以与生产环境中的系统组件交互，但永远不能在生产中部署。

本节介绍了拥有一个可靠和高可用的集群需要些什么（包括 etcd、API 服务器、调度器和控制器管理器），探讨了保护集群本身以及数据的最佳实践，并特别关注启动环境和测试的问题。

4.3 集群在线升级

运行 Kubernetes 集群时的一个非常复杂且危险的任务是在线升级。不同版本的系统的不同部分之间的交互常常难以预测，但在许多情况下这是有必要的，因为拥有大量用户的大型集群难以承担离线维护。解决复杂性的一种方法是分而治之。微服务架构在这里有很大作用，用户永远不会升级整个系统，只会不断升级几套相关的微服务，如果 API 发生改变，那么用户也要升级他们的客户端。设计得当的升级将保持所有客户端升级前的向后兼容性，在之后几个版本的迭代中再逐渐弃用旧的 API。

本节将讨论如何使用各种策略升级集群，例如滚动升级和蓝绿升级，并介绍中断升级和向后兼容升级的最佳时机，最后对模式和数据迁移的这一重要议题进行探讨。

4.3.1 滚动升级

滚动升级将组件从当前版本升级到下一个版本。这意味着集群将同时运行当前组件和新组件。这里有两种情况需要考虑。

- 新的组件是后向兼容的。
- 新的组件不是后向兼容的。

如果新组件是后向兼容的，那么升级应该非常容易。在 Kubernetes 的早期版本中，必须用标签非常小心地管理滚动升级，并逐渐为新旧版本更改副本的数量（尽管对于副本控制器，kubectl rolling-update 是一种方便的快捷方式）。但是，在 Kubernetes1.2 中引入的部署资源使它更便捷并且支持副本集。它具有以下内置功能。

- 运行服务器端（如果机器断开，它将继续运行）。
- 版本控制。
- 多并发故障显示。
- 更新部署。

- 跨所有 Pod 的聚集状态。
- 回滚。
- 金丝雀部署。
- 多个升级策略（滚动升级是默认的）。

如下代码是部署 3 个 nginx Pod 的样本清单。

```
apiVersion: extensions/v1beta1
kind: Deployment
metadata:
  name: nginx-deployment
spec:
  replicas: 3
  template:
    metadata:
      labels:
        app: nginx
    spec:
      containers:
      - name: nginx
        image: nginx:1.7.9
        ports:
        - containerPort: 80
```

资源类型是 Deployment，它的名称是 nginx-deployment，可以在后面引用这个部署（例如，用于更新或回滚）。最重要的部分当然是 spec，它包含一个 Pod 模板。副本确定集群中有多少个 Pod，模板 spec 包含每个容器的配置。在本案例中，只有一个容器。

若要启动滚动更新，则需创建部署资源，代码如下所示。

```
$ kubectl create -f nginx-deployment.yaml --record
```

可以稍后查看 deployment 的状态，代码如下所示。

```
$ kubectl rollout status deployment/nginx-deployment
```

复杂部署

当只想升级一个 Pod 时，deployment 资源非常方便，但是很多时候可能需要升级多个 Pod，并且这些 Pod 有时具有版本的相互依赖性。在这些情况下，有时必须放弃滚动升级或引入临时兼容层。假设服务 A 取决于服务 B，服务 B 现在有一个突破性变化，服务 A 的 v1 Pod 不能与服务 B v2 的 Pod 进行互操作。从可靠性和变更管理的观点来看，也不希望服务 B 的 v2 Pod 支持 API。在这种情况下，解决方案可能是引入实现服务 B 的

v1 API 的适配器服务。该服务将位于 A 和 B 之间，并进行跨版本翻译请求和响应。这增加了部署过程的复杂性，但其好处是 A 和 B 服务本身很简单，可以跨不兼容的版本进行滚动更新，并且一旦全部用户都升级到 v2（所有 A Pod 和所有 B Pod），所有的间接操作就会消失。

4.3.2　蓝绿升级

滚动升级对于可用性来说是很好的方案，但有时管理适当的滚动升级被认为过于复杂，或者它添加了大量的工作从而推迟了更重要的项目。在这些情况下，蓝绿升级便提供了很好的解决方案。对于蓝绿版本，可以通过新版本准备完整的生产环境副本，此时会有两个版本——旧的（蓝色）和新的（绿色）。哪一个是蓝色的，哪一个是绿色的并不重要，重要的是有两个完全独立的生产环境。当前，蓝色版本正在运行并且为所有请求提供服务。可以在绿色版本上运行所有的测试。一旦准备就绪，就转换开关，绿色版本变为运行版本。如果出现问题，回滚也非常简单，只需从绿色版本切换到蓝色版本。这里并未提及存储和内存的状态，这个即时开关假定蓝色版本和绿色版本仅由无状态组件组成，并共享一个公共持久层。

如果更改存储或中断对外部客户端可访问的 API 更改，则需要采取其他操作。如果蓝色版本和绿色版本有它们自己的存储，那么可能需要将所有传入请求发送给蓝色版本（A1 和 A2）和绿色版本（B1 和 B2），并且绿色版本可能需要在切换之前从蓝色版本读取历史数据以同步，如图 4.2 所示。

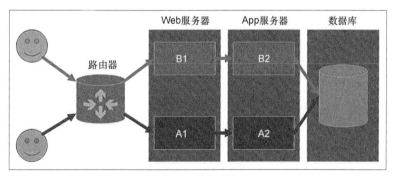

图 4.2　蓝绿升级

4.3.3　管理数据契约变更

数据契约描述数据是如何组织的，它是对结构元数据的概述，数据库模式是典型的例子。常见的例子是关系数据库模式，其他案例包括网络有效载荷、文件格式，甚至字符串参数或响应的内容。如果有一个配置文件，那么这个配置文件便既有文件格式（JSON、YAML、TOML、XML、INI、自定义格式），又有一些内部结构，其内部结构用于描述哪种类型的层次结构、键、值和数据类型是有效的。有时数据契约是明确的，有时是隐含的，无论哪种方式，都需要小心地管理它，否则当正在读取、解析或验证的代码遇到具有不熟悉的结构的数据时，将发生运行时错误。

4.3.4　数据迁移

数据迁移是一个大问题。如今，许多系统都管理着成千上万的数据，在可预见的将来，收集和管理的数据量将继续增加。数据收集的速度超过了硬件创新的速度，关键是，如果有需要迁移的大量数据，则可能需要耗费相当长的一段时间。在上一家公司，我亲自见证了一个项目迁移数据，将近 100 TB 的数据从旧系统的一个 Cassandra 集群迁移到另一个 Cassandra 集群。

第二个 Cassandra 集群具有不同的模式，并由 Kubernetes 集群 24/7 访问。这个项目非常复杂，当突然出现紧急问题时，它总是被推迟，因此在预估完成时间之后很久，旧系统仍与下一代系统并行。

目前有许多机制来分割数据并将其发送到两个集群，但紧接着我遇到了新系统的可伸缩性问题，必须在继续之前解决这些问题。历史数据非常重要，但它不必使用与最新的热点数据以相同的服务级别来访问。我开启了另一个项目，将历史数据发送到更便宜的存储器中。当然，这也意味着客户端库或前端服务必须知道如何查询这两个存储区并合并结果。当处理大量的数据时，不能认为一切都是理所当然的，会遇到工具、基础结构、第三方依赖和进程的可伸缩性问题，这不仅是数量的变化，更是质的变化，因为它不仅仅是将一些文件从 A 复制到 B。

4.3.5　检测过期 API

过期 API 有两种来源：内部和外部。**内部 API（Internal API）**是由开发者及其团队完全控制的组件所使用的，可以确信所有用户都会在短时间内升级 API。**外部 API（External API）**是由直接影响范围之外的用户或服务使用的。这其中会有一些灰色地带，如果开发者为类似于 Google 这种大型组织工作，可能会需要将内部 API 当作外部 API 对待，幸运的话，所有的外部 API 都是通过自我更新的应用程序或开发者控制的 Web 界面来使用的。在这些情况下，API 实际上是隐藏的，甚至不需要对它进行发布。

如果有很多用户（或一些非常重要的用户）使用 API，那么应该慎重考虑过期的问题。过期 API 意味着强迫用户改变他们的应用程序并和开发者共同运行或者保持锁定在一个早期版本。

下面展示了几种方法来解决这个问题。

- 不检测过期。扩展现有 API 或保持旧版本 API 的激活状态。这虽然增加了测试负担，但有时却很简单。
- 将所有相关编程语言的客户端库提供给目标用户。这通常是很好的选择，它允许开发者对底层 API 进行多个更改，同时在保持编程语言接口稳定的情况下不干扰用户。
- 如果必须将旧版本弃用，请解释原因，允许用户有充足的时间进行升级，并提供尽可能多的支持，如带有示例的升级指南，这样用户将会非常感激。

4.4 大型集群的性能、成本和设计权衡

4.3 节介绍了实时集群升级，涵盖了各种技术并描述 Kubernetes 是如何支持它们的。这一节讨论了一些重要的议题，如中断更改、数据契约的更改和数据迁移，以及 API 检查过期。本节也将讨论具有不同可靠性和高可用性属性的大型集群的各种选项和配置。当设计集群时，需要了解选项并根据组织的需要明智地进行选择。

本节将涵盖从尽力而为一直到零停机时间的各种可用性需求，并且从性能和成本的角度考虑每种类型的可用性。

4.4.1 可用性要求

不同的系统对可靠性和可用性有非常不同的要求，此外，不同的子系统也有不同的要求。例如，计费系统通常具备很高的优先级，如果计费系统宕机，将不能从中获益。但即使在计费系统内，如果收费争议的能力有时不可用，从商业角度来看也是可行的。

4.4.2 尽力而为

尽力而为意味着没有任何保证。如果它有效，那很好，但如果它不起作用，也无所谓。这种级别的可靠性和可用性可能适合于经常变化的内部组件，但使内部组件健壮的努力却不值得。它也适用于 Beta 服务。

尽力而为对开发者来说非常好，开发者可以快速移动和中断事务，他们不担心后果，不必经过严格的测试和批准。尽力而为可能会比提供更加健壮的服务效果更好，因为它经常可以跳过耗费高昂成本的步骤，例如验证请求、持久化中间结果和复制数据。但是，

另一方面，要提供更健壮的服务通常需进行大量优化，并且对其硬件进行微调以适应它们的工作负载。尽力而为的服务成本通常很低，因为它们不需要部署冗余，除非运营商忽略了基本容量规划并只是提供了不必要的过度供应。

在 Kubernetes 环境下，最大的问题是集群所提供的所有服务是否都是尽力而为，如果是这样，那么集群本身就不必是高度可用的，开发者可能只有一个具有 etcd 的单个实例的主节点，这可能就不需要部署 Heapster 或其他监控解决方案。

4.4.3　维护窗口

在具有维护窗口的系统中，专用时间用于执行各种维护活动，例如应用安全修补程序、升级软件、修剪日志文件和清理数据库。在维护窗口中，系统（或子系统）变得不可用，这是计划中的停工时间，而且用户通常是知晓的。维护窗口的好处是，不必关注维护动作如何与系统中的实时请求交互，它可以大大简化操作。系统管理员喜欢维护窗口，就像开发者喜欢尽力而为的系统一样。

当然，缺点是系统在维修期间性能下降或停止运行了。对于用户活动限制在一定时间（如仅限于办公时间或工作日）的系统，它是可接受的。

使用 Kubernetes，可以通过将所有传入请求通过负载均衡器重定向到网页（或 JSON 响应）来完成维护窗口，该网页向用户通知维护窗口。

但在大多数情况下，Kubernetes 的灵活性应该允许进行现场维护。在极端情况下，比如升级 Kubernetes 版本，或者从 etcd v2 切换到 etcd v3，可能需要使用维护窗口。蓝绿部署是另一种替代方案，但是集群越大，蓝绿替代方案就越昂贵，因为开发者必须复制整个生产集群，这既昂贵又可能导致配额不足的问题。

4.4.4　快速恢复

快速恢复是高可用性集群的另一个重要方面。有时系统会在某些地方出现问题，这种情况下，不可用时钟开始运行，那它需要多久才能恢复正常？

有时候这并不取决于开发者，如果开发者的云提供商出现故障（并且没有执行集群联邦，这部分内容将在后面的章节讨论），那么只需要坐下来等待他们解决。但大多数情况下，罪魁祸首通常是最近的一个部署，当然，也存在与时间甚至是日历相关的问题。不知读者是否还记得 Leap-Year Bug 导致 2012 年 2 月 29 日的 Microsoft Azure 宕机。

当然，快速恢复的典型代表是蓝绿色部署——当发现问题时，继续运行前一个版本。

另一方面，滚动更新也意味着如果问题很早就被发现，那么大多数 Pod 仍然运行以前的版本。

即使备份是最新的，且恢复过程可以运行系统（一定要定期测试系统），与数据相关的问题也可能需要很长时间才能恢复。

4.4.5　零停机时间

本章的最后将介绍零停机时间系统。其实并没有所谓的零停机时间系统，如果所有的系统都发生故障，那么所有的软件系统也都会发生故障，有时，故障会严重到系统或某些服务失效。读者可以将零停机时间视为尽力而为的分布式系统设计。在设计零停机时间时，需要提供大量的冗余和机制，在不降低系统性能的情况下，解决预期的故障。请记住，即使有一个零停机时间的商业案例，也并不意味着每个组件都必须是这样的。

下面展示了零停机时间的计划。

- 每个层面上的冗余：这是一个必要条件。在设计中不能有一点失败，因为当它失败时，系统就崩溃了。
- 故障组件的自动热交换：其冗余性仅与冗余组件在原始组件故障时立即启动操作的能力一样好。某些组件可以共享负载（如无状态 Web 服务器），因而不需要显性操作。在其他情况下，比如 Kubernetes 调度器和控制器管理器，需要适当地进行领导选举，以确保集群一直保持活跃。
- 大量的监控和警告可以早期发现问题：即使经过仔细的设计，也可能会错过一些东西，或者一些隐含的假设可能会使开发者的设计失效。通常，这种微小的问题会悄悄地出现，而如果足够重视，那么可能会在系统完全崩溃前发现它。假设存在一种机制，可以在磁盘空间超过 90%时清理旧的日志文件，但是由于某些原因，它无法运行，此时如果设置了磁盘空间超过 95%的警报，那开发者就可以捕获它并有效地防止系统故障。
- 在部署到生产环境之前需要进行各种测试：综合测试已经被证明是提高质量的可靠方法。对于运行大型分布式系统的大型 Kubernetes 集群这样复杂的系统，进行全面的测试是很困难的，但这是有必要的。那到底应该测试些什么？答案是所有的一切。对于零停机时间，需要同时测试应用程序和基础设施。100%通过的单元测试是一个好的开始，但是它无法预测在生产环境的 Kubernetes 集群上部署应用程序时，它仍然会按预期运行。当然，最好是在进行蓝绿部署之后对生产集群进行测试，代替完全相同的集群，设置一个与生产环境尽可能完全一致的预演环境。下面展示了系统运行的测试列表，每一个测试都应该执行，因为如果存在未经测试的部分，则系统可能会发生故障。
  - 单位测试。

- ○ 验收测试。
- ○ 性能测试。
- ○ 压力测试。
- ○ 回滚测试。
- ○ 数据恢复测试。
- ○ 贯入测试。

这听起来很疯狂吗？零停机时间大型系统是很难实现的，这就是为什么 Microsoft、Google、Amazon、Facebook 和其他大公司有加起来数以万计的软件工程师仅在基础设施、运营这个领域工作，以确保一切正常运转。

● 保持原始数据：对于许多系统来说，数据是最关键的资产。如果保留原始数据，则可以从以后发生的任何数据损坏和数据丢失中恢复。实际上，这对零停机时间没有帮助，因为重新处理原始数据可能需要一段时间，但是它将导致零数据的丢失，这部分数据通常更为重要。这种方法的缺点是原始数据与处理过的数据量相比通常是巨大的。一个不错的方案可能是将原始数据存储在比处理过的数据更便宜的存储器中。

● 重定义正常运行时间是最后的办法：即便系统的某些部分被关闭了，仍然可以保持某种程度的服务。在许多情况下，可以访问稍微过时的数据版本，或者允许用户访问系统的其他部分。这不是好的用户体验，但在技术上，系统仍然是可用的。

4.4.6 性能和数据的一致性

当开发或操作分布式系统时，CAP 定理应该一直在开发者的脑海中。本节中主要讨论了高度可用的系统，也叫作 AP。为了实现高可用性，必须牺牲一致性，但这并不意味着系统会有错误或随意的数据，其关键始终是一致性。我所用的系统可能有点落后，提供了一些陈旧的数据，但读者最终会得到所期望的内容。当读者开始思考最终的一致性时，便打开了显著提升性能的大门。

如果一些重要数值被频繁更新（如每秒都在更新），但每分钟才发送一次，那么网络流量减少了 60 倍，并将落后于实时更新平均 30s 的时间，这个量级是巨大的，此时只需扩展系统以处理 60 倍以上的用户或请求。

4.5 总结

本章研究了可靠和高度可用的大规模 Kubernetes 集群。虽然对运行几个容器的小集群进行编排是有用的，但并不是必须的，考虑到规模扩展方面，必须有适当的编排解决方案，读者可以信任该解决方案来扩展自己的系统，并提供用于实现此目的的工具和最佳实践。

现在，读者已经对分布式系统中的可靠性和高可用性有了深刻的理解。深入研究了运行可靠和高度可用集群的最佳实践。探索了实时 Kubernetes 集群升级的细微差别，并且可以在可靠性和可用性级别以及性能和成本方面做出明智的设计选择。

在第 5 章中将讨论 Kubernetes 安全这个重要主题，还会涉及确保 Kubernetes 安全性的挑战和所涉及的风险，学习命名空间、服务账户、准入控制、身份验证、授权和加密等内容。

第 5 章
配置 Kubernetes 安全、限制和账户

第 4 章中讨论了可靠性和高可用性 Kubernetes 集群、基本概念、最佳实践、如何实时升级集群以及许多在性能和成本上的设计权衡。

本章将围绕与安全相关的主题进行探讨。Kubernetes 集群是由多个相互作用的组件组成的复杂系统，在运行关键应用程序时，不同层级的隔离和划分是非常重要的。为了保护系统并确保正确访问资源、能力和数据，必须先理解 Kubernetes 作为运行未知工作负载的通用编排平台所面临的独特挑战，然后利用各种安全、隔离和访问控制机制来确保集群、在其上运行的应用程序和数据的安全。这里将讨论各种情况下的最佳实践以及使用每个机制的最佳时机。

本章将对 Kubernetes 的安全挑战进行完整全面的概述。深入介绍如何增强 Kubernetes 抵抗各种潜在攻击的能力，建立深度防御以及在提供不同用户完全隔离和对集群中自身部分完全控制的情况下，如何安全地运行多重占用集群。

5.1 理解 Kubernetes 安全挑战

Kubernetes 是一个非常灵活的系统，它以通用方法管理非常低级别的资源。Kubernetes 本身可以部署在多种操作系统和硬件上，也可以部署在本地或云端的虚拟机解决方案中。Kubernetes 通过实现运行时定义好的接口来执行工作负载，但具体内部如何执行却未说明。Kubernetes 利用它完全不了解的应用程序来操纵如网络、DNS 和资源分配等的关键资源。这意味着，Kubernetes 承担着提供良好安全机制和性能的艰巨任务，它以程序管理员的方式保护自己和程序管理员不受常见错误的影响。

本节将讨论 Kubernetes 集群的不同层级或组件中的安全挑战，包括节点、网络、镜像、Pod 和容器。深度防御是一个重要的安全概念，它要求系统在每个级别上保护自己，既要减轻其他级别的穿透性攻击，又要降低破坏程度和范围，认识每个级别的挑战是深度防御的第一步。

5.1.1 节点挑战

节点是运行时引擎的主机,如果攻击者访问到某个节点将是严重的威胁,则它至少可以控制主机本身和运行节点上的所有工作负载。更糟糕的是,与 API 服务器信息互通的 Kubelet 也运行在节点上。成熟的攻击者可利用修改版本替换 Kubelet,并通过运行自己的工作负载代替计划运行的工作负载与 Kubernetes API 服务器正常通信,来有效躲避检测。这样该节点将能够访问共享资源和密钥对象,从而进行更深层的渗透。节点被攻破是非常严重的问题,不仅是因为有可能的损坏,也因为其事后检测非常困难。

节点也可能在物理层面上受损,这在裸金属机器上显得尤为重要,在裸金属机器上可以知道哪些硬件被分配给 Kubernetes 集群。

另一种攻击方式是资源耗尽。假设节点是 Bot 网络的一部分,则该网络与 Kubernetes 集群无关,只运行自己的工作负载并消耗 CPU 和内存。危险在于,Kubernetes 和基础设施可以自动伸缩并分配更多的资源。

还有一个问题是关于调试和故障排除工具的安装,或在自动化部署之外修改配置。这些过程通常都未经测试,而如果被遗忘且处于激活状态,则至少会导致性能的减损,但也可能会导致更危险的问题。

考虑到系统的安全性,这只是个数字游戏,如需了解系统脆弱层和易受攻击的点,下面列出了所有的节点挑战。

- 攻击者控制了主机。
- 攻击者替换了 Kubelet。
- 攻击者控制了运行主组件的节点(API 服务器、调度器和控制器管理器)。
- 攻击者获得了对节点的物理访问。
- 攻击者耗尽了与 Kubernetes 集群无关的资源。
- 通过调试和故障排除工具的安装或更改配置导致自身损坏。

5.1.2 网络挑战

所有有意义的 Kubernetes 集群都至少跨越一个网络,与网络相关的挑战有很多。用户需了解如何在非常精细的级别上连接系统组件?哪些组件应该互通数据?它们使用什么网络协议?什么端口?交换哪些数据?

暴露端口、容量或服务有一个复杂的链条。

- 容器到主机。
- 主机到内部网络中的主机。

● 主机到外部世界。

使用覆盖网络（这一部分将在第 10 章中详细讨论）有助于进行深度防御，即使攻击者获得对 Docker 容器的访问权，由于它们处于沙盒中，因此仍无法逃逸到底层基础网络设施。

服务发现组件也是一个重大挑战。目前有 DNS、专用发现服务和负载均衡器 3 种选项，每种选项各有利弊，需要根据具体情况仔细计划和权衡。

确保两个容器能够彼此发现并交换数据是很重要的。

首先需要确定哪些资源和端点是公共可访问的，然后采取合适的方法去验证用户和服务，并授权其操作资源。

敏感数据必须被加密，无论在集群内部还是外部，有时还必须在进出集群的间隙被加密。这意味着密钥的管理和密钥的安全交换是安全性中极难解决的问题之一。

如果集群与其他 Kubernetes 集群或非 Kubernetes 进程共享网络基础设施，则必须注意隔离和拆分。

网络策略、防火墙规则和软件定义网络（SDN）是 3 种要素，组合的结果会因情况不同而有所区别。这在本地集群和裸金属集群中尤其具有挑战性，让我们回顾一下。

● 提出一个连接计划。
● 选择组件、协议和端口。
● 制定动态发现。
● 公有和私有访问。
● 认证和授权。
● 设计防火墙规则。
● 决定网络策略。
● 密钥管理和交换。

在使容器、用户和服务在网络级别上易于发现和彼此通信，与锁定接入和防止通过网络的攻击或对网络本身的攻击之间存在持续的紧张关系。

这些挑战中的许多并不是 Kubernetes 自身的问题。然而，Kubernetes 是管理关键基础设施和处理低级联网的通用平台，这一事实使研究人员有必要思考能够将系统特定需求集成到 Kubernetes 中的动态和灵活的解决方案。

5.1.3　镜像挑战

Kubernetes 会运行符合其运行时引擎的容器。它不知道这些容器在做什么。读者可以通过配额来限制容器，还可以通过网络策略限制它们对网络其他部分的访问。但是，最终容器确实需要访问主机资源、网络中的其他主机、分布式存储和外部服务。镜像决定容器的行为。镜像存在两类问题。

- 恶意镜像。
- 脆弱镜像。

恶意镜像是包含代码或配置的镜像，这些代码或配置是由攻击者设计的，用于进行伤害或收集信息。恶意镜像可以注入镜像准备管道中，包括使用的任何镜像库。

易受攻击的镜像是自己设计的镜像，这些镜像恰巧包含一些漏洞，这些漏洞允许攻击者控制正在运行的容器或造成其他伤害，包括稍后注入攻击者自己的代码。

很难说哪一种更糟。在极端情况下，它们是等价的。因为它们允许攻击者完全控制容器。其他防御措施已经到位（记得深度防御吗？），容器上的限制将决定它能造成多大的损害。降低不良镜像的危险性是非常具有挑战性的。使用微服务的快速发展的公司每天可以生成许多镜像。验证镜像也不是一件容易的事情。例如，考虑 Docker 镜像是如何由层级构成的。当发现新的变数时，包含操作系统的基础镜像可能会变得很脆弱。此外，如果依赖于由其他人（非常常见）准备的基本镜像，那么恶意代码可能会进入这些基本镜像，读者无法控制这些基本镜像，并且隐式地信任它们。

这里总结一下镜像挑战。

- Kubernetes 不知道镜像在做什么。
- Kubernetes 必须为指定功能提供敏感资源的访问。
- 难以保障镜像准备和输送管道（包括镜像存储库）。
- 开发和部署新镜像的速度与仔细审查的变化冲突。
- 包含 OS 的基础镜像很容易变得过时和脆弱。
- 基本镜像通常不在读者的控制之下，可能更容易注入恶意代码。

5.1.4 配置和部署挑战

Kubernetes 集群是远程管理的。不同的清单和策略决定集群在每个时间点的状态。如果攻击者访问具有对集群管理控制的机器，则可能造成肆虐性破坏，例如收集信息、注入坏镜像、削弱安全性以及修改日志。通常来说，Bug 和错误也可能同样有害，因为它们忽略了重要的安全措施，让集群开放而受到攻击。如今，对于具有管理访问集群权限的员工来说，在家里或咖啡店远程工作，并随身携带笔记本电脑是非常常见的，只需要执行一个 kubectl 命令就会打开防洪闸门。

这里再次回顾一下这些挑战。

- Kubernetes 远程管理。
- 具有远程管理访问的攻击者可以获得对集群的完全控制。

- 配置和部署通常比代码更难测试。
- 远程或办公室外的雇员面临长期的暴露风险，这使攻击者能够访问具有管理权限的笔记本或电话。

5.1.5　Pod 和容器挑战

在 Kubernetes 中，Pod 是工作单位，包含一个或多个容器。Pod 只是一个分组和部署结构，但在实践中，部署在同一 Pod 中的容器通常通过直接机制进行交互。容器共享同一个本地主机网络，并且通常共享来自主机的存储卷。在同一个 Pod 的容器之间的简单集成可以导致主机部分被暴露给所有容器。这可能允许一个坏容器（恶意的或者只是易受攻击的）找到途径对 Pod 中的其他容器进行逐步升级的攻击并随后接管节点本身。主附加组件通常与主组件并置在一起，并存在上述危险，因为其中的许多组件是实验性的。对于每个节点上运行 Pod 的后台支撑服务集也一样。

多容器 Pod 的挑战包括以下几种。

- 相同的 Pod 容器共享本地主机网络。
- 同一个 Pod 的容器通常在主机文件系统上共享同一个挂载存储卷。
- 坏容器很容易危害 Pod 内的其他容器。
- 坏容器更容易攻击节点。
- 与主组件搭配的附加组件可能是实验性的并且不安全。

5.1.6　组织、文化和过程挑战

安全性通常与生产力息息相关。这是一个正常的权衡，无须担心。传统上，当开发人员和运维人员分开时，这种冲突是在组织层面上进行管理的。开发人员推动更高的生产力并将安全需求作为业务成本。运维人员控制生产环境，并负责访问和安全程序。DevOps 运动缩短了开发人员和运维人员之间的距离。现在，开发的速度往往占据主导地位。在大多数组织中，诸如每天多次连续部署而不需要人工干预之类的概念是闻所未闻的。Kubernetes 是为这个 DevOps 和云的新世界而设计的。但是，它是基于 Google 的经验开发的。Google 有很多时间和技术专家来开发适当的过程和工具来平衡快速部署和安全性。对于较小的组织来说，这种平衡行为可能是非常具有挑战性的，安全性可能会受到损害。

采用 Kubernetes 的组织面临的挑战如下。

- 控制 Kubernetes 操作的开发人员可能缺乏安全经验。
- 可能认为开发速度更重要。

- 连续部署可能会使某些安全问题在到达生产环境之前很难被检测到。
- 较小的组织可能不具备管理 Kubernetes 集群安全的知识和专长。

在本节中，我们回顾了当尝试构建安全的 Kubernetes 集群时所面临的许多挑战。这些挑战大多数不是针对 Kubernetes 的，但是使用 Kubernetes 意味着系统的大部分是通用的，并且不知道系统正在做什么。当试图锁定系统时，这可能会带来问题。挑战在不同的层面上蔓延。

- 节点挑战。
- 网络挑战。
- 镜像挑战。
- 配置和部署挑战。
- Pod 和镜像挑战。
- 组织和过程挑战。

5.2 节将介绍 Kubernetes 提供的设备来解决这些挑战。许多挑战需要在更大的系统范围内解决。重要的是要认识到，仅仅利用 Kubernetes 的所有安全特性是不够的。

5.2 加固 Kubernetes

5.1 节对部署和维护 Kubernetes 集群的开发人员和管理员所面临的各种安全挑战进行了分类和列举。在本节中，我们将深入研究 Kubernetes 提供的设计、机制和特性等方面，以应对一些挑战。通过合理地使用诸如服务账户、网络策略、身份验证、授权、AppArmor 和密钥对象等功能，可以获得相当好的安全状态。

请记住，Kubernetes 集群是包括其他软件系统、人和过程的更大、更复杂的系统的一部分。Kubernetes 解决不了所有的问题。应该始终牢记一般的安全原则，例如深度防御、须知常识和最小特权原则。此外，记录认为在发生攻击时可能有用的所有内容，并在系统偏离其状态时提供早期检测警报。它可能只是一个 Bug 或一个攻击。无论哪种方式，读者都应该想到并及时做出回应。

5.2.1 理解 Kubernetes 的服务账户

Kubernetes 具有在集群外部管理的常规用户，供连接到集群的人员使用（如通过 kubectl 命令），并且它具有服务账户。

普通用户是全局的，可以访问集群中的多个命名空间。服务账户被限制为一个命名空间。这很重要，它确保命名空间被隔离，因为每当 API 服务器从 Pod 接收到请求时，其凭证将仅应用于其自身的命名空间。

　　Kubernetes 代表 Pod 管理服务账户。每当 Kubernetes 实例化一个 Pod 时，它就给 Pod 分配一个服务账户。服务账户在与 API 服务器交互时标识全部 Pod 进程。每个服务账户都有一组挂载在密钥对象存储卷中的凭据，每个命名空间都有一个称为 default 的默认服务账户。创建 Pod 时，除非指定不同的服务账户，否则将自动分配默认服务账户。

　　可以创建额外的服务账户。创建一个名为 custom-service-account.yaml 的文件，内容如下面代码所示。

```
apiVersion: v1
kind: ServiceAccount
metadata:
  name: custom-service-account
```

现在输入如下代码的内容。

```
kubectl create -f custom-service-account.yaml
```

输出如下代码。

```
serviceaccount "custom-service-account" created
```

如下代码是默认服务账户旁边列出的服务账户。

```
> kubectl get serviceAccounts
NAME                       SECRETS    AGE
custom-service-account     1          3m
default                    1          29d
```

 请注意，新的服务账户自动创建了一个密钥对象。

获得更多细节，请输入如下代码中的内容。

```
 kubectl get serviceAccounts/custom-service-account
apiVersion: v1
kind: ServiceAccount
metadata:
  creationTimestamp: 2016-12-04T19:27:59Z
  name: custom-service-account
  namespace: default
  resourceVersion: "1243113"
  selfLink: /api/v1/namespaces/default/serviceaccounts/custom-service-
```

```
account
  uid: c3cbec89-ba57-11e6-87e3-428251643d3a
secrets:
- name: custom-service-account-token-pn3lt
```

可以通过键入如下代码中的内容来查看包含 `ca.crt` 文件和令牌的密钥对象本身。

```
kubectl get secrets/custom-service-account-token-pn3lt -o yaml
```

Kubernetes 如何管理服务账户

Kubernetes API 服务器有一个专用组件，称为服务账户准入控制器。它负责在创建 Pod 时检查是否有自定义服务账户，如果有，则检查是否存在自定义服务账户；如果没有，则指定服务账户，那么它将分配默认服务账户。

它还确保了 Pod 具有 `ImagePullSecrets`，这是当需要从远程镜像注册表中提取镜像时所必需的。如果 Pod 规范没有任何密钥对象，则使用服务账户的 `ImagePullSecrets`。

最后，它添加了一个存储卷，其带有用于 API 访问的 API 令牌和安装在/var/run/.s/kubernetes.io/service.上的 `volumeSource`。

每当创建服务账户时，API 令牌就被另一个称为令牌控制器的组件创建并添加到密钥对象中。令牌控制器还监视密钥对象，并在向服务账户添加或删除密钥对象的地方添加或删除令牌。服务账户控制器确保每个命名空间都存在默认服务账户。

5.2.2　访问 API 服务器

访问 API 需要包括认证、授权和准入控制在内的一系列步骤。在每个阶段，请求可能被拒绝。每个阶段由链接在一起的多个插件组成，如图 5.1 所示。

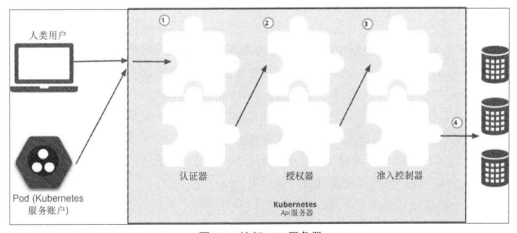

图 5.1　访问 API 服务器

1．认证用户

当创建集群时，将创建客户端证书和密钥。kubectl 使用它们通过端口 443 上的 TLS（加密的 HTTPS 连接）对 API 服务器进行身份验证，反之亦然。读者可以检查自己的.kube/config 文件，找到客户端密钥和证书，代码如下所示。

```
> cat C:\Users\the_g\.kube\config | grep client

    client-certificate: C:\Users\the_g\.minikube\apiserver.crt
    client-key: C:\Users\the_g\.minikube\apiserver.key
```

 注意，如果多个用户需要访问集群，则创建者应该以安全的方式向其他用户提供客户端证书和密钥。

这只是建立与 Kubernetes API 服务器本身的基本信任。读者还没有认证。各种身份验证模块可以查看请求并检查各种附加的客户端证书、密码、令牌和 JWT 令牌（用于服务账户）。大多数请求都需要经过认证的用户（普通用户或服务账户），但也有一些匿名请求。如果一个请求无法与所有认证器进行认证，那么它将被拒绝，返回 401 HTTP 状态码（未授权，这有点用词不当）。

集群管理员通过向 API 服务器提供各种命令行参数来确定要使用什么样的认证策略。

- --client-ca-file=<filename>（指定 x509 证书客户端文件）。
- --token-auth-file=<filename>（指定持证令牌文件）。
- --basic-auth-file=<filename>（指定用户/密码文件）。

账户认证服务使用自动加载认证插件。管理员可以提供两种可选的标记，如下所示。

- --service-account-key-file=<filename>（PEM 编码密钥用于持证令牌签名，如果未被指定，则使用 API 服务器 TLS 私有密钥）。
- --service-account-lookup（如果启用，则 API 删除的令牌将被撤销）。

有许多其他的方法，比如开放 ID 连接、Webhook、Keystone（Openstack 身份服务）和授权代理。主要的核心是分阶段授权可以支持任何可扩展和认证机制。

各种认证插件将基于提供的认证机制检查请求，可能与以下属性有关，用户名（友好用户名）、**UID**（**唯一标识符**比用户名更加连续）、组（一系列的用户隶属于某个组）。可能有额外的字段，可能仅仅是键值对字符串。

认证不知道什么是用户不允许做的，它们只是找出一系列认证集合的对应关系。授权的工作是确定授权用户是否可以访问当前请求。

2. 授权请求

一旦用户被认证，授权就开始了。Kubernetes 具有通用的授权语义。一组授权插件接收请求，该请求包括诸如经过认证的用户名和请求的动词（list、get、watch、create 等）等信息。如果授权插件授权该请求，则它可以继续。如果所有授权人都拒绝该请求，它将被拒绝使用 403 HTTP 状态代码（禁止）。

集群管理员通过指定--authorization-mode 命令行标志（插件名称的逗号分隔列表）来确定要使用什么授权插件，具体支持以下模式。

- --authorization-mode=AlwaysDeny 阻止所有请求（在测试中使用）。
- --authorization-mode=AlwaysAllow 允许所有请求，如果不需要授权可以使用。
- --authorization-mode=ABAC 允许一个简单的、基于本地文件的、用户配置的授权策略。**ABAC** 代表**基于属性的访问控制**。
- --authorization-mode=RBAC 是允许由 Kubernetes API 驱动的授权的实验实现。**RBAC** 代表**基于角色的访问控制**。
- --authorization-mode=Webhook 允许使用 REST 远程服务驱动授权。

读者可以通过实现如下代码所示的简单的 Go 接口来添加自己的自定义授权插件。

```
type Authorizer interface {
  Authorize(a Attributes) (authorized bool, reason string, err error)
}
```

Attributes 输入参数也是提供授权决策所需的所有信息的接口，代码如下所示。

```
type Attributes interface {
  GetUser() user.Info
  GetVerb() string
  IsReadOnly() bool
  GetNamespace() string
  GetResource() string
  GetSubresource() string
  GetName() string
  GetAPIGroup() string
  GetAPIVersion() string
  IsResourceRequest() bool
  GetPath() string
}
```

3．使用准入控制插件

目前请求已被授权，但在执行之前还有一个步骤——请求必须经过一个准入控制插件。与认证者和授权者不同，如果单个准入控制器拒绝请求，则该请求将被拒绝。

准入控制器是一个简洁的概念。其思想是，可能存在全局集群担忧，这可能是拒绝某个请求的理由。如果没有准入控制器，则所有授权者都必须知道这些担忧并拒绝请求。但是，使用准入控制器，这个逻辑只需要执行一次。此外，准入控制器可以修改请求。像往常一样，集群管理员通过提供称为准入控制的命令行参数来决定运行哪些准入控制插件。该值是一个逗号分隔和有序的插件列表。

以下插件是可用的。

- **AlwaysAdmit:** 通过。
- **AlwaysDeny:** 拒绝一切（用于测试）。
- **ImagePolicyWebhook:** 复杂的插件连接到外部后端，以决定是否应该根据镜像拒绝请求。
- **ServiceAccount:** 服务账户自动化。
- **ResourceQuota:** 拒绝违反命名空间资源配额的请求。
- **LimitRanger:** 拒绝违反资源限制的请求。
- **InitialResources (experimental):** 如果未指定，则根据历史用途分配计算资源和限制。
- **NamespaceLifecycle**: 拒绝在终止或不存在的命名空间中创建对象的请求。
- **DefaultStorageClass:** 将默认存储类添加到创建不指定存储类的 **PersistentVolumeClaim** 中。

正如读者所看到的，准入控制插件具有多种多样的功能。它们支持命名空间范围的策略，并从资源管理的角度强制执行请求的有效性。这将释放授权插件，使其仅关注有效的操作。**ImagePolicyWebHook** 是验证镜像的网关，这是一个巨大的挑战。

通过认证、授权和注入（每个阶段都有自己的插件）的独立阶段来验证传入请求的责任划分，这使复杂的过程更加容易控制，以便于理解和使用。

5.2.3　保护 Pod

Pod 安全性是一个主要的问题，因为 Kubernetes 调度 Pod 并允许它们运行。有几种独立的用于保护 Pod 和容器的机制。这些机制共同支持深度防御，即使攻击者（或错误）绕过一个机制，也会被另一个机制阻挡。

1. 使用私有镜像库

这种方法确保读者的集群将只提取其以前审查过的镜像，并且可以更好地管理升级。可以在每个节点上配置 $HOME/.dockercfg 或 $HOME/.docker/ config.json。但是，在许多云提供商上，读者不能这么做，因为节点是被自动分配的。

2. ImagePullSecrets

对于云提供商上的集群，推荐使用这种方法。其思想是，注册中心的凭证将由 Pod 提供，因此它被调度在哪个节点上运行并不重要。这就避开了节点层级上的 .dockercfg 问题。

首先，需要为凭据创建一个密钥对象，代码如下所示。

```
> kubectl create secret the-registry-secret
  --docker-server=<docker registry server>
  --docker-username=<username>
  --docker-password=<password>
  --docker-email=<email>
secret "docker-registry-secret" created.
```

如果需要，则可以为多个注册表（或同一注册表的多个用户）创建密钥对象。Kubelet 将把所有的 ImagePullSecrets 结合起来。

但是，由于 Pod 只能访问它们自己的命名空间中的密钥对象，因此必须在希望 Pod 运行的每个命名空间上创建密钥对象。

一旦定义了密钥对象，就可以将其添加到 Pod 规范中，并在集群上运行一些 Pod。Pod 将使用来自密钥对象的凭据从目标镜像注册表中提取镜像，代码如下所示。

```
apiVersion: v1
kind: Pod
metadata:
  name: cool-pod
  namespace: the-namespace
spec:
  containers:
    - name: cool-container
      image: cool/app:v1
  imagePullSecrets:
    - name: the-registry-secret
```

3. 指定安全上下文

安全上下文是一组操作系统级的安全设置，如 UID、GID、性能和 SELinux 角色。

这些设置作为容器安全的内容在容器级应用。开发者可以指定一个 Pod 安全上下文，适用于 Pod 中的所有容器。Pod 安全上下文还可以将其安全设置（特别是 `fsGroup` 和 `seLinuxOptions`）应用到存储卷。

如下代码是一个 Pod 安全上下文的示例。

```
apiVersion: v1
kind: Pod
metadata:
  name: hello-world
spec:
  containers:
    ...
  securityContext:
    fsGroup: 1234
supplementalGroups: [5678]
seLinuxOptions:
  level: "s0:c123,c456"
```

容器安全上下文应用于每个容器，并覆盖 Pod 安全上下文。它被嵌入 Pod 清单的容器部分。容器上下文设置不能应用于存储卷，仍保持在 Pod 级别。

如下代码是一个容器安全的内容样本。

```
apiVersion: v1
kind: Pod
metadata:
  name: hello-world
spec:
  containers:
    - name: hello-world-container
      # 容器定义
      # ...
      securityContext:
        privileged: true
        seLinuxOptions:
          level: "s0:c123,c456"
```

4．用 AppArmor 保护集群

AppArmor 是 Linux 内核安全模块。使用 AppArmor 可以将在容器中运行的进程限制在一组有限的资源中，例如网络访问、Linux 功能和文件权限。可以通过文件配置 AppArmor。

（1）要求

在 Kubernetes 1.4 中，AppArmor 支持被添加为 Beta 版本。它并不适用于所有操作系

统，因此读者必须选择一个支持的 OS 发行版，以便利用它。Ubuntu 和 SUSE Linux 支持 AppArmor，并默认启用它。其他发行版有可选的支持。若要检查是否启用 AppArmor，请输入如下代码所示内容。

```
cat /sys/module/apparmor/parameters/enabled
 Y
```

如果结果是 Y，则启用。

配置文件必须加载到内核中。检查如下代码中的文件。

```
/sys/kernel/security/apparmor/profiles
```

此外，此时只有 Docker 运行时支持 AppArmor。

（2）用 AppArmor 保护 Pod

因为 AppArmor 仍然处于 Beta 版本，所以将元数据指定为注解而不是 bonafide 字段。若要将配置文件应用于容器，请添加如下代码中的注解。

```
container.apparmor.security.beta.kubernetes.io/<container-name>:
<profile-ref>
```

配置文件引用可以是默认配置文件、`runtime/default`，也可以是主机上的 `localhost/<profile-name>`配置文件。

如下代码是一个防止文件写入的示例配置文件。

```
#include <tunables/global>

profile k8s-apparmor-example-deny-write flags=(attach_disconnected) {
  #include <abstractions/base>

  file,

  # 拒绝文件写入
  deny /** w,
}
```

AppArmor 不是 Kubernetes 资源，因此格式不是读者熟悉的 YAML 或 JSON。

要验证配置文件是否正确安装，请检查过程 1 的属性，代码如下所示。

```
kubectl exec <pod-name> cat /proc/1/attr/current
```

默认情况下，可以在集群中的任何节点上调度 Pod。这意味着应该将配置文件加载到每个节点中。这是一个典型的 DaemonSet。

（3）配置 AppArmor

直接编写 AppArmor 的配置文件是有意义的。有一些工具可以提供帮助：`aa-genprof`、`aa-logprof` 可以为读者生成一个配置文件，并通过在抱怨模式下使用 AppArmor 运行应用程序来帮助读者进行微调。工具跟踪应用程序的活动和 AppArmor 的警告，并创建相应的配置文件。这种方法可以起作用，但略显笨拙。

我最喜欢的工具是 bane，它基于 TOML 语法用更简单的概要文件语言生成 AppArmor 配置文件。BANE 文件具有较高的可读性，易于掌握。如下代码是一个 BANE 配置文件的片段。

```
Name = "nginx-sample"
[Filesystem]
# 只读取容器的路径
ReadOnlyPaths = [
  "/bin/**",
  "/boot/**",
  "/dev/**",
]

# 要登录的路径
LogOnWritePaths = [
  "/**"
]

# 允许功能
[Capabilities]
Allow = [
  "chown",
  "setuid",
]

[Network]
Raw = false
Packet = false
Protocols = [
  "tcp",
  "udp",
  "icmp"
]
```

生成的 AppArmor 配置文件非常粗糙。

5．Pod 安全策略

Pod 安全策略（**Pod Security Policy**，**PSP**）在 Kubernetes 1.4 中作为 Beta 版本可用。必须启用它，并且还必须通过 PSP 准入控制来使用它们。PSP 是集群级别定义的，它定义了 Pod 的安全上下文。使用 PSP 和清单中直接指定的安全内容之间有一些差异，可以像之前所做的那样。

- 对多个 Pod 容器应用相同的策略。
- 让管理员控制 Pod 的创建，这样用户就不会创建不合适的安全上下文的 Pod。
- 通过准入控制器动态地为 Pod 生成不同的安全内容。

PSP 确实扩展了安全上下文的概念。通常，与 Pod 的数量相比，读者将拥有相对较少的安全策略（或更确切地说，Pod 模板）。这意味着许多 Pod 模板和容器将具有相同的安全策略。如果没有 PSP，则读者必须单独管理每个 Pod 清单。

如下代码是一个 PSP 允许所有请求的例子。

```
{
  "kind": "PodSecurityPolicy",
  "apiVersion":"extensions/v1beta1",
  "metadata": {
    "name": "permissive"
  },
  "spec": {
    "seLinux": {
        "rule": "RunAsAny"
    },
    "supplementalGroups": {
        "rule": "RunAsAny"
      },
      "runAsUser": {
        "rule": "RunAsAny"
    },
    "fsGroup": {
        "rule": "RunAsAny"
    },
    "volumes": ["*"]
  }
}
```

5.2.4 管理网络策略

保证节点、Pod 和容器的安全势在必行，但这还不够。网络分割对于设计允许多租户的安全 Kubernetes 集群以及最小化安全破坏的影响至关重要。深度防御要求读者将系统中不需要彼此通信的部分进行划分，并仔细管理通信的方向、协议和端口。

　　网络策略允许对集群进行细粒度的控制和适当的网络分割。在核心上，网络策略应用于一组命名空间和由标签选择的 Pod 的防火墙规则集。这是非常灵活的，因为标签可以定义虚拟网络段并作为 Kubernetes 资源管理。

1．选择支持的网络解决方案

有些网络后端不支持网络策略。例如，流行的 Flannel 不能用于应用策略。

下面是支持的网络后端列表。

- Calico。
- WeaveNet。
- Canal。
- Romana。

2．定义网络策略

使用标准的 YAML 清单定义网络策略。

如下代码是一个样例策略。

```
apiVersion: extensions/v1beta1
kind: NetworkPolicy
metadata:
 name: the-network-policy
 namespace: default
spec:
 podSelector:
  matchLabels:
    role: db
 ingress:
  - from:
    - namespaceSelector:
       matchLabels:
        project: cool-project
    - podSelector:
       matchLabels:
        role: frontend
   ports:
    - protocol: tcp
      port: 6379
```

　　spec 部分有两个重要部分，即 podSelector 和 ingress。podSelector 控制

此网络策略适用于哪些 Pod。ingress 控制哪些命名空间和 Pod 可以访问这些 Pod 以及它们可以使用的协议和端口。

在示例网络策略中，podSelector 将网络策略的目标指定为标记为 role:db 的所有 Pod。ingress 部分具有来自子部分的 namespaceSelector 和 podSelector。集群中的所有命名空间都标记为 project:cool-project，并在这些命名空间内，所有被标记为 role:frontend 都可以访问被标记为 role:db 的目标 Pod。端口部分定义了一对列表（protocol 和 port），它们进一步限制允许哪些协议和端口。在这种情况下，协议是 tcp，端口是 6379（Redis 标准端口）。

> 注意，网络策略是集群范围的，因此集群中的多个命名空间的 Pod 可以访问目标命名空间。当前命名空间总是包含在内，所以即使它没有 project:cool 标签，具有 roole:frontend 的 Pod 仍然可以访问。

重要的是认识到网络策略以白名单方式运行。默认情况下，所有访问都被禁止，并且网络策略可以打开某些协议和端口到匹配标签的特定 Pod。这意味着，如果读者的网络解决方案不支持网络策略，则所有访问将被拒绝。

白名单性质的另一个含义是，如果存在多个网络策略，则多个网络策略的并集将是适用的。如果一个策略允许访问端口 1234，而另一个策略允许同一组 Pod 访问端口 5678，则 Pod 可以通过端口 1234 或端口 5678 进行访问。

5.2.5　使用密钥对象

密钥对象在安全系统中是至关重要的。它们可以是凭证，例如用户名和密码、访问令牌、API 密钥或密码密钥。密钥对象通常很小。如果读者有大量的数据要保护，则应该加密它并保持将加密/解密密钥作为密钥对象。

1. 把密钥对象存储在 Kubernetes

Kubernetes 以明文形式将密钥对象存储在 etcd，这意味着限制直接访问 etcd。在命名空间层级管理密钥对象。Pod 可以挂载密钥对象，无论是以密钥存储卷的文件形式还是环境变量的形式。从安全视角看，这意味着任何用户或服务都可以创建一个命名空间，其中的 Pod 可以访问命名空间管理的任何密钥对象。如果读者要限制访问密钥对象，则可以把它放进命名空间的有限的用户或服务集中。

如果密钥对象挂载到一个 Pod 上，则该 Pod 将不可写。它存储在 tmpfs 上。当 Kubelet

与 API 服务器进行通信时，它通常使用 TLS，因此密钥对象受操作系统级别的保护。

2．创建密钥对象

在创建一个需要密钥对象的 Pod 之前，必须先创建密钥对象。密钥对象必须存在，否则 Pod 的创建将会失败。

可以用如下代码所示的命令创建密钥对象。

```
kubectl create secret.
```

在如下代码中，我创建了一个名为 hush-hush 的通用密钥，它包含两个密钥：用户名和密码。

```
kubectl create secret generic hush-hush --from-literal=username=tobias
--from-literal=password=cutoffs
```

由此产生的密钥对象是不透明的，代码如下所示。

```
> kubectl describe secrets/hush-hush
Name:          hush-hush
Namespace:     default
Labels:        <none>
Annotations:   <none>

Type: Opaque

Data
====
password:      7 bytes
username:      6 bytes
```

可以使用--from-file 而不是--from-literal 从文件中创建密钥对象，如果将密钥对象值编码为 base64，则还可以手动创建密钥对象。

密钥内的密钥必须遵循规则的 DNS 子域名（不以.开头）。

3．解码密钥对象

要想得到一个密钥对象的内容，可以使用 kubectl get secret，代码如下所示。

```
> kubectl get secrets/hush-hush -o yaml
apiVersion: v1
data:
  password: Y3V0b2Zmcw==
  username: dG9iaWFz
```

```
kind: Secret
metadata:
  creationTimestamp: 2016-12-06T22:42:54Z
  name: hush-hush
  namespace: default
  resourceVersion: "1450109"
  selfLink: /api/v1/namespaces/default/secrets/hush-hush
  uid: 537bd4d6-bc05-11e6-927a-26f559225611
type: Opaque
```

这些值是 base64 编码的，需要自行解码它们，代码如下所示。

```
> echo "Y3V0b2Zmcw==" | base64 -decode
cutoofs
```

4. 在容器中使用密钥对象

容器可以通过在 Pod 中挂载存储卷来访问文件形式的密钥对象。另一种方法是访问作为环境变量的密钥对象。最后，容器可以直接访问 Kubernetes API，也可以使用 `kubectl get secret`。

为了使用一个密钥对象来挂载一个存储卷，Pod 清单应声明存储卷，它应该挂载在容器的 `spec`，代码如下所示。

```
{
 "apiVersion": "v1",
 "kind": "Pod",
  "metadata": {
    "name": "pod-with-secret",
    "namespace": "default"
},
"spec": {
    "containers": [{
      "name": "the-container",
      "image": "redis",
      "volumeMounts": [{
        "name": "secret-volume",
        "mountPath": "/mnt/secret-volume",
        "readOnly": true
      }]
    }],

    "volumes": [{
      "name": "secret-volume",
      "secret": {
```

```
      "secretName": "hush-hush"
    }
  }]
  }
}
```

存储卷名称（secret-volume）将 Pod 存储卷绑定到容器的安装件中。多个容器可以安装相同的存储卷。

当 Pod 正在运行时，用户名和密码可作为/etc/secret-volume 下的文件使用，代码如下所示。

```
> kubectl exec pod-with-secret cat /mnt/secret-volume/username
tobias

> kubectl exec pod-with-secret cat /mnt/secret-volume/password
cutoffs
```

5.3　运行多用户集群

在本节中，我们将简要介绍使用单个集群为多个用户或多个用户社区托管系统的选项。这些用户完全孤立，甚至可能不知道他们与其他用户共享集群。每个用户社区都有自己的资源，它们之间没有通信（除了公共端点）。Kubernetes 命名空间是对这个概念的最终表达。

5.3.1　多用户集群的案例

为什么要为多个隔离的用户或部署运行单个集群？对于每个用户都有一个专门的集群不是简单吗？有两个主要的原因：成本和操作复杂性。如果读者有许多相对较小的部署，并且希望为每个部署创建一个专用的集群，那么读者将为每个部署创建一个单独的主节点，并且可能有一个 3 节点的 etcd 集群。这可以累计。操作复杂性也是非常重要的。管理数十个、数百个或数千个独立的集群并不是一件轻松的事情。每个升级和每个补丁都需要应用于每个集群。操作可能失败，并且读者必须管理一组集群，其中一些集群的状态与其他集群稍有不同。跨所有集群的元操作可能更困难。读者必须聚合并编写工具来执行操作，并从所有集群中收集数据。

下面来看一下多个隔离社区或部署的用例和需求。

- 一个平台或服务提供商，用于<Blank>-as-a-service。
- 管理单独的测试、预演和生产环境。

- 向社区/部署管理员委托责任。
- 加强对每个社区的资源配额和限制。
- 用户只看到自己社区中的资源。

5.3.2 安全多租户使用命名空间

Kubernetes 命名空间是安全多租户集群的完美答案。这并不奇怪，因为这是命名空间的设计目标之一。

除内置的 Kube 系统和默认值之外，读者还可以轻松地创建命名空间。如下代码是一个 YAML 文件，它将创建一个名为自定义命名空间（custom-namespace）的新命名空间。它所拥有的是名为 name 的元数据项。它没有变得更简单。

```
apiVersion: v1
kind: Namespace
metadata:
  name: custom-namespace
```

如下代码展示了创建的命名空间。

```
> Kubectl create -f custom-namespace.yaml
namespace "custom-namespace" created

> kubectl get namesapces
NAME                STATUS    AGE
custom-namespace    Active    39s
default             Active    32d
kube-system         Active    32d
```

STATUS 字段可以是 Active 活动的，也可以是 Terminating 终止的。当删除命名空间时，它将进入终止状态。当命名空间处于此状态时，将无法在该命名空间中创建新资源。这简化了命名空间资源的清理，并确保命名空间真正被删除。如果没有它，则副本控制器可能会在现有的 Pod 被删除时创建新的 Pod。

若要使用命名空间，则将–namepsace=custom-namespace 参数添加到 kubectl 命令，代码如下所示。

```
> kubectl create -f some-pod.yaml --namespace=custom-namespace
pod "some-pod" created
```

在自定义命名空间中列出 Pod 只返回刚才创建的 Pod，代码如下所示。

```
> kubectl get pods --namespace=custom-namespace
```

```
NAME            READY        STATUS      RESTARTS      AGE
some-pod        1/1          Running     0             6m
```

列出没有命名空间的 Pod 则返回默认命名空间中的 Pod，代码如下所示。

```
> Kubectl get pods
NAME                                READY      STATUS      RESTARTS      AGE
echo-3580479493-n66n4               1/1        Running     16            32d
leader-elector-191609294-1t95t      1/1        Running     4             9d
leader-elector-191609294-m6fb6      1/1        Running     4             9d
leader-elector-191609294-piu8p      1/1        Running     4             9d
pod-with-secret                     1/1        Running     1             1h
```

5.3.3　避免命名空间陷阱

命名空间有时也会增加一些阻力。当读者只使用默认命名空间时，可以省略命名空间；当使用多个命名空间时，必须限定命名空间的所有内容。这会增加一些负担，但不会带来任何危险。但是，如果一些用户（如集群管理员）可以访问多个命名空间，那么读者可能会意外地修改或查询错误的命名空间。避免这种情况的最佳方法是密封命名空间，并且要求每个命名空间具有不同的用户和凭据。

另外，一些工具还可以帮助读者明确正在操作什么命名空间（如通过命令行操作 Shell 进行提示或在 Web 接口中突出地列出命名空间）。

确保可以在专用命名空间上运行的用户不能访问默认命名空间。否则，每当忘记指定命名空间时，它们将在默认命名空间上操作。

5.4　总结

本章讨论了开发人员和管理员在 Kubernetes 集群上构建系统和部署应用程序所面临的许多安全挑战。此外，还探讨了许多安全特性以及灵活的基于插件的安全模型，这些模型提供了许多方法来限制、控制和管理容器、Pod 和节点。Kubernetes 已经为大多数安全挑战提供了通用的解决方案，并且只有当 AppArmor 和 PodSecurityPolicy 等功能从 Beta 状态转移到通用可用性时才会变得更好。最后，针对如何使用命名空间来支持多个用户社区或部署在相同的 Kubernetes 集群中进行了讨论。

在第 6 章中将详细介绍 Kubernetes 资源和概念，以及如何使用并有效地组合它们。Kubernetes 对象模型是建立在一些基本概念（如资源、清单和元数据）的坚实基础之上的。这赋予了可扩展的、令人惊讶的、一致的对象模型以向开发人员和管理员提供各种各样的功能。

第 6 章
使用关键 Kubernetes 资源

在本章中，我们设计了一个大规模平台，该平台挑战 Kubernetes 的容量和伸缩性。Hue 是可以创建全智全能的数字助理的平台，是数字化的延伸。同时，它可以完成任何事情、找到任何东西，并在多种情形下完成各种任务。很显然，它需要存储大量信息、集成许多外部服务、响应通知和事件以及足够智能地与人交互。

本章将深入介绍 kubectl 和相关工具，并详细探讨前面章节所提到的类似于 Pod 的资源，以及 Jobs 之类的新资源。本章的最后，读者将对 Kubernetes 有更为深刻的印象，并了解其如何作为大型复杂系统的基础。

6.1 设计 Hue 平台

本节将搭建平台并定义作用范围。Hue 平台不是老大哥，它只是小弟，它可以完成任何被允许的任务。Hue 可以完成很多任务，但可能会令人有所担心，因此决定其在什么程度上协助完成任务非常重要。做好准备开始旅程吧！

6.1.1 定义 Hue 的范围

Hue 能够管理数字化用户画像，它比读者更了解读者自己。下面是 Hue 可以管理和协助完成的服务列表。

- 搜索和内容聚合。
- 医疗。
- 智能家居。
- 金融——银行、储蓄、退休、投资。
- 办公。
- 社会。

- 旅行。
- 幸福感。
- 家庭。
- 智能提醒和通知。

让我们考虑一下其可能性。Hue 认识用户，了解用户的朋友，聚合其他用户各方面的信息。它会实时更新其模型，而不会被过时数据所混淆。它将代表用户执行操作、展示相关信息，并不断学习用户的喜好。同时，它可以推荐用户喜欢的新节目或图书，根据用户、家人或朋友的时间表预订餐馆，控制用户房间的自动化。

- 安全、身份和隐私

Hue 是用户的在线代理人。若有人盗取用户的 Hue 身份，甚至监听用户与 Hue 交互，则后果非常严重。潜在的用户甚至可能不愿意用他们的身份来信任 Hue 组织。如果设计一个非信任系统，使用户在任何时候都可以终止 Hue，这将具有重大意义。这是几个方向正确的思路。

- 通过多因素授权的专用设备识别强身份，包括多重生物测定因素。
  - 频繁轮转证书。
  - 快速服务暂停和所有外部服务的身份重新验证（这需要每个提供商的身份证明原件）。
  - Hue 后端将通过短实时令牌与所有外部服务交互。
  - 将 Hue 构建为松散耦合的微服务集合。

Hue 架构需支持重大变化并具备灵活性，并且需在现有功能和外部服务不断升级、新功能和外部服务不断集成到平台的情况下具备可扩展性。这种规模级要用到微服务，使每种性能或服务完全独立于其他服务，除非那些通过标准可发现的 API 有良好定义的接口。

1．Hue 组件

在开始我们的微服务旅程之前，先来回顾一下构建 Hue 所需的组件类型。

（1）用户配置文件

用户配置文件是一个拥有大量子组件的主要组件。这是用户信息的精髓，包含他们的喜好、各领域涉及的历史数据，以及 Hue 所了解的一切。

（2）用户图形

用户图形组件在多域间模拟用户间的网络交互。每个用户都会加入多个网络：例如 Facebook 和 Twitter 之类的社交网络、专业领域网络、兴趣爱好网络和志愿者社区，这些网络中部分是自组织的，Hue 能使其结构化而令用户受益。Hue 可以在不泄露隐私的情况下，利用其丰富的用户连接配置文件来提升交互性。

（3）身份

正如前面所讲，身份管理是非常重要的，因此它应当作为一个独立组件。用户可能倾向于管理具有多个独立身份的多重互斥文件。例如，用户可能不习惯将健康简介与社交简介混在一起，以防止无意中将个人健康信息暴露给朋友。

（4）授权器

授权器是一个关键组件，在这个组件中，用户明确授权 Hue 执行某些操作或代表用户自身收集各种数据，包括对物理设备的访问、外部服务账户以及收集的主动程度。

（5）外部服务

Hue 是外部服务的聚合体。它并不用来取代用户的银行、健康提供者或社交网络。它只会保留很多用户活动的元数据，而内容则保留在外部服务中。每个外部服务都需要一个专用组件来与外部服务 API 和策略进行交互，若没有 API 可用，则 Hue 会通过自动化浏览器或本地应用程序来模拟用户。

（6）通用传感器

Hue 的价值主张很大程度是为用户着想，为了更好地达成这一目标，Hue 需要觉察各种事件。例如，如果 Hue 为用户预订了假期，但觉察到有更便宜的航班可用，则它会自动更改用户的航班或向用户发起确认请求。可被感知、觉察的事务数量非常庞大，因此在传感领域，需要一种通用传感器，该传感器可扩展，但它可以暴露一个通用接口，即便增加更多的传感器，Hue 的其他部分也能始终利用该接口。

（7）通用驱动器

这是通用传感器的对应部分。Hue 需要代表用户行动，如预订航班。为此，Hue 需要一个通用驱动器，该驱动器可扩展以支持特定功能，但是以统一的方式与类似于身份管理器和授权器的组件进行交互。

（8）用户学习器

这是 Hue 的大脑。它会持续监控用户授权的所有交互并更新自身模型，这使得 Hue 随着时间的推移变得越来越实用，它可以预测用户需要什么、对什么感兴趣，以此为用户提供更好的选择，也可以在正确的时间提供更多的相关信息，但不令人厌烦。

2．Hue 微服务

每个组件都有很强的复杂性。诸如外部服务、通用传感器和通用驱动器之类的组件，都需要跨越成百上千个乃至更多的外部服务进行操作，这些服务在 Hue 的控制范围外不断变化。即便是用户学习器也需要学习用户在许多领域范围的偏好，微服务通过允许 Hue 在不损坏自身复杂性的前提下，逐步进化出更为独立的能力来满足这种需求。每个微服务通过标准接口与通用 Hue 基础服务进行交互，还可通过定义良好和版本化的接口与少数其他服务进行交互。每个微服务的暴露区域是可管理的，且微服务之间的协调是基于标准的最佳实践。

（1）插件

插件是在不增加更多接口的情况下扩展 Hue 的关键。我们通常需要跨多个抽象层的插件链，例如，如果想为拥有 YouTube 的 Hue 添加一个新的集成，可以收集许多 YouTube 的特定信息——频道、喜爱的视频、推荐以及观看历史。为了向用户展示这些信息并允许用户对其进行操作，需要跨多重组件和最终用户交互中的插件。智能设计通过将诸如推荐、选择和延迟通知之类的操作类别聚合到多种服务中来帮助用户。

插件的好处在于它们可以由任何人开发。最初，Hue 开发团队必须开发插件，但随着 Hue 的流行，外部服务也希望与 Hue 整合在一起，通过构建 Hue 插件在 Hue 上激活他们的服务。

当然，这将为整个 Hue 生态系统的插件注册、批准和监管带来好处。

（2）数据存储

Hue 需要多种类型的数据存储，也需要每种类型的多个实例来管理其数据和元数据。

● 关系数据库。

● 图形数据库。

● 时间序列数据库。

● 内存缓存。

考虑到 Hue 的范围，需要聚集和分布上述每种数据库。

（3）无状态微服务

微服务大部分时间应该是无状态的。这将允许特定的实例被快速启动和销毁，并在必要时跨基础设施迁移。状态将由存储管理，并由具有短—实时访问令牌的微服务访问。

（4）基于队列的交互

所有这些微服务需要互相通信。用户要求 Hue 来代表他们执行任务。外部服务将通知 Hue 各种事件。与无状态微服务耦合的队列提供了完美的解决方案。每个微服务的多个实例将侦听各种队列，并在队列中的相关事件或请求被弹出时做出响应。这种安排是非常健壮和易于伸缩的。每个组件都可以是冗余的和高度可用的。虽然每个组件都是易错的，但系统具备很强的容错性。

队列可用于异步 RPC 或请求—响应式的交互，其中，调用实例提供私有队列名称，响应将被发布到私有队列。

6.1.2　规划工作流

Hue 通常需要支持工作流。典型的工作流将获得一个高级任务，比如预约牙医。它将提取用户的牙医详情和时间表，将其与用户的时间表匹配，在多个选项之间进行选择，潜在地与用户确认，进行预约并设置提醒。我们可以将工作流分类为自动工作流和人工工作流，还有一些涉及花钱的工作流。

1．自动工作流

自动工作流不需要人工干预。Hue 完全有权执行从开始到结束的所有步骤。用户分配给 Hue 的自主性越强，它就越有效。用户应该能够查看和审核过去和现在的所有工作流。

2．人工工作流

人工工作流需要与人交互。常见的是用户本身需要从多个选项中选择或批准一个动作。但它可能涉及在另一个服务中的人。例如，为了与牙医预约，可能需要从秘书那里得到一个可用的时间列表。

3．感知预算工作流

一些工作流，比如付账或购买礼物，都需要花钱。虽然从理论上讲，Hue 可以无限制地访问用户的银行账户，但是大多数用户可能更愿意为不同的工作流设置预算，或者仅仅支出人类认可的活动。

6.2　利用 Kubernetes 构建 Hue 平台

在本节中，我们将研究各种 Kubernetes 资源以及如何利用它们构建 Hue。首先需要很好地了解通用的 kubectl，然后将介绍如何在 Kubernetes 中运行长期运行的进程、在内部和外部公开服务、使用命名空间限制访问、启动临时作业，以及混合非集群组件。显然，Hue 是一个巨大的工程，因此我们将在本地 Minikube 集群中演示该思路，而不是实际构建一个真正的 Hue Kubernetes 集群。

6.2.1　有效使用 kubectl

kubectl 就如同读者的瑞士军刀，它可以在集群周围做很多事情。在后台，kubectl

通过 API 连接到读者的集群。它读取读者的 `.kube/config` 文件，其中包含连接到读者的集群或集群所需的信息。命令分为多个类别。

- **Generic command——以通用的方式处理资源**：创建、获取、删除、运行、应用、修补和替换等。
- **Cluster management command——处理节点和集群**：集群信息、证书和流失等。
- **Troubleshooting command**：描述、日志、附加和执行等。
- **Deployment command——处理部署和伸缩**：回滚、伸缩和自动伸缩等。
- **Settings command——处理标签和注解**：标签、注解等。
- **Misc command**：帮助、配置和版本。

可以使用 Kubernetes 配置视图查看配置。

如下代码是 Minikube 集群的配置。

```
apiVersion: v1
clusters:
- cluster:
    certificate-authority: C:\Users\the_g\.minikube\ca.crt
    server: https://192.168.99.100:8443
  name: minikube
contexts:
- context:
    cluster: minikube
    user: minikube
  name: minikube
current-context: minikube
kind: Config
preferences: {}
users:
- name: minikube
  user:
    client-certificate: C:\Users\the_g\.minikube\apiserver.crt
    client-key: C:\Users\the_g\.minikube\apiserver.key
```

6.2.2 理解 kubectl 资源配置文件

许多 kubectl 操作（如创建）需要复杂的分层输出（因为 API 需要这个输出）。kubectl 使用 YAML 或 JSON 配置文件。如下代码是一个用于创建 Pod 的 JSON 配置文件。

```
apiVersion: v1
kind: Pod
metadata:
```

```
  name: ""
  labels:
    name: ""
  namespace: ""
  annotations: []
  generateName: ""
spec:
    ...
```

1．apiVersion

Kubernetes API 的不断演进非常重要，可以通过 API 的不同版本支持相同资源的不同版本。

2．kind

kind 告诉 Kubernetes 它正在处理的资源类型，在上述情况下是 Pod。这一选项是必要的。

3．metadata

下面是描述 Pod 及其操作的众多信息。

- **name**，在其命名空间内唯一标识 Pod。
- **labels**，可应用多个标签。
- **namespace**，所属的命名空间。
- **annotations**，可供查询的注解列表。

4．spec

spec 是一个 Pod 模板，包含启动 Pod 所需的所有信息。它可以是非常复杂的，因此我们将在多个部分中探索它，代码如下所示。

```
"spec": {
  "containers": [
  ],
  "restartPolicy": "",
  "volumes": [
  ]
}
```

5.　Container spec

Pod spec 的 Container 是容器规格清单。每个容器的 spec 具有以下结构。

```
{
  "name": "",
  "image": "",
  "command": [
    ""
  ],
  "args": [
    ""
  ],
  "env": [
    {
      "name": "",
      "value": ""
    }
  ],
  "imagePullPolicy": "",
  "ports": [
    {
      "containerPort": 0,
      "name": "",
      "protocol": ""
    }
  ],
  "resources": {
    "cpu": "",
    "memory": ""
  }
}
```

每个容器都有一个 image、一个 command，如果指定命令，它将取代 Docker 镜像命令，它也有参数和环境变量。当然，还有 imagePullPolicy、ports 和 resources 限制。在前面的章节中，我们已经涵盖了该部分。

6.2.3　在 Pod 中部署长时间运行的微服务

长时间运行的微服务应该在 Pod 中运行，并且是无状态的。让我们来看一看如何为 Hue 的微服务创建 Pod。稍后，我们将提高抽象级别并使用部署。

1. 创建 Pod

首先从一个规则的 Pod 配置文件开始创建一个 Hue 学习器内部服务。这个服务不需要公开为公共服务，它将侦听队列中的通知，并将其洞察力存储在一些持久存储中。

我们需要一个可以让 Pod 运行的简单的容器。如下代码可能是最简单的 Docker 文件，它将模拟 Hue 学习器。

```
FROM busybox
CMD ash -c "echo 'Started...'; while true ; do sleep 10 ; done"
```

它使用 busybox 基础镜像，打印到标准输出 Started...，然后进入无限循环，这是针对所有的账户长期运行的，代码如下所示。

```
I have built two Docker images tagged as "g1g1/hue-learn:v3.0" and "g1g1/
hue-learn:v4.0" and pushed them to the DockerHub registry ("g1g1" is my
user name).
docker build -t . g1g1/hue-learn:v3.0
docker build -t . g1g1/hue-learn:v4.0
docker push g1g1/hue-learn:v3.0
docker push g1g1/hue-learn:v4.0
```

现在可以将这些镜像被拖入 Hue Pod 内的容器中。这里将使用 YAML，因为它更简洁，也更人性化。如下代码是样板和 metadata 标签。

```
apiVersion: v1
kind: Pod
metadata:
  name: hue-learner
  labels:
    app: hue
   runtime-environment: production
    tier: internal-service
  annotations:
    version: "3.0"
```

我为 version 使用注解而不是标签的原因是，标签用于标识部署中的一组 Pod。不允许被修改。

如下代码是重要的 Container spec，它定义了每个容器的强制性 name 和 image。

```
spec:
  containers:
  - name: hue-learner
    image: g1g1/hue-learn:v3.0
```

resources 部分告诉 Kubernetes 容器的资源需求，允许更高效、更紧凑的调度和分配。在如下代码中，容器请求 200 个 CPU 微单元（0.2 内核）和 256 MiB（228 字节）。

```
resources:
   requests:
      cpu: 200m
      memory: 256Mi
```

env 部分允许集群管理员提供容器可用的环境变量。这里，它指定从 DNS 中发现队列和存储。在测试环境中，可以使用不同的发现方法，代码如下所示。

```
env:
- name: DISCOVER_QUEUE
  value: dns
- name: DISCOVER_STORE
  value: dns
```

2．用标签装饰 Pod

明智地标注 Pod 是灵活操作的关键。它允许开发者动态地演进集群，将微服务组织成可以统一操作的组，并通过专用程序以观察不同的子集。

例如，Hue 学习器 Pod 具有以下标签。

- **runtime-environment**：生产。
- **tier**：内部服务。

版本标签可以用来支持同时运行多个版本。如果版本 2 和版本 3 需要同时运行，为了提供后向兼容性，或者只是在从 v2 迁移到 v3 期间临时运行，那么版本标签允许独立地伸缩不同版本的 Pod，以及独立地公开服务。runtime-environment 标签允许对属于某个环境的所有 Pod 执行全局操作，tier 标签可用于查询属于特定层的所有 Pod。这些只是一个例子，读者可以发挥自己的奇思妙想。

3．用 Deployment 来部署长时间运行的进程

在一个大型系统中，Pod 不应该仅仅被创建和解耦。如果一个 Pod 因任何原因而意外死亡，则需要另一个 Pod 来替换它以保持整体容量。开发者可以自己创建副本控制器或副本集，但是这样的话可能会导致错误以及部分失败。在启动 Pod 时，要指定多少副本是非常有意义的。

让我们用 Kubernetes 部署资源来部署 3 个 Hue 学习器微服务实例。注意，部署对象在此处被认为是 Beta 版。这不应该阻止开发者使用它们。这只是意味着它们是新的版本，

还没有像 Pod 之类的对象在生成中进行过测试。但是，由于集群应该具有多个监控和警报系统，因此即使部署出现严重错误，也应该能够检测到它。使用它们的好处远超由于它们的 Beta 状态而导致系统崩溃的轻微风险，代码如下所示。

```
apiVersion: extensions/v1beta1
kind: Deployment
metadata:
  name: hue-learn
spec:
  replicas: 3
  template:
      <pod spec goes here>
```

Pod 规范与之前 Pod 配置文件的 spec 部分相同。

如下代码展示了如何创建部署并检查它的状态。

```
> kubectl create -f .\deployment.yaml
deployment "hue-learn" created
> kubectl get deployment hue-learn
NAME          DESIRED     CURRENT      UP-TO-DATE     AVAILABLE      AGE
hue-learn     3           3            3              3              4m
```

读者可以使用 kubectl 描述命令获得更多关于部署的信息。

4．更新部署

Hue 平台是一个庞大而不断发展的系统，需要不断升级，可以用无损的方式更新部署来升级更新。开发者可以更改 Pod 模板来触发完全由 Kubernetes 管理的滚动更新。

目前，所有的 Pod 都在运行 version 3.0，代码如下所示。

```
Kubectl get pods -o json | jq .items[0].metadata.annotations.version
"3.0"


NAME                        READY      STATUS      RESTARTS      AGE
hue-learn-237202748-d770r   1/1        Running     0             2m
hue-learn-237202748-fwv2t   1/1        Running     0             2m
hue-learn-237202748-tpr4s   1/1        Running     0             2m
```

让我们更新部署，升级到 version 4.0。修改 deployment.yaml 文件中的版本。不要修改标签，它会导致错误产生。通常，在注解中修改镜像和一些相关元数据。然后我们可以使用应用命令升级版本，代码如下所示。

```
kubectl apply -f deployment.yaml
```

```
deployment "hue-learn" updated
Kubectl get pods -o json | jq .items[0].metadata.annotations.version
"4.0"
```

6.3　内外部服务分离

内部服务是直接由集群中的其他服务或作业（或由管理员登录并运行自组织的工具）访问的服务。在某些情况下，根本不访问内部服务，而是执行它们的功能，并将结果存储在持久存储中，其他服务以解耦的方式访问持久存储。

但是一些服务需要暴露给用户或外部程序。让我们来假设一个伪 Hue 服务，它管理一个用户提醒列表。它没有做任何事情，但是我们将用它来说明如何公开服务。

如下代码把虚拟 Hue 提醒镜像推给 Docker Hub。

```
docker push g1g1/hue-reminders:v2.2
```

6.3.1　部署内部服务

这里的部署类似于 hue-learner 部署，只是我删除了 annotations、env 和 resources 部分，只保留了一个标签以节省空间，并向容器添加了一个 ports 部分。这是至关重要的，因为服务必须公开一个端口，其他服务可以通过该端口访问它，代码如下所示。

```
apiVersion: extensions/v1beta1
kind: Deployment
metadata:
  name: hue-reminders
spec:
  replicas: 2
  template:
    metadata:
      name: hue-reminders
      labels:
        app: hue-reminders
    spec:
      containers:
      - name: hue-reminders
        image: g1g1/hue-reminders:v2.2
        ports:
        - containerPort: 80
```

当运行部署时，将两个 Hue-reminders Pod 加入集群中，代码如下所示。

```
> kubectl create -f hue-reminders-deployment.yaml
> kubectl get pods
NAME                             READY    STATUS     RESTARTS    AGE
hue-learn-1348235373-4k355       1/1      Running    1           19h
hue-learn-1348235373-f5303       1/1      Running    1           19h
hue-learn-1348235373-r4xl6       1/1      Running    1           19h
hue-reminders-972023352-nw0gt    1/1      Running    0           18s
hue-reminders-972023352-vjtmq    1/1      Running    0           18s
```

Pod 运行起来了。理论上，其他服务可以使用其内部 IP 地址查找或配置，并直接访问它们，因为它们都在同一网络中。但这不成规模。每当 reminder Pod 下线并被替换，或者当我们只是扩大 Pod 的数量时，访问这些 Pod 的所有服务都必须知道这一变化。服务通过提供一个单一的接入点到所有 Pod 来解决这个问题。服务的代码如下所示。

```
apiVersion: v1
kind: Service
metadata:
  name: hue-reminders
  labels:
    app: hue-reminders
spec:
  ports:
  - port: 80
    protocol: TCP
  selector:
    app: hue-reminders
```

服务有一个选择器，它选择所有与它匹配的标签。它还公开了一个端口，其他服务将用来访问它（它不必是与容器端口相同的端口）。

6.3.2 创建 Hue-reminders 服务

让我们创建该服务并稍微探索一下，代码如下所示。

```
kubectl create -f .\hue-reminders-service.yaml
service "hue-reminders" created
kubectl describe svc hue-reminders
Name:                 hue-reminders
Namespace:            default
Labels:               app=hue-reminders
Selector:             app=hue-reminders
```

```
Type:                ClusterIP
IP:                  10.0.0.238
Port:                <unset> 80/TCP
Endpoints:           172.17.0.7:80,172.17.0.8:80
Session Affinity:    None
```

服务正在运行。其他的 Pod 可以通过环境变量或 DNS 找到它。所有服务的环境变量都是在 Pod 创建时设置的。这意味着，如果创建服务时 Pod 已经在运行，则必须终止它，并让 Kubernetes 使用环境变量重新创建它（读者应该总会准备一个副本控制器或副本集），代码如下所示。

```
> kubectl exec hue-learn-3352346070-56cd5 -- printenv | grep HUE_
REMINDERS_SERVICE

HUE_REMINDERS_SERVICE_PORT=80
HUE_REMINDERS_SERVICE_HOST=10.0.0.238
```

但使用 DNS 要简单得多，DNS 服务名称是 `<servicename>.<namespace>.svc.cluster.local`，代码如下所示。

```
> kubectl exec hue-reminders-972023352-nw0gt -- nslookup hue-reminders
Server:    10.0.0.10
Address 1: 10.0.0.10 kube-dns.kube-system.svc.cluster.local

Name:      hue-reminders
Address 1: 10.0.0.238 hue-reminders.default.svc.cluster.local
```

6.3.3　从外部公开服务

集群内的服务是可访问的。如果想把它暴露给外部，Kubernetes 提供了两种方法。

● 配置 NodePort 用于直接访问。

● 如果在云环境内运行，则配置云负载均衡器。

在配置服务用于外部访问之前，应该确保它是安全的。之前已经在第 5 章中阐述了相关原则。

如下代码是通过 NodePort 暴露给外部 Hue-reminders 服务的 `spec` 部分。

```
spec:
  type: NodePort
  ports:
  - port: 8080
    targetPort: 80
    protocol: TCP
```

```
    name: http
  - port: 443
    protocol: TCP
    name: https
  selector:
    app: hue-reminders
```

入口（Ingress）

Ingress 是一个 Kubernetes 配置对象，它允许开发者向外部公开服务并处理许多细节。它可以做到以下几点。

- 为开发者的服务提供一个外部可见的 URL。
- 负载均衡业务。
- 终止 SSL。
- 提供基于名称的虚拟主机。

要使用入口就必须在集群中运行入口控制器。请注意，入口仍然处于 Beta 版本，并且有许多限制。如果在 GKE 上运行集群，则可能没问题；否则，请谨慎处理。入口控制器当前的限制之一是它不是为规模而建的，因此，对于 Hue 平台来说，这不是一个好的备选项。我们将在第 10 章中详细介绍入口控制器。如下代码是入口资源的示例。

```
apiVersion: extensions/v1beta1
kind: Ingress
metadata:
  name: test
spec:
rules:
- host: foo.bar.com
  http:
    paths:
    - path: /foo
      backend:
        serviceName: fooSvc
        servicePort: 80
- host: bar.baz.com
  http:
  paths:
  - path: /bar
    backend:
        serviceName: barSvc
        servicePort: 80
```

Nginx 入口控制器将解析 Ingress 请求，并为 Nginx Web 服务器创建相应的配置文件，代码如下所示。

```
http {
  server {
    listen 80;
    server_name foo.bar.com;

    location /foo {
      proxy_pass http://fooSvc;
    }
  }
  server {
    listen 80;
    server_name bar.baz.com;

    location /bar {
      proxy_pass http://barSvc;
    }
  }
}
```

可以创建其他控制器。

6.4　使用命名空间限制访问

Hue 项目进展得很顺利，我们有几百个微服务，大约 100 个开发人员和运维工程师正在开发它。一些与组相关的微服务出现了，读者可能会注意到这些组中有很多是很自主的，它们完全忽略了其他组。此外，还有一些敏感领域，如健康和金融，读者可能会想要更有效地进行访问控制。

让我们创建一个新的服务：hue-finance，并将其放入一个名为 "restricted" 的新 Namespace 中。

如下代码是新 restricted 命名空间的 YAML 文件。

```
{
  "kind": "Namespace",
  "apiVersion": "v1",
  "metadata": {
    "name": "restricted",
    "labels": {
      "name": "restricted"
    }
  }
}
```

```
> kubectl create -f .\namespace.yaml
namespace "restricted" created
```

一旦创建了命名空间，就需要为命名空间配置上下文。这将允许仅限制对这个 Namespace 的访问，代码如下所示。

```
> kubectl config set-context restricted --namespace=restricted
--cluster=minikube --user=minikube
Context "restricted" set.
```

```
> kubectl config use-context restricted
Switched to context "restricted".
```

如下代码展示了检查集群配置的内容。

```
> Kubectl config view
apiVersion: v1
clusters:
- cluster:
    certificate-authority: C:\Users\the_g\.minikube\ca.crt
    server: https://192.168.99.100:8443
  name: minikube
contexts:
- context:
    cluster: minikube
    user: minikube
  name: minikube
- context:
    cluster: minikube
    namespace: restricted
    user: minikube
  name: restricted
current-context: restricted
kind: Config
preferences: {}
users:
- name: minikube
  user:
    client-certificate: C:\Users\the_g\.minikube\apiserver.crt
    client-key: C:\Users\the_g\.minikube\apiserver.key
```

正如读者所看到的，当前上下文是 restricted。

现在，在这个空的命名空间中，我们可以创建 hue-finance 服务，并且它将独立存在，代码如下所示。

```
> kubectl create -f .\hue-finance-deployment.yaml
deployment "hue-finance" created

>kubectl get pods
NAME                           READY     STATUS     RESTARTS     AGE
hue-finance-2518532322-0s8s2   1/1       Running    0            6s
hue-finance-2518532322-27sfm   1/1       Running    0            6s
hue-finance-2518532322-s4dtp   1/1       Running    0            6s
```

这里无须切换环境,还可以使用--namespace=<namespace>和--all-namespaces
命令行进行切换。

6.5　启动 Job

Hue 有许多作为微服务部署的长期运行的进程，同时它还需要完成其他任务，比如
运行、完成一些目标和退出。Kubernetes 通过作业资源支持此功能。Kubernetes 作业管
理一个或多个 Pod 并确保它们运行直到成功。如果作业管理的一个 Pod 失败或被删除，
那么作业将运行一个新的 Pod，直到它成功为止。

如下代码运行 Python 进程来计算 5 的阶乘（提示：答案是 120）。

```
apiVersion: batch/v1
kind: Job
metadata:
  name: factorial5
spec:
  template:
    metadata:
      name: factorial5
    spec:
      containers:
      - name: factorial5
        image: python:3.5
        command: ["python",
                  "-c",
                  "import math; print(math.factorial(5))"]
      restartPolicy: Never
```

注意，restartPolicy 必须为 Never 或 OnFailure。默认 Always 值无效，因
为 Job（作业）在成功完成后不应重新启动。

如下代码启动并检查它的状态。

```
> kubectl create -f .\job.yaml
job "factorial5" created

> kubectl get jobs
NAME          DESIRED      SUCCESSFUL    AGE
factorial5    1            1             25s
```

默认情况下不显示未完成任务的 Pod，要想查看这些 Pod，必须使用 "`--show-all`"，代码如下所示。

```
kubectl get pods --show-all
NAME                       READY     STATUS        RESTARTS     AGE
factorial5-v9f80           0/1       Completed     0            1m
hue-finance-25185-0s8s2    1/1       Running       0            4h
hue-finance-25185-27sfm    1/1       Running       0            4h
hue-finance-25185-s4dtp    1/1       Running       0            4h
The factorial5 pod has a status of "Completed." Let's check out its
output:
> kubectl logs factorial5-v9f80
120
```

6.5.1 并行运行作业

开发者还可以运行并行的作业。spec 中有两个字段，称为完备性（completions）和并行性（parallelism）。默认情况下，completions 设置为 1。如果想要使其中至少一个成功完成，那就增加这个值。parallelism 决定要启动多少个 Pod。即使并行数较大，一个作业也不会启动比成功完成所需更多的 Pod。

如下代码运行另一个作业——sleep20，直到它有 3 个成功的完成。我们将使用 6 个并行因子，但是只有 3 个 Pod 将被启动。

```
apiVersion: batch/v1
kind: Job
metadata:
  name: sleep20
spec:
  completions: 3
  parallelism: 6
  template:
    metadata:
      name: sleep20
    spec:
      containers:
      - name: sleep20
```

```
        image: python:3.5
    command: ["python",
               "-c",
              "import time; print('started...');
               time.sleep(20); print('done.')"]
    restartPolicy: Never
```

```
> Kubectl get pods
```

NAME	READY	STATUS	RESTARTS	AGE
sleep20-1t8sd	1/1	Running	0	10s
sleep20-sdjb4	1/1	Running	0	10s
sleep20-wv4jc	1/1	Running	0	10s

6.5.2　清理已完成的作业

当一个作业完成时，它和其 Pod 粘在一起中。这是设计好的，读者可以查看日志或者连接到 Pod 进行探索。但通常情况下，当一个作业成功完成时，就不再需要它了，开发者有义务清理已完成的作业和它们的 Pod。一个简单的方法是删除作业对象，这也将删除所有的 Pod，代码如下所示。

```
> kubectl delete jobs/factroial5
job "factorial5" deleted
> kubectl delete jobs/sleep20
job "sleep20" deleted
```

6.5.3　调度计划作业

Kubernetes 计划作业是在一个指定的时间、运行一次或多次的作业。它们作为在 /etc/crontab 文件中指定的常规 UNIX cron 作业。

在 Kubernetes 1.4 中，它们被称为 ScheduledJob。但是，在 Kubernetes 1.5 中，该名称被更改为 CronJob，必须通过启动 API 服务器来启用 CronJob，代码如下所示。

```
--runtime-config=batch/v2alpha1
```

如下代码展示了配置 CronJob 的过程，该 CronJob 每分钟提醒用户伸展一下身体。在日程表中，可以将"*"替换为"？"。

```
apiVersion: batch/v2alpha1
kind: CronJob
metadata:
  name: stretch
spec:
```

```
          schedule: "*/1 * * * *"
      jobTemplate:
        spec:
          template:
            metadata:
              labels:
                  name: stretch
            spec:
              containers:
              - name: stretch
                image: python
                args:
                - python
                - -c
                - from datetime import datetime; print('[{}] Stretch'.
format(datetime.now()))
              restartPolicy: OnFailure
```

在 Pod spec 中的 jobTemplate 下，我添加了一个名为 name 的标签。原因在于，计划作业及其 Pod 由 Kubernetes 分配具有随机前缀的名称。标签可以让读者很容易地发现一个特定的计划作业的所有 Pod。

6.6　kubectl 获得 Pod

请参阅如下代码的命令行。

```
NAME                        READY     STATUS            RESTARTS     AGE
stretch-1482165720-qm5bj    0/1       ImagePullBackOff  0            1m
stretch-1482165780-bkqjd    0/1       ContainerCreating 0            6s
Note that each invocation of a cron job launches a new job object with a
new pod:
> kubectl get jobs
NAME                 DESIRED     SUCCESSFUL     AGE
stretch-1482165300   1           1              11m
stretch-1482165360   1           1              10m
stretch-1482165420   1           1              9m
stretch-1482165480   1           1              8m
```

当计划作业调用完成时，它的 Pod 进入 Completed 状态，如果没有--show-all 或 -a 标志，它将不可见，代码如下所示。

```
> Kubectl get pods --show-all
NAME                        READY     STATUS       RESTARTS     AGE
stretch-1482165300-g5ps6    0/1       Completed    0            15m
```

```
stretch-1482165360-cln08     0/1     Completed    0          14m
stretch-1482165420-n8nzd     0/1     Completed    0          13m
stretch-1482165480-0jq31     0/1     Completed    0          12m
```

像之前一样，可以使用日志命令检查已完成的计划作业的 Pod 输出，代码如下所示。

```
> kubectl logs stretch-1482165300-g5ps6
[2016-12-19 16:35:15.325283] Stretch
```

此外还必须清理所有的独立作业，否则它们将永远停留。仅仅删除 CronJob 是不够的，它只会停止安排更多的作业。

可以使用指定的标签（本例中的 name：stretch）定位计划作业启动的所有作业对象。总之，清理计划作业涉及以下两个内容，代码如下所示。

● 删除 CronJob。
● 删除与标签匹配的所有作业对象。

```
> kubectl delete cronjobs/stretch
cronjob "stretch" deleted

> kubectl delete jobs -l name=stretch
job "stretch-1482165300" deleted
job "stretch-1482165360" deleted
job "stretch-1482165420" deleted
job "stretch-1482165480" deleted
```

读者也可以在这里暂停计划作业，这样它就不会继续创建更多的作业。

6.7　混合非集群组件

Kubernetes 集群中的大多数实时系统组件与集群之外的组件通信。这些服务可以是完全外部的第三方服务，可以通过一些 API 访问，但也可以是运行在相同本地网络中的内部服务，由于各种原因，这些本地网络不是 Kubernetes 集群的一部分。

这里涉及两个类别：集群网络外部组件和集群网络内部组件。为什么将其区分开很重要呢？

6.7.1　集群网络外部组件

这些组件没有直接访问集群。它们只能通过 API、外部可见 URL 和公开服务访问它。对这些组件的处理方式与任何外部用户一样。通常，集群组件只使用外部服务，这不会带来安全问题。例如，在我以前的工作中有一个 Kubernetes 集群，它报告了第三方服务的异常。这是从 Kubernetes 集群到第三方服务的单向通信。

6.7.2 集群网络内部组件

这些是在网络内部运行但不由 Kubernetes 管理的组件。运行这样的组件有很多原因。它们可以是尚未进行 Kubernetes 处理的遗留应用程序，或者是一些在 Kubernetes 内不容易运行的分布式数据存储。在网络中运行这些组件是为了提高性能，并且与外界隔离，以便这些组件和 Pod 之间的通信更加安全。作为同一网络的一部分，这些组件确保了低延迟，并且减少对认证的需求，既方便又能避免认证开销。

6.7.3 用 Kubernetes 管理 Hue 平台

在本节中，我们将介绍 Kubernetes 如何帮助操作像 Hue 这样的巨大平台。Kubernetes 本身提供了许多功能来编排 Pod、管理配额和限制、检测和从某些类型的通用故障（硬件故障、进程崩溃和不可达服务）中恢复。然而，在 Hue 等复杂系统中，Pod 和服务虽然可能正在启动和运行，但它们处于无效状态或等待其他依赖项以执行其职责。这很棘手，因为如果一个服务或 Pod 还没有准备好，但是已经接收到请求，那么开发者需要以某种方式管理它：失败（将责任交给调用者）、重试（多少次、多长时间、多久一次？），然后等待队列（谁来管理这个队列？）

通常，如果系统总体上能够知道不同组件的就绪状态，或者组件只有在真正就绪时才可见，那么情况会更好一些。Kubernetes 不知道 Hue，但是它提供了几种机制，例如活动性探测、就绪探测和初始化容器，以及支持集群的应用程序的特定管理。

使用活性探测器确保容器是活性的

Kubelet 监视用户的容器。如果容器进程崩溃，kubelet 将基于重启策略来处理它。但这还不够。用户的进程可能不会崩溃，而是陷入无限循环或死锁。重启策略可能不够细致入微。使用活性探针可以确定什么时候容器被认为是活性的。如下代码是一个 Pod 模板，用于 Hue 音乐服务，它有一个使用了 `httpGet` 探针的 `livenessProbe` 部分。HTTP 探针需要一种方案（HTTP 或 HTTPS，默认为 HTTP，主机[默认到 PodIp]、路径和端口）。如果 HTTP 状态介于 200～399 之间，则认为探针是成功的。读者的容器可能需要一些时间来初始化，因此可以指定一个初始化延迟时间（`initialDelayInSeconds`）（单位：秒）。在此期间，Kubelet 不会开始活性检查。

```
apiVersion: v1
kind: Pod
```

```
metadata:
  labels:
    app: hue-music
  name: hue-music
spec:
  containers:
    image: the_g1g1/hue-music
    livenessProbe:
      httpGet:
        path: /pulse
        port: 8888
        httpHeaders:
          - name: X-Custom-Header
            value: Awesome
    initialDelaySeconds: 30
    timeoutSeconds: 1
  name: hue-music
```

如果所有容器的活性探测都失败了，则 Pod 的重新启动策略生效。请确保重新启动策略不是永久的，因为这会使探针无效。

还有两种类型的探针。

● `TcpSocket`，只需检查端口是否打开。

● `Exec`，运行成功，则返回 0。

6.7.4　使用就绪探针管理依赖

就绪探针被用作不同的用途。容器可能正在运行，但它取决于目前无法使用的其他服务。例如，Hue 音乐可能取决于对包含用户的收听历史的数据服务的访问。没有访问权限，就无法履行职责。在这种情况下，其他服务或外部客户机不应该向 Hue 音乐服务发送请求，但是没有必要重新启动它。就绪的探针便是解决这个问题的用例。当容器的就绪探测失败时，容器的 Pod 将从其注册的任何服务端点被移除，这确保了请求不会将无法处理它们的服务淹没。需注意的是，也可以使用就绪探针来暂时删除被过度预订的 Pod，直到它们耗尽内部队列。

如下代码是一个就绪探针的样例。我使用这里的 `exec` 探针来执行自定义命令。如果命令存在非零退出代码，则容器将被销毁。

```
readinessProbe:
  exec:
    command:
      - /usr/local/bin/checker
```

```
    - --full-check
    - --data-service=hue-multimedia-service
  initialDelaySeconds: 60
  timeoutSeconds: 5
```

在同一个容器上既有就绪探针又有活性探针，因为它们有着不同的用途。

6.8　为有序启动 Pod 采用初始容器

开发者意识到，在启动时，可能有一个时期容器尚未准备好，但不应该认为启动是失败的。为了适应上述情况，可以设置 `initialDelayInSeconds`。但是，如果最初的延迟可能很长要怎么办？也许，在大多数情况下，容器在几秒之后就已经准备就绪，也准备好处理请求，但是为了以防万一，容器初始延迟被设置为 5min，这就在容器空闲的地方浪费了大量的时间。如果容器是高流量服务的一部分，那么许多实例在每次升级之后都可以闲置 5min，使服务几乎不可用。

初始容器解决了这个问题。Pod 可能有一组初始容器，它们在其他容器启动前就完成运行。初始容器可以处理所有不确定的初始化，并让具有就绪探针的应用程序容器具有最小的延迟。

初始容器现在仍处于 Beta 版本，因此需要在注解中指定它们。一旦功能从 Beta 中移出，它们就将被添加到 Pod spec 中，代码如下所示。

```
apiVersion: v1
kind: Pod
metadata:
  name: hue-fitness
  annotations:
    pod.beta.kubernetes.io/init-containers: '[
        {
            "name": "install",
            "image": "busybox",
            "command": ["/support/safe_init"],
            "volumeMounts": [
                {
                    "name": "workdir",
                    "mountPath": "/work-dir"
                }
            ]
        }
    ]'
spec:
  ...
```

与 DaemonSet Pod 共享

DaemonSet Pod 是自动部署的，每个节点（或节点的指定子集）部署一个。它们通常用于监视节点并确保其能够运行。这是一个非常重要的功能，我们在讨论节点问题检测器时（在第 3 章中）介绍了这个功能。但它们可以应用到更多的地方。默认的 Kubernetes 调度器的本质是它基于资源可用性和请求调度 Pod。如果有很多不需要大量资源的 Pod，则 Pod 会被安排在同一个节点上。考虑下面的情况：一个 Pod 执行一个任务，然后，每秒钟将其所有活动的摘要发送给远程服务。现在假设，平均来说，50 个这样的 Pod 被安排在同一个节点上。这意味着，每秒 50 个 Pod 用很少的数据生成 50 个网络请求。我们把它减少到仅有一个网络请求呢？使用 DaemonSet Pod，所有其他 50 个 Pod 可以与它进行通信，而不是直接与远程服务对话。DaemonSet Pod 将收集来自 50 个 Pod 的所有数据，并且每秒向远程服务汇报一次。当然，这需要远程服务 API 支持聚合报表。这些 Pod 本身不需要修改，它们将被配置为与本地主机上的 DaemonSet Pod 而不是远程服务进行通信。DaemonSet Pod 可以作为聚集代理。

这个配置文件的 `hostNetwork`、`hostPID` 和 `hostIPC` 选项被设置为 `true`，这使 Pod 能够有效地与代理通信，并利用它们在同一物理主机上运行，代码如下所示。

```
apiVersion: extensions/v1beta1
kind: DaemonSet
metadata:
  name: hue-collect-proxy
  labels:
    tier: stats
    app: hue-collect-proxy
spec:
  template:
    metadata:
      labels:
        hue-collect-proxy
    spec:
      hostPID: true
      hostIPC: true
      hostNetwork: true
      containers:
        image: the_g1g1/hue-collect-proxy
        name: hue-collect-proxy
```

6.9　用 Kubernetes 进化 Hue 平台

在本节中，我们将讨论用其他方法来扩展 Hue 平台和服务额外的市场和社区。问题始终是，可以利用 Kubernetes 的哪些特点和功能来解决新的挑战和要求呢？

6.9.1　Hue 在企业中的运用

无论是出于安全性和遵从性原因，还是出于性能原因，企业经常无法在云中运行，因为从系统的性价比考虑，它处理的数据和遗留系统不适合迁移到云上。无论哪种方式，企业的 Hue 都必须支持私有集群和/或裸金属集群。

虽然 Kubernetes 经常部署在云上，甚至有一个特殊的云提供程序接口，但它不依赖于云，可以部署在任何地方。使用它确实需要更多的专业知识，但是已经在自己的数据中心上运行系统的企业组织显然已经有了充分的认识。

CoreOS 提供了大量关于在裸金属集群上部署 Kubernetes 集群的资料。

6.9.2　用 Hue 推进科学

Hue 凭借其在整合多个来源的信息方面的优势而成为科学界的福音。考虑一下 Hue 如何帮助不同领域科学家之间跨学科合作。

科学社区的网络可能需要跨多个地理分布的集群进行部署。Kubernetes 在规划中考虑到了这个用例，并为其提供了支持。我们将在后面的章节中详细讨论这个问题。

6.9.3　用 Hue 实施教育

Hue 可以用于教育，并为在线教育系统提供许多服务。但是，隐私问题可能会阻碍为儿童部署 Hue。存在的一种可能性是，有一个单一的集中化集群，具有不同学校的命名空间；另一种部署选项是每个学校都有自己的 Hue Kubernetes 集群。在第二种情况下，教育 Hue 必须非常容易操作，以迎合不擅长应用的学校。Kubernetes 可以通过为 Hue 提供自愈和自动伸缩的特性和功能来尽可能实现接近于零的管理。

6.10　总结

在本章中，我们设计和规划了构建在微服务架构上的 Hue 平台的开发、部署和管理。

使用 Kubernetes 作为底层的编排平台，并深入研究了它的许多概念和资源。本章特别介绍了如何为长期运行的服务部署 Pod，而非为启动短期或 CronJob 而部署 Pod，研究了内部服务与外部服务的区别，还使用命名空间来分割 Kubernetes 集群。然后介绍了一个大型系统的管理，如带有活性和就绪探针的 Hue、初始容器和 DaemonSet。

现在，读者应该对构建由微服务组成的网络规模系统信手拈来，并了解如何在 Kubernetes 集群中部署和管理它们。

在第 7 章中，将介绍重要的存储区域。数据为王，但它也往往是系统中最不灵活的元素。Kubernetes 提供了一个存储模型，以及许多存储和访问数据的选项。

第 7 章
管理 Kubernetes 存储

本章将介绍 Kubernetes 如何管理存储。存储与计算有显著的不同，但从更高层级来看，它们都属于资源。Kubernetes 作为一个通用平台，采用在编程模型后抽象存储的方法，并提供一组存储提供商的插件。本章先详细介绍存储的概念模型以及如何为集群中的容器提供存储。然后，会介绍几个常见的云平台存储提供商，如 AWS、GCE 和 Azure。接着会对著名的开源存储提供商（Red Hat 的 GlusterFS）进行介绍，它提供了一个分布式文件系统。本章还将深入探讨另一种可选解决方案——Flocker，该方案作为 Kubernetes 集群的容器中的一部分管理数据。最后，将介绍 Kubernetes 如何支持现有企业存储方案的集成。

读者阅读完本章，将深入了解 Kubernetes 中如何表征存储，每种部署环境下（本地测试、公共云和企业）可选择的存储类型，以及如何为用例选择最佳存储。

7.1 持久存储卷指导

本节将介绍 Kubernetes 存储的概念模型，并探讨为了支持 Kubernetes 读写，如何将持久存储映射到容器中。这里先从理解存储问题开始，容器和 Pod 是短暂的，当容器死亡时，容器写入自身文件系统的任何内容都会被清除掉。容器也能从它们的主机节点上挂载目录并进行读写，这些将在容器重新启动时得以幸存，但是节点本身并非永久的。

这里还将涉及其他问题，例如，容器死亡时挂载的托管目录的所有权。设想一群容器将重要数据写入其主机上的各种数据目录中，然后将这些数据留在节点上，却没有直接的方式可以判断哪个容器写入了什么数据。用户可以尝试记录这些信息，但是在哪里可以记录呢？显然，对于大型系统，需要能从任何节点访问持久存储，以便可靠地管理数据。

7.1.1 存储卷

基本的 Kubernetes 存储抽象是存储卷。容器挂载绑定到其 Pod 的存储卷，且无论 Pod

位于何处，它们都可像访问本地文件系统一样访问它们。这并不新鲜，而且它具备很多优点，因为作为开发者需要编写访问数据的应用程序，他们不必再担心数据存储在哪里以及数据是如何存储的。

1. 用 emptyDir 进行 Pod 内通信

在同一个 Pod 容器之间使用共享存储卷共享数据非常简单。容器 1 和容器 2 简单挂载同一个存储卷，可以通过读取和写入这个共享空间来进行数据互通。最基本的存储卷是 emptyDir，它是主机上的一个 empty 目录。需注意的是，它不是持久的，因为当 Pod 从节点移除时，内容会被擦除。如果一个容器只是损坏，则 Pod 会继续停留，稍后仍可以访问它。还有一个选择是使用 RAM 磁盘，将介质指定为 Memory，此时，容器通过共享内存进行数据互通，这显然速度会快得多，但它的波动性更大。如果重新启动节点，将会丢失 emptyDir 存储卷的内容。

如下代码是一个 Pod 配置文件，它有两个容器，它们挂载了被称为 shared-volume 的存储卷。容器以不同的路径挂载它，但当 hue-global-listener 容器向 /notifications 写入文件时，hue-job-scheduler 将在 /incoming 传出该文件。

```
apiVersion: v1
kind: Pod
metadata:
  name: hue-scheduler
spec:
  containers:
  - image: the_g1g1/hue-global-listener
    name: hue-global-listener
    volumeMounts:
    - mountPath: /notifications
      name: shared-volume
  - image: the_g1g1/hue-job-scheduler
    name: hue-job-scheduler
    volumeMounts:
    - mountPath: /incoming
      name: shared-volume
  volumes:
  - name: shared-volume
    emptyDir: {}
```

为了使用共享内存选项，只需要向 emptyDir 部分添加 medium: Memory，代码如下所示。

```
volumes:
```

```
- name: shared-volume
  emptyDir:
  medium: Memory
```

2. 用主机路径进行节点内通信

有时用户可能需要 Pod 访问一些类似于 Docker Daemon 的主机信息，或者希望同一节点上的 Pod 彼此进行数据传输。如果 Pod 知道它们在同一主机上，这将非常有用。因为 Kubernetes 会根据可用资源调度 Pod，Pod 通常不了解与之共享节点的其他 Pod。在以下两种情况，Pod 可以依赖于被调度在同一节点上的其他 Pod。

● 在单节点集群中，所有的 Pod 一定共享相同的节点。

● DaemonSet Pod 总和与匹配选择器的其他 Pod 共享节点。

例如，在第 6 章中，介绍了一个 DaemonSet Pod，它充当其他 Pod 的聚合代理。实现这种操作的另一种方式是，Pod 只需将其数据写入绑定到主机目录的挂载存储卷，DaemonSet Pod 可以直接读取该存储卷并对其进行操作。

在决定使用主机路径存储卷之前，请务必理解以下限制。

● 如果是数据驱动的话，则具有相同配置的 Pod 的行为可能有所不同，而且其主机上的文件也是不同的。

● 在到达 Kubernetes 前，它可以违反基于资源的调度，因为 Kubernetes 不能监控主机路径资源。

● 访问主机目录的容器必须具有 `privileged` 为 `true` 的安全环境，或在主机端更改权限允许写入。

如下代码是一个配置文件，它将 `/coupons` 目录挂载到 `hue-couponhunter` 容器中，它映射到主机的 `/etc/hue/data/coupons` 目录下。

```
apiVersion: v1
kind: Pod
metadata:
  name: hue-coupon-hunter
spec:
  containers:
  - image: the_g1g1/hue-coupon-hunter
    name: hue-coupon-hunter
    volumeMounts:
    - mountPath: /coupons
      name: coupons-volume
  volumes:
  - name: coupons-volume
    host-path:
```

```
        path: /etc/hue/data/coupons
```

由于 Pod 没有 `privileged` 安全环境，因此它无法写入 `host` 目录。如下代码展示了如何通过添加安全环境来改变容器规范以启用它。

```
- image: the_g1g1/hue-coupon-hunter
  name: hue-coupon-hunter
  volumeMounts:
  - mountPath: /coupons
    name: coupons-volume
  securityContext:
      privileged: true
```

从图 7.1 可以看到，每个容器都有自己的本地存储区域，其他容器或 Pod 无法访问，而主机的 `/data` 目录以存储卷的形式挂载到容器 1 和容器 2 中。

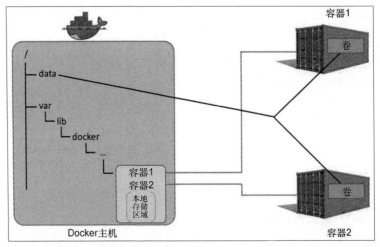

图 7.1　用主机路径进行节点内通信

3．提供持久存储卷

虽然容器可以安装和使用 `emptyDir` 存储卷，但它们不是持久性的，不需要任何特殊的配置，因为它们使用节点上的现有存储。HostPath 存储卷在原始节点上持久存在，但如果在另一个节点上重新启动 Pod，则它不能从以前的节点访问 HostPath 卷。真正的持久存储卷使用管理员预先提供的存储。在云环境中，配置可能非常精简，但仍然必需，作为 Kubernetes 集群管理员，必须确保足够的存储配额，并认真监视用量与配额的关系。

请记住，持久存储卷是 Kubernetes 集群使用的与节点相似的资源。因此，它们不受 Kubernetes API 服务器的管理。

开发者可以静态或动态地提供资源。

（1）静态提供持久存储卷

静态供应非常简单。集群管理员提前创建由某些存储介质备份的持久卷，容器可以声明这些持久卷。

（2）动态提供持久存储卷

当持久存储卷声明与任何静态提供的持久存储卷都不匹配时，可能发生动态供应。如果声明指定了存储类，并且管理员为该类存储卷配置了动态供应，则可以动态地供应持久存储卷。稍后在讨论持久存储卷请求和存储类时，将展示该案例。

7.1.2 创建持久存储卷

如下代码是 NFS 持久存储卷的配置文件。

```
apiVersion: v1
kind: PersistentVolume
metadata:
  name: pv-1
  annotations:
    volume.beta.kubernetes.io/storage-class: "normal"
  labels:
     release: stable
     capacity: 100Gi
spec:
  capacity:
    storage: 100Gi
  accessModes:
    - ReadWriteOnce
   - ReadOnlyMany
  persistentVolumeReclaimPolicy: Recycle
  nfs:
    path: /tmp
    server: 172.17.0.8
```

持久存储卷有一个规范和元数据，其中包含一个存储类的名称和可能的注解。当存储类脱离 Beta 版本时，存储类注解将成为一个属性。注意，持久存储卷位于 v1，但存储类仍处于 Beta 版本。稍后对存储类进行更多的讨论时会重点讨论这个问题，它有 4 个部分：容量、访问模式、回收策略和存储卷类型（示例中的 nfs）。

1．容量

每个存储卷都具有指定的存储量。存储请求可以通过具有最少存储量的持久存储卷来满足。在该示例中，持久存储卷具有 100 个 Gibibyte（2^{30} byte）的容量。在分配静态持久存储卷时，理解存储请求模式是很重要的。

例如，如果提供 20 个容量为 100 GiB 的持久存储卷，并且一个容器申请 150 GiB 的持久存储卷，那么即使总体上有足够的容量，这个要求也不会得到满足，代码如下所示。

```
capacity:
    storage: 100Gi
```

2．访问模式

存在 3 种访问模式。

- ReadOnlyMany：由多个节点挂载的只读。
- ReadWriteOnce：由单个节点挂载的读写。
- ReadWriteMany：由多个节点挂载的读写。

存储是挂载到节点的，因此即使使用 ReadWriteOnce，同一节点上的多个容器也可以挂载存储卷并对其进行写入。如果出现问题，则需要通过其他机制来处理它（如仅在 DaemonSet Pod 中声明存储卷，读者知道每个节点只有一个存储卷）。

不同的存储提供者支持这些模式的其中一部分。当提供持久存储卷时，可以指定它支持的模式。例如，NFS 支持所有模式，但在如下代码的示例中，仅启用了下列模式。

```
accessModes:
    - ReadWriteMany
  - ReadOnlyMany
```

3．回收策略

回收策略决定了当持久存储卷请求被删除时会发生什么，它有 3 种不同的策略。

- **Retain**，需要手动回收存储卷。
- **Delete**，相关的存储资产如 AWS EBS、GCE PD、Azure Disk 或 OpenStack Cinder 卷被删除。
- **Recycle**，只删除内容（rm -rf /volume/*）。

Retain 和 Delete 策略意味着对于将来的声明持久存储卷不可用。Recycle 策略允许再次请求存储卷。

目前，只有 NFS 和 HostPath 支持回收。AWS EBS、GCE PD、Azure Disk 和 OpenStack Cinder 存储卷支持删除。动态提供的存储卷总是被删除。

4．存储卷类型

存储卷类型由 spec 中的名称指定，这里没有 volumeType 的部分。在前面的示例中，nfs 是存储卷类型，代码如下所示。

```
nfs:
    path: /tmp
    server: 172.17.0.8
```

每个存储卷类型可以有自己的一组参数，在示例中是 path（路径）和 server（服务器）。

稍后我们将介绍各种存储卷类型。

7.1.3 持续存储卷声明

当容器希望访问某些持久存储时，它们会做出声明（或者更确切地说，开发人员和集群管理员协调声明所需的存储资源）。如下代码是一个示例声明，它与 7.1.2 节中的持久存储卷匹配。

```
kind: PersistentVolumeClaim
apiVersion: v1
metadata:
  name: storage-claim
  annotations:
    volume.beta.kubernetes.io/storage-class: "normal"
spec:
  accessModes:
    - ReadWriteOnce
  resources:
    requests:
      storage: 80Gi
  selector:
  matchLabels:
    release: "stable"
  matchExpressions:
    - {key: capacity, operator: In, values: [80Gi, 100Gi]}
```

在 metadata 中，可以看到存储类注解。当将声明挂载进入容器时，storage-claim 请求变得很重要。

spec 中的 acessModes 是 ReadWriteOnce，这意味着如果满足声明，则不能满足具有 ReadWriteOnce 访问模式的其他声明，但是仍然可以满足 ReadOnlyMany 的声明。

　　resources 部分请求 80 GiB 的存储容量。我们的持久存储卷可以满足该需求，因为其容量为 100 GiB。但是，这有点浪费，因为按照定义有 20 GiB 不会被使用。

　　selector 部分允许读者进一步过滤可用存储卷。例如，这里的存储卷必须与标签发行版 release: stable 匹配，并且还具有 capacity:80GiB 或 capacity: 100GiB 的标签。设想如果有其他存储卷配备了 200 GiB 和 500 GiB 的容量会怎么样。当只需要 80 GiB 时，是不会请求 500 GiB 的存储卷的。

　　Kubernetes 总是试图匹配能够满足要求的最小存储卷，但是如果没有 80 GiB 或 100 GiB 的存储卷，那么标签将阻止分配 200 GiB 或 500 GiB 的存储卷，而是使用动态供应。

　　重要的是要认识到，声明不要提及存储卷的名称。匹配是由 Kubernetes 基于存储类、存储卷容量和标签来完成的。

　　最后，持久存储卷请求属于命名空间。将持久存储卷绑定到声明是排他的。这意味着持久存储卷将被绑定到命名空间。即使访问模式是 ReadOnlyMany 或 ReadWriteMany，安装持久存储卷声明的所有 Pod 也必须来自该声明的命名空间。

7.1.4　按使用存储卷挂载声明

　　目前我们已经提供了一个存储卷并声明它，是时候在容器中使用要求储存的资源了，其实这很简单。首先，持久存储卷声明必须作为一个 Pod 中的存储卷，然后容器中的 Pod 可以像任何其他存储卷一样挂载它。如下代码是一个 Pod 配置文件，它指定了之前创建的持久存储卷请求（绑定到所提供的 NFS 持久存储卷）。

```
kind: Pod
apiVersion: v1
metadata:
  name: the-pod
spec:
  containers:
    - name: the-container
      image: some-image
      volumeMounts:
      - mountPath: "/mnt/data"
        name: persistent-volume
  volumes:
    - name: persistent-volume
      persistentVolumeClaim:
        claimName: storage-claim
```

关键是在 volumes 下的 persistentVolumeClaim 部分。claimName（这里是

storage-claim）在当前命名空间中唯一地标识特定声明，并使其作为名为 persistent-volume 的卷进行使用。然后，容器可以通过它的名称对其进行引用并挂载到/mnt/data。

7.1.5 存储类

存储类允许管理员使用自定义持久存储配置集群（只要有适当的插件来支持它）。存储类在 metadata 中有一个 name（它必须在注解的声明中指定）、privisoner 和 parameters。

存储类在 Kubernetes 1.5 作为 Beta 版本仍处于测试中。如下代码是一个示例存储类。

```
kind: StorageClass
apiVersion: storage.k8s.io/v1beta1
metadata:
  name: standard
provisioner: kubernetes.io/aws-ebs
parameters:
  type: gp2
```

读者可以为具有不同参数的同一个 provisioner 建多个存储类。每个 provisioner 都有自己的 parameters。

当前支持的存储卷类型如下。

- emptyDir。
- hostPath。
- gcePersistentDisk。
- awsElasticBlockStore。
- nfs。
- iscsi。
- flocker。
- glusterfs。
- rbd。
- cephfs。
- gitRepo。
- secret。
- persistentVolumeClaim。
- downwardAPI。

- azureFileVolume。
- azureDisk。
- vsphereVolume。
- Quobyte。

此列表包含持久存储卷和其他卷类型，如 gitRepo 或 secret，它们没有典型的网络存储支持。Kubernetes 的这个领域仍然在不断变化，今后它将被进一步解耦，并且设计更加整洁，其中插件不是 Kubernetes 的一部分。合理地使用卷类型是构建和管理集群的主要部分。

默认存储类

集群管理员还可以分配默认存储类。当分配默认存储类并打开 DefaultStorage Class 准入插件时，没有存储类的声明将使用默认存储类进行动态供应。如果没有定义默认存储类或者打开准入插件，那么没有存储类的声明只能匹配没有存储类的卷。

7.1.6　从端到端演示持久存储卷

为了说明所有的概念，在这里进行一个演示，我们创建一个 HostPath 卷，声明并挂载它，同时让容器写入它。

下面从创建 hostPath 存储卷开始。在 persistent-volume.yaml 中保存如下代码所示的内容。

```
kind: PersistentVolume
apiVersion: v1
metadata:
  name: persistent-volume-1
spec:
  capacity:
    storage: 1Gi
  accessModes:
    - ReadWriteMany
  hostPath:
    path: "/tmp/data"

> kubectl create -f persistent-volume.yaml
persistentvolume "persistent-volume-1" created
```

若要查看可用存储卷，可以使用 persistentvolumes 或简写为 pv，代码如下所示。

```
> kubectl get pv
```

```
NAME                    CAPACITY    ACCESSMODES    RECLAIMPOLICY    STATUS
CLAIM      REASON    AGE
persistent-volume-1  1Gi        RWX            Retain           Available
6m
```

根据要求，容量为 1 GiB。回收策略是 Retain，因为主机路径存储卷是保留的。状态是 Available，因为存储卷还没有被声明。访问模式被指定为 RWX，它的意思是 ReadWriteMany。所有的访问模式都有一个简写版本。

- RWO，ReadWriteOnce。
- ROX，ReadOnlyMany。
- RWX，ReadWriteMany。

到这里已经有了一个持久存储卷，下面来创建一个声明。在 persistent-volume.yaml 中保存如下代码所示的内容。

```
kind: PersistentVolumeClaim
apiVersion: v1
metadata:
  name: persistent-volume-claim
spec:
  accessModes:
    - ReadWriteOnce
  resources:
    requests:
      storage: 1Gi
```

然后，运行如下代码所示的命令。

```
> kubectl create -f  .\persistent-volume-claim.yaml
persistentvolumeclaim "persistent-volume-claim" created
```
如下代码展示了核对 claim 和 volume 的命令。

```
k get pvc
NAME                     STATUS    VOLUME             CAPACITY
ACCESSMODES    AGE
persistent-volume-claim  Bound     persistent-volume-1   1Gi           RWX
27s


> k get pv
NAME                    CAPACITY    ACCESSMODES    RECLAIMPOLICY    STATUS
CLAIM                          REASON    AGE
persistent-volume-1  1Gi        RWX            Retain           Bound
default/persistent-volume-claim          40m
```

正如读者所见,claim 和存储卷是相互关联一一对应的关系。最后一步是创建一个 Pod 并将 claim 作为一个 volume 来进行分配。将如下代码的内容保存到 shell-pod.yaml。

```
kind: Pod
apiVersion: v1
metadata:
  name: just-a-shell
  labels:
    name: just-a-shell
spec:
  containers:
    - name: a-shell
      image: ubuntu
      command: ["/bin/bash", "-c", "while true ; do sleep 10 ; done"]
      volumeMounts:
      - mountPath: "/data"
        name: pv
    - name: another-shell
      image: ubuntu
      command: ["/bin/bash", "-c", "while true ; do sleep 10 ; done"]
      volumeMounts:
      - mountPath: "/data"
        name: pv
  volumes:
    - name: pv
      persistentVolumeClaim:
       claimName: persistent-volume-claim
```

这个 Pod 有两个使用 Ubuntu 镜像的容器,它们都运行一个 Shell 命令,在无限循环中休眠。我们的想法是,容器将继续运行,因此可以稍后连接它并检查其文件系统。Pod 使用卷名称 pv 挂载持久存储卷声明。两个容器都将其挂载进自己的/data 目录中。

根据如下代码来创建 Pod 并验证两个容器正在运行。

```
> kubectl create -f shell-pod.yaml
pod "just-a-shell" created

> kubectl get pods
NAME            READY    STATUS     RESTARTS    AGE
just-a-shell    2/2      Running    0           1h
```

然后,ssh 到节点进入主机,它的/tmp/data 是 Pod 的存储卷,它作为/data 挂载到每个正在运行的容器中,代码如下所示。

```
> minikube ssh
```

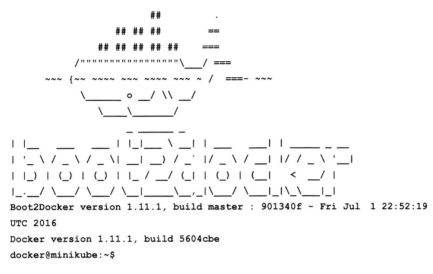

```
Boot2Docker version 1.11.1, build master : 901340f - Fri Jul 1 22:52:19
UTC 2016
Docker version 1.11.1, build 5604cbe
docker@minikube:~$
```

在节点内部，我们可以使用 Docker 命令与容器通信。如下代码是最后两个正在运行的容器。

```
docker@minikube:~$ docker ps -n=2
CONTAINER ID        IMAGE               COMMAND                     CREATED
STATUS              PORTS               NAMES
3c91a46b834a        Ubuntu              "/bin/bash -c 'while "      About
an hour ago     Up About an hour                    k8s_another-
shell.b64b3aab_just-a-shell_default_ebf12a22-cee9-11e6-a2ae-
4ae3ce72fe94_8c7a8408
f1f9de10fdfd        Ubuntu              "/bin/bash -c 'while "      About an
hour ago    Up About an hour                   k8s_a-shell.1a38381b_
just-a-shell_default_ebf12a22-cee9-11e6-a2ae-4ae3ce72fe94_451fa9ec
```

然后，在主机上的/tmp/data 目录中创建一个文件。这两个容器应该通过挂载存储卷可见，代码如下所示。

```
docker@minikube:~$ sudo touch /tmp/data/1.txt
```

接下来，在一个容器上执行 Shell，验证文件 1.txt 确实可见，并创建另一个文件 2.txt，代码如下所示。

```
docker@minikube:~$ docker exec -it 3c91a46b834a /bin/bash
root@just-a-shell:/# ls /data
1.txt
root@just-a-shell:/# touch /data/2.txt
root@just-a-shell:/# exit
Finally, we can run a shell on the other container and verify that both
```

```
1.txt and 2.txt are visible:
docker@minikube:~$ docker exec -it f1f9de10fdfd /bin/bash
root@just-a-shell:/# ls /data
1.txt  2.txt
```

7.2　公共存储卷类型——GCE、AWS 和 Azure

在本节中，将介绍一些公共云平台中常见的存储卷类型。规模化管理存储是一项艰巨的任务，这与节点类似，最终会涉及物理资源。如果读者选择在公共云平台上运行 Kubernetes 集群，那么可以让云提供商处理所有这些挑战并专注于读者自身的系统。但了解每个存储卷类型的各种选项、约束和限制是很重要的。

7.2.1　AWS 弹性块存储（EBS）

AWS 将弹性块存储作为 EC2 实例的持久存储。AWS Kubernetes 集群可以使用 AWS EBS 作为持久存储，它具有以下限制。

- Pod 必须以 AWS EC2 实例作为节点运行。
- Pod 只能访问其可用区域中提供的 EBS 卷。
- EBS 卷可以挂载在一个 EC2 实例上。

这些都是严格的限制。单一可用性区域的限制虽然对性能有很大影响，但是消除了在没有自定义复制和同步的情况下规模化或跨地理分布式系统共享存储的能力。单个 EBS 卷对单个 EC2 实例的限制意味着，即使在相同的可用性区域 Pod 内，除非确保它们在相同的节点上运行，否则也不能共享甚至读取存储。

在所有的限制声明之外，如下代码展示了如何挂载 EBS 卷。

```
apiVersion: v1
kind: Pod
metadata:
  name: some-pod
spec:
  containers:
  - image: some-container
    name: some-container
    volumeMounts:
    - mountPath: /ebs
      name: some-volume
  volumes:
  - name: some-volume
    awsElasticBlockStore:
      volumeID: <volume-id>
```

```
    fsType: ext4
```

EBS 卷必须在 AWS 中创建，然后将其挂载到 Pod 中。不需要声明或存储类，因为会直接通过 ID 挂载卷。Kubernetes 了解 `awsElasticBlockStore` 卷类型。

7.2.2　AWS 弹性文件系统（EFS）

AWS 发布了一个叫作弹性文件系统的服务。这是一个托管的 NFS 服务。它使用 NFS 4.1 协议，相对 EBS 有很多优势。

- 多个 EC2 实例可以跨多个可用区域访问相同的文件（但在同一区域内）。
- 根据实际使用情况自动增加和缩小容量。
- 按量付费。
- 可以通过 VPN 连接 EFS 上的私有服务器。
- EFS 运行 SSD 驱动器，这些驱动器在可用性区域中自动复制。

也就是说，即使考虑对多个 AZ 进行自动复制（假设充分利用了 EBS 卷），EFS 也比 EBS 更具扩展性。从 Kubernetes 的角度来看，AWS EFS 只是一个 NFS 卷。可以像如下代码这样规定。

```
apiVersion: v1
kind: PersistentVolume
metadata:
  name: efs-share
spec:
  capacity:
    storage: 200Gi
  accessModes:
    - ReadWriteMany
  nfs:
    server: eu-west-1b.fs-64HJku4i.efs.eu-west-1.amazonaws.com
    path: "/"
```

一旦持久存储卷存在，就可以为其创建声明，将声明作为存储卷附加到多个 Pod（`ReadWriteMany` 访问模式），并将其挂载到容器中。

7.2.3　GCE 持久化磁盘

`gcePersistentDisk` 磁盘存储卷类型与 `awsElasticBlockStore` 非常相似，必须提前提供磁盘。它只能由 GCE 实例在同一个项目和区域中使用，但是相同的存储卷可以在多个实例上用作只读。这意味着它支持 `ReadWriteOnce` 和 `ReadOnlyMany`。

可以使用 GCE 持久磁盘在同一区域中的多个 Pod 之间以只读方式共享数据。

在 ReadWriteOnce 模式下使用持久磁盘的 Pod 必须由副本控制器、副本集或副本计数为 0 或 1 的部署控制。试图将规模扩大至 1 以上将会导致失败，代码如下所示。

```
apiVersion: v1
kind: Pod
metadata:
  name: some-pod
spec:
  containers:
  - image: some-container
    name: some-container
    volumeMounts:
    - mountPath: /pd
      name: some-volume
  volumes:
  - name: some-volume
    gcePersistentDisk:
      pdName: <persistent disk name>
      fsType: ext4
```

7.2.4　Azure 数据盘

Azure 数据盘是 Azure 存储中的虚拟硬盘。它的功能类似于 AWS EBS。如下代码是一个 Pod 配置的示例文件。

```
apiVersion: v1
kind: Pod
metadata:
 name: some-pod
spec:
 containers:
  - image: some-container
    name: some-container
    volumeMounts:
     - name: some-volume
       mountPath: /azure
 volumes:
     - name: some-volume
       azureDisk:
         diskName: test.vhd
         diskURI: https://someaccount.blob.microsoft.net/vhds/test.vhd
```

除必要的 diskName 和 diskURI 参数之外，还具有一些可选参数。

- cachingMode：必须是 None、ReadOnly 或 ReadWrite 之一。默认值为 None。
- fsType：文件系统类型设置为 mount。默认值为 ext4。
- readOnly：文件系统是否被用作 readOnly。默认值为 false。

Azure 数据盘被限制为 1023 GB。每个 Azure VM 可以有多达 16 个数据盘。可以将 Azure 数据盘附加到单个 Azure VM 上。

7.2.5 Azure 文件存储

除数据盘之外，Azure 还拥有类似于 AWS EFS 的共享文件系统。然而，Azure 文件存储使用 SMB/CIF 协议（它支持 SMB 2.1 和 SMB 3.0）。它基于 Azure 存储平台，并且具有与 Azure Blob、Table 或 Queue 相同的可用性、耐久性、可伸缩性和地理冗余能力。

为了使用 Azure 文件存储，需要在每个客户端 VM 上安装 cifs-utils 包。还需要创建一个 secret，如下代码是所需的参数。

```
apiVersion: v1
kind: Secret
metadata:
  name: azure-file-secret
type: Opaque
data:
  azurestorageaccountname: <base64 encoded account name>
  azurestorageaccountkey: <base64 encoded account key>
```

如下代码是 Azure 文件存储的配置文件。

```
apiVersion: v1
kind: Pod
metadata:
 name: some-pod
spec:
 containers:
  - image: some-container
    name: some-container
    volumeMounts:
      - name: some-volume
        mountPath: /azure
 volumes:
      - name: some-volume
        azureFile:
        secretName: azure-file-secret
```

```
        shareName: azure-share
        readOnly: false
```

Azure 文件存储支持在同一区域内共享以及连接本地客户端。图 7.2 所示是 Azure 文件存储工作流。

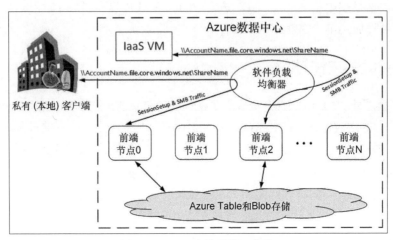

图 7.2　Azure 文件存储工作流

7.3　Kubernetes 中的 GlusterFS 和 Ceph 存储卷

GlusterFS 和 Ceph 是两种分布式持久存储系统。GlusterFS 是其核心的网络文件系统，Ceph 是对象存储的核心。它们都暴露块、对象和文件系统接口。二者都基于 `xfs` 文件系统将数据和元数据存储为 `xattr` 属性。在 Kubernetes 集群中，可能需要使用 GlusterFS 或 Ceph 作为持久存储卷的原因包括以下几点。

● 可能有大量的数据和应用程序访问 GlusterFS 或 Ceph 中的数据。

● 具有管理和操作 GlusterFS 或 Ceph 的经验。

● 在云中运行，但云平台持久存储的局限性会导致无法开始工作。

7.3.1　使用 GlusterFS

GlusterFS 设计得很简单，公开底层目录，并将其交给客户端（或中间件）来处理高可用性、复制和分发。Gluster 将数据组织成逻辑存储卷，其中包含多个节点（机器），这些节点（机器）包含存储文件的块。根据 DHT（分布式哈希表）将文件分配给 Brick。如果文件被重命名，或 GlusterFS 集群被扩展或重新平衡，则文件可以在 Brick 之间移动。

图 7.3 显示了 GlusterFS 构建块。

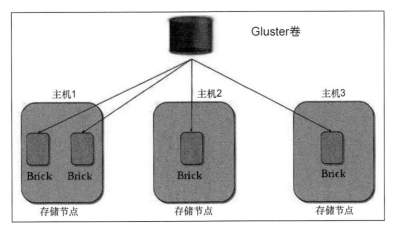

图 7.3 GlusterFS 构建块

使用 GlusterFS 集群作为 Kubernetes 的持久存储（假设读者有一个启动和运行的 GlusterFS 集群），需要执行几个步骤，尤其在 GlusterFS 节点由插件作为 Kubernetes 服务进行管理的情况下（尽管作为应用程序开发人员，它与读者无关）。

1. 创建端点

如下代码是一个端点资源的例子，可以使用 `kubectl create` 创建一个普通的 Kubernetes 资源。

```
{
  "kind": "Endpoints",
  "apiVersion": "v1",
  "metadata": {
    "name": "glusterfs-cluster"
  },
  "subsets": [
    {
      "addresses": [
        {
          "ip": "10.240.106.152"
        }
      ],
      "ports": [
        {
          "port": 1
        }
```

```
        ]
    },
    {
        "addresses": [
            {
                "ip": "10.240.79.157"
            }
        ],
        "ports": [
            {
                "port": 1
            }
        ]
    }
   ]
}
```

2．添加 GlusterFS Kubernetes 服务

为了使端点持久化，需要使用没有 selector 的 Kubernetes 服务来指示人工管理的端点，代码如下所示。

```
{
  "kind": "Service",
  "apiVersion": "v1",
  "metadata": {
    "name": "glusterfs-cluster"
  },
  "spec": {
    "ports": [
      {"port": 1}
    ]
  }
}
```

3．创建 Pod

在 Pod spec 的 volumes 部分中，提供如下代码所示的信息。

```
"volumes": [
        {
            "name": "glusterfsvol",
            "glusterfs": {
                "endpoints": "glusterfs-cluster",
                "path": "kube_vol",
```

```
            "readOnly": true
        }
      }
   ]
```

然后容器可以按名称挂载 glusterfsvol。

endpoints 告诉 GlusterFS 卷插件如何找到 GlusterFS 集群的存储节点。

7.3.2 使用 Ceph

可以使用多个接口访问 Ceph 的对象存储。Kubernetes 支持 RBD（块）和 CEPHFS（文件系统）接口。图 7.4 展示了如何在多天内访问 RADOS（基础对象存储）。与 GlusterFS 不同的是，Ceph 会自动完成很多工作。它可以独立完成分配、复制和修复。

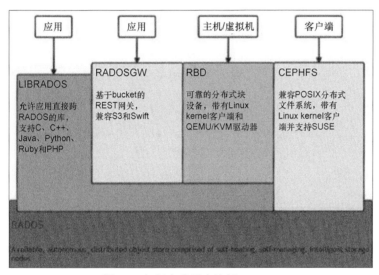

图 7.4 如何在多天内访问 RADOS

1. 使用 RBD 连接到 Ceph

Kubernetes 通过 Rados Block Device（RBD）接口支持 Ceph。必须在 Kubernetes 集群中的每个节点上安装 ceph-common。一旦启动并运行了 Ceph 集群，就要在 Pod 配置文件中提供 Ceph RBD 卷插件所需的一些信息。

- monitors：Ceph 监控器。
- pool：RADOS 池的名称。如果没有提供，则使用默认的 RBD 池。
- image：RBD 创建的镜像名称。

- user：RADOS 用户名。如果不提供，则使用默认的 admin。
- keyring：密钥环文件的路径。如果不提供，则使用默认/etc/ceph/keyring。
- secretName：认证密钥对象的名称。如果提供，则 secretName 重写 keyring。注意，下面的章节中介绍了如何创建一个 secret。
- fsType：在设备上格式化的文件系统类型（ext4、xfs 等）。
- readOnly：文件系统是否被用作 readOnly。

如果使用 Ceph 身份验证 secret，则需要创建一个 secret 对象，代码如下所示。

```
apiVersion: v1
kind: Secret
metadata:
  name: ceph-secret
type: "kubernetes.io/rbd"
data:
  key: QVFCMTZWMVZvRjVtRXhBQTVrQ1FzN2JCCajhWVUxSdzI2Qzg0SEE9PQ==
```

secret 类型是 kubernetes.io/rbd。

Pod spec 的存储卷部分看起来与此相同，代码如下所示。

```
"volumes": [
    {
        "name": "rbdpd",
        "rbd": {
            "monitors": [
          "10.16.154.78:6789",
    "10.16.154.82:6789",
            "10.16.154.83:6789"
        ],
            "pool": "kube",
            "image": "foo",
            "user": "admin",
            "secretRef": {
    "name": "ceph-secret"
    },
            "fsType": "ext4",
            "readOnly": true
        }
    }
]
```

Ceph RBD 支持 `ReadWriteOnce` 和 `ReadOnlyMany` 访问模式。

2. 使用 CephFS 连接到 Ceph

如果 Ceph 集群已经配置了 CephFS，那么可以很轻松地将其分配给 Pod。CephFS 还支持 `ReadWriteMany` 访问模式。

该配置与 Ceph RBD 类似，只是没有池、镜像或文件系统类型。这个密钥对象可以引用一个 Kubernetes `secret` 对象（首选）或一个 `secret` 文件，代码如下所示。

```yaml
apiVersion: v1
kind: Pod
metadata:
  name: cephfs
spec:
  containers:
  - name: cephfs-rw
    image: kubernetes/pause
    volumeMounts:
    - mountPath: "/mnt/cephfs"
      name: cephfs
  volumes:
  - name: cephfs
    cephfs:
      monitors:
      - 10.16.154.78:6789
      - 10.16.154.82:6789
      - 10.16.154.83:6789
      user: admin
      secretFile: "/etc/ceph/admin.secret"
      readOnly: true
```

还可以在 `cephfs` 系统中提供一个路径作为参数。默认值是/。

7.4 Flocker 作为集群容器数据存储卷管理器

到目前为止，我们已经讨论了将数据存储在 Kubernetes 集群之外的存储解决方案（除了 `emptyDir` 和 HostPath，它们不是持久性的）。Flocker 有所不同，它是支持 Docker 的。当容器在节点之间移动时，它可以让 Docker 数据存储卷随容器一起传输。如果读者正在将一个使用不同编排平台（如 Docker Compose 或 Mesos）的基于 Docker 的系统迁移到 Kubernetes，并使用 Flocker 编排存储，则可能需要使用 Flocker 卷插件。就个人而言，我认为 Flocker 和 Kubernetes 为抽象存储所做工作之间有很多重复。

　　Flocker 在每个节点上都有一个控制服务和代理。它的架构非常类似于 Kubernetes，它拥有 API 服务器并且 Kubelet 在每个节点上运行。Flocker 控件服务公开一个 REST API 并管理跨集群的状态配置。代理负责确保节点的状态与当前配置相匹配。例如，如果数据集需要在节点 X 上，那么节点 X 上的 Flocker 代理将创建它。

　　图 7.5 显示了 Flocker 的架构。

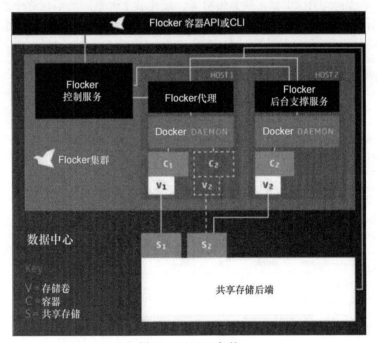

图 7.5　Flocker 架构

　　为了在 Kubernetes 中使用 Flocker 作为持久存储卷，首先必须有一个正确配置的 Flocker 集群。Flocker 可以与许多后备存储一起工作（非常类似于 Kuburnes 持久存储卷）。

　　然后，需要创建 Flocker 数据集，在此之前，我们已经准备好将它作为一个持久存储卷来挂载。经过上述全部的工作，这部分将非常简单，只需要指定 Flocker 数据集名称，代码如下所示。

```
apiVersion: v1
kind: Pod
metadata:
  name: some-pod
spec:
```

```
containers:
  - name: some-container
    image: kubernetes/pause
    volumeMounts:
        # name 必须与下面的卷名匹配
        - name: flocker-volume
          mountPath: "/flocker"
volumes:
  - name: flocker-volume
    flocker:
      datasetName: some-flocker-dataset
```

7.5　将企业存储集成到 Kubernetes

如果开发者有一个通过 iSCSI 接口公开的 Storage Area Network（SAN），那么 Kubernetes 会提供一个卷插件。它遵循与我们之前看到的其他共享持久存储插件相同的模型。必须配置 iSCSI 启动器，但不必提供任何启动器信息，需要提供的是以下内容。

- iSCSI 目标 IP 地址和端口（如果不是默认的 3260）。
- 目标 iqn（iSCSI 限定名），典型反向域名。
- LUN，逻辑单元号。
- 文件系统类型。
- ReadOnly 布尔标志。

iSCSI 插件支持 ReadWriteOnce 和 ReadonlyMany。注意，此时不能分区设备。如下代码是存储卷 spec。

```
volumes:
  - name: iscsi-volume
    iscsi:
      targetPortal: 10.0.2.34:3260
      iqn: iqn.2001-04.com.example:storage.kube.sys1.xyz
      lun: 0
      fsType: ext4
      readOnly: true
```

Torus——块上的新成员

CoreOS 发布了一种为 Kubernetes 设计的网络存储系统 Torus。它充分利用了 Kubernetes 网络模型，并在以太网上使用 ATA。与相对少量的专用硬件的传统方法相比，它针对跨大量硬件的分布存储进行了优化。Torus 使用 etcd 来保存存储状态，并且可以通过 Flex 卷插件连接到 Kubernetes。现在还不算很成熟，但是 Torus 可以成为新的 Kubernetes 部署的准确存储解决方案，关注它的进展是非常有趣的过程。

图 7.6 展示了 Torus 是如何组织和部署的。

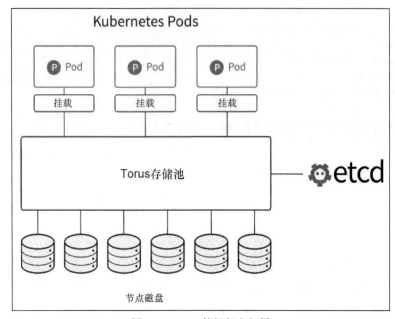

图 7.6　Torus 的组织和部署

7.6　总结

本章深入研究了 Kubernetes 的存储，包括基于存储卷、声明和存储类的通用概念模型，以及卷插件的实现，Kubernetes 最终将所有存储系统映射到容器中的挂载文件系统，这个简单的模型允许管理员通过基于云的共享存储从本地主机目录配置和连接任何存储系统，甚至是企业存储系统。现在，读者应该清楚地了解了如何在 Kubernetes 中建模和实现存储，并且能够选择如何在 Kubernetes 集群中实现存储。

在第 8 章中，将借助有状态服务集概念讨论 Kubernetes 如何提高抽象级别，以及在存储层上开发、部署和操作有状态应用程序。

第 8 章
使用 Kubernetes 运行
有状态的应用程序

本章将介绍在 Kubernetes 上运行有状态的应用程序所需的内容。Kubernetes 基于复杂的要求和配置（如命名空间、限制和配额），按需自启动和重启跨集群节点的 Pod，从而省去了大量工作。但是，当 Pod 运行感知存储软件（如数据库和队列）时，重新分配 Pod 会导致系统崩溃。首先，本章将介绍有状态 Pod 的本质，以及为什么 Kubernetes 管理它们更加复杂。这部分将介绍几种管理复杂性的方法，例如共享环境变量和 DNS 记录。在某些情况下，冗余的内存状态、DaemonSet 或持久存储请求可以起到一定作用，Kubernetes 为状态感知的 Pod 提供的主要解决方案是**有状态服务集（StatefulSet）**（以前称为 **PetSet**）资源，它允许管理具有稳定属性的 Pod 的索引集合。本章的最后，将深入探讨在 Kubernetes 上运行 Cassandra 集群的成熟例子。

8.1 Kubernetes 中的有状态与无状态应用

无状态的 Kubernetes 应用是在 Kubernetes 集群中不管理其状态的应用程序，所有的状态都存储在集群之外，集群容器以某种方式访问它。本节将介绍为什么状态管理对分布式系统的设计至关重要，以及管理 Kubernetes 集群中的状态的好处。

8.1.1 理解分布式数据密集型应用的本质

现在从基础开始循序渐进。分布式应用程序是在多台机器上运行的进程、进程输入、操作数据、开放 API 以及可能具有其他作用的进程的集合。每个进程都是它的程序、运行时环境及其输入和输出的组合。读者在学校编写的程序以命令行参数的形式获得输入，可能在读取文件或访问数据库后将其结果输出到屏幕、文件或数据库。有些程序在内存中保持状态，可以服务于网络服务请求。简单的程序运行在一台机器上，可以将所有状态保存在内存中或从文件中读取。它们的运行环境是操作系统。如果它们崩溃，则用户必须手动重启它们。它们绑定在自身的机器上。分布式应用程序是另一种不同的情况。一台机器不足以处理所有的数据或快速满足所有请求；它也不能容纳所有的数据；机器需要处理的数据如此庞大以至于不能有效地下载到每个处理机器中；机器可能宕机，需要更换；机器的升级需要在所有运行中的机器上执行；而用户则可能分布在全球各地。

考虑上述所有的问题，很明显，传统的方法是不可行的。数据成为限制因素。用户/客户端必须只接收摘要数据或处理数据。所有大规模数据处理必须与原数据在一起，因为传输数据是非常缓慢和昂贵的。相反，大量的处理代码必须运行在相同的数据中心和网络环境中。

8.1.2　为什么在 Kubernetes 中管理状态

在 Kubernetes 本身而不是单独的集群中管理状态的主要原因是，Kubernetes 已经提供了监视、扩展、分配、安全和操作存储集群所需的许多基础设施。运行并行存储集群将导致大量的重复工作。

8.1.3　为什么在 Kubernetes 以外管理状态

我们不排除另一种选择。在某些情况下，在单独的非 Kubernetes 集群中管理状态可能更有效，只要它共享相同的内部网络（数据一致性胜过一切）。

下面是这样做的原因。

- 已经有了一个单独的存储集群，想让其足够稳定。
- 存储集群被其他非 Kubernetes 应用程序使用。
- Kubernetes 对存储集群的支持不够稳定或不够成熟。

读者可能希望以增量的方式处理 Kubernetes 中的有状态应用程序，这里首先从一个单独的存储集群开始，之后会与 Kubernetes 进行更紧密的集成。

8.2　共享环境变量与 DNS 记录

Kubernetes 为跨集群全局发现提供了若干机制。如果存储集群不是由 Kubernetes 管理的，那么需要告诉 Kubernetes 的 Pod 如何找到并访问它。主要有两种方法。

- DNS。
- 环境变量。

在某些情况下，可能会希望同时使用环境变量（优先）和 DNS。

8.2.1 通过 DNS 访问外部数据存储

DNS 方法简单明了。假设外部存储集群是负载均衡的，可以提供稳定的端点，那么 Pod 可以直接命中该端点并连接到外部集群。

8.2.2 通过环境变量访问外部数据存储

另一种简单的方法是使用环境变量将连接信息传递给外部存储集群。Kubernetes 提供了 ConfigMap 资源，使配置与容器镜像保持独立。配置是一组键值对。配置信息可以用容器内的环境变量以及存储卷的方式公开。对于敏感的连接信息，读者可能更喜欢使用密钥对象。

1. 创建配置映射表（ConfigMap）

如下代码所示的配置文件将创建一个配置文件来保存地址列表。

```
apiVersion: v1
kind: ConfigMap
metadata:
  name: db-config
  namespace: default
data:
  db-ip-addresses: 1.2.3.4,5.6.7.8

> kubectl create -f .\configmap.yaml
configmap "db-config" created
```

data 部分包含所有的键值对。在这种情况下，只有一对带有 db-ip-addresses 的键名。在 Pod 中使用 configmap 是很重要的，可以检查如下代码所示内容以确保它的准确性。

```
> kubectl get configmap db-config -o yaml
apiVersion: v1
data:
  db-ip-addresses: 1.2.3.4,5.6.7.8
kind: ConfigMap
metadata:
  creationTimestamp: 2017-01-09T03:14:07Z
  name: db-config
```

```
namespace: default
resourceVersion: "551258"
selfLink: /api/v1/namespaces/default/configmaps/db-config
uid: aebcc007-d619-11e6-91f1-3a7ae2a25c7d
```

还有其他方法来创建 ConfigMap，比如用--from-value 或--from-file 命令行
参数直接创建它们。

2．使用配置映射表作为环境变量

当创建一个 Pod 时，可以指定一个 ConfigMap 并以多种方式使用它的值。如下代
码展示了如何将配置映射标作为环境变量使用。

```
apiVersion: v1
kind: Pod
metadata:
  name: some-pod
spec:
  containers:
    - name: some-container
      image: busybox
      command: [ "/bin/sh", "-c", "env" ]
      env:
        - name: DB_IP_ADDRESSES
          valueFrom:
            configMapKeyRef:
              name: db-config
              key: db-ip-addresses
restartPolicy: Never
```

目标 Pod 运行 busybox 最小容器并执行 env bash 命令。来自 db-config 映射
的 db-ip-addresses 键被映射到环境变量 DB_IP_ADDRESSES，并反映到输出中，
代码如下所示。

```
> kubectl logs some-pod
HUE_REMINDERS_SERVICE_PORT=80
HUE_REMINDERS_PORT=tcp://10.0.0.238:80
KUBERNETES_PORT=tcp://10.0.0.1:443
KUBERNETES_SERVICE_PORT=443
HOSTNAME=some-pod
SHLVL=1
HOME=/root
HUE_REMINDERS_PORT_80_TCP_ADDR=10.0.0.238
HUE_REMINDERS_PORT_80_TCP_PORT=80
```

```
HUE_REMINDERS_PORT_80_TCP_PROTO=tcp
DB_IP_ADDRESSES=1.2.3.4,5.6.7.8
HUE_REMINDERS_PORT_80_TCP=tcp://10.0.0.238:80
KUBERNETES_PORT_443_TCP_ADDR=10.0.0.1
PATH=/usr/local/sbin:/usr/local/bin:/usr/sbin:/usr/bin:/sbin:/bin
KUBERNETES_PORT_443_TCP_PORT=443
KUBERNETES_PORT_443_TCP_PROTO=tcp
KUBERNETES_SERVICE_PORT_HTTPS=443
KUBERNETES_PORT_443_TCP=tcp://10.0.0.1:443
HUE_REMINDERS_SERVICE_HOST=10.0.0.238
PWD=/
KUBERNETES_SERVICE_HOST=10.0.0.1
```

8.2.3　使用冗余内存状态

在某些情况下，读者可能希望在内存中保持过渡状态。分布式缓存是一种常见的方式。时间敏感信息是另一种方式。对于这些用例，无须持久存储，通过服务访问多个 Pod 可能是正确的解决方案。我们可以使用标准 Kubernetes 技术，例如标记，来标识属于相同状态的存储冗余副本的 Pod，并通过服务公开它们。如果一个 Pod 销毁，那么 Kubernetes 将创造一个新的，直到它赶上其他 Pod 并服务于状态。我们甚至可以使用 Pod 反亲和性 Alpha 特性来确保维护相同状态的冗余副本的 Pod 被调度到同一节点。

8.2.4　使用 DaemonSet 进行冗余持久存储

一些有状态应用程序（如分布式数据库或队列）以冗余的方式管理它们的状态，并自动同步它们的节点（后面将深入介绍 Cassandra）。在这些情况下，Pod 需要被调度到分离的节点。将 Pod 调度到具有特定硬件配置甚至专用于有状态应用程序的节点也很重要。DaemonSet 特性非常适用于这种情况。可以标记一组节点，并确保有状态 Pod 被逐个调度到所选的节点组。

8.2.5　应用持久存储卷声明

如果有状态应用程序能够有效地使用共享的持久存储，那么在每个 Pod 中使用持久存储卷声明就是可行的方法，正如第 7 章中演示的那样，有状态应用程序将呈现一个看起来像本地文件系统的挂载卷。

8.2.6　利用有状态服务集

有状态服务集控制器是 Kubernetes 的一个相对较新的附加组件（在 Kubernetes 1.3 中作为有状态服务集引入，并在 Kubernetes 1.5 中重命名为 StatefulSet）。它被特别设计用于支持分布式有状态应用程序，其中成员的身份非常重要，如果重新启动 Pod，则必须保留其在集合中的身份。它提供有序的部署和伸缩。与常规的 Pod 不同，有状态服务集 Pod 与持久存储紧密结合在一起。

1．何时使用状态服务集

有状态服务集对于需要满足一个或多个以下条件的应用程序是非常有用的。
- 稳定、唯一的网络标识符。
- 稳定、持久的存储。
- 有序、优雅的部署和伸缩。
- 有序、优美删除和终止。

2．有状态服务集的组件

为了得到工作的有状态服务集，需要正确配置几个部件。
- 负责管理有状态服务集 Pod 的网络身份的无源服务。
- 具有多个副本的有状态服务集本身。
- 动态的或由管理员提供的持久存储。

如下代码是一个名为 nginx 的服务示例，该服务将用于有状态服务集。

```
apiVersion: v1
kind: Service
metadata:
  name: nginx
  labels:
    app: nginx
spec:
  ports:
  - port: 80
    name: web
    clusterIP: None
    selector:
      app: nginx
```

现在，StatefulSet 配置文件将引用该服务，代码如下所示。

```
apiVersion: apps/v1beta1
kind: StatefulSet
metadata:
  name: web
spec:
  serviceName: "nginx"
  replicas: 3
  template:
    metadata:
      labels:
        app: nginx
```

下面是 Pod 模板，它包括一个名为 www 的挂载存储卷，代码如下所示。

```
spec:
  terminationGracePeriodSeconds: 10
  containers:
  - name: nginx
    image: gcr.io/google_containers/nginx-slim:0.8
    ports:
    - containerPort: 80
      name: web
    volumeMounts:
      - name: www
        mountPath: /usr/share/nginx/html
```

volumeClaimTemplates 使用一个名为 www 的声明，与挂载存储卷匹配。该声明请求 1 GiB storage 与 ReadWriteOnce 访问。

```
volumeClaimTemplates:
- metadata:
    name: www
 spec:
 accessModes: [ "ReadWriteOnce" ]
 resources:
   requests:
     storage: 1Gib
```

8.3　在 Kubernetes 运行 Cassandra 集群

在本节中将详细探讨一个庞大的示例，该示例将 Cassandra 集群配置在 Kubernetes 集群上运行。

首先，将介绍一些关于 Cassandra 本身及其特性的知识，然后一步一步地使用前面介绍的技术和策略来使它运行起来。

8.3.1 Cassandra 快速入门

Cassandra 是一个分布式的柱状数据存储。它被设计用来支撑大数据。Cassandra 快速、健壮（没有单一故障点）、高可用并且线性可伸缩。它还拥有多个数据中心支持。它通过激光聚焦并设计其所支持的特性（同样重要的是，它不支持的那些特性）来实现这一切。在以前的公司中，我运行了 Kubernetes 集群，该集群使用 Cassandra 作为传感器数据（大约 100 个 TB）的主要数据存储库。Cassandra 基于 DHT 算法将数据分配给一组节点（节点环）。集群节点通过 Gossip 协议彼此通信，并快速获悉集群的整体状态（哪些节点加入以及哪些节点留下或不可用）。Cassandra 不断压缩数据、平衡集群。为了冗余、健壮性和高可用性，数据通常被复制多次。从开发人员的角度来看，Cassandra 非常适合处理时间序列数据，并提供了一个灵活的模型，读者可以在其中指定每个查询的一致性程度。它也是幂等的（分布式数据库的一个非常重要的特征），这意味着允许重复插入或更新。

图 8.1 显示了如何组织 Cassandra 集群，以及客户端如何访问任意节点，并且请求将自动转发到具有所请求数据的节点。

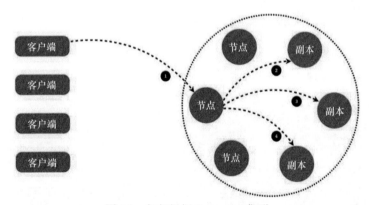

图 8.1　如何组织 Cassandra 集群

8.3.2 Cassandra Docker 镜像

与单例 Cassandra 集群部署不同的是，在 Kubernetes 上部署 Cassandra 需要一个特殊的 Docker 镜像。这是一个重要的步骤，因为这意味着我们可以使用 Kubernetes 来追踪 Cassandra Pod。

如下代码是 Docker 文件的重要部分。

镜像基于 Debian Jessie。

```
FROM google/debian:jessie
```

请添加和复制必要的文件（Cassandra.jar、各种配置文件、运行脚本和读取—探测脚本），为 Cassandra 创建一个 Data 目录来存储它的 SSTable，并挂载它，代码如下所示。

```
ADD files /
RUN mv /java.list /etc/apt/sources.list.d/java.list \
    && mv /cassandra.list /etc/apt/sources.list.d/cassandra.list \
    && chmod a+rx /run.sh /sbin/dumb-init /ready-probe.sh \
    && mkdir -p /cassandra_data/data \
    && mv /logback.xml /cassandra.yaml /jvm.options /etc/cassandra/
```

```
VOLUME ["/cassandra_data"]
```

开放重要的端口来访问 Cassandra，让 Cassandra 节点基于 Gossip 协议互通，代码如下所示。

```
# 7000: intra-node communication
# 7001: TLS intra-node communication
# 7199: JMX
# 9042: CQL
EXPOSE 7000 7001 7199 9042
```

使用 dumb-init 命令，这是 yelp 提供的一个简单的容器初始系统，最后运行 run.sh 脚本，代码如下所示。

```
CMD ["/sbin/dumb-init", "/bin/bash", "/run.sh"]
```

探索 run.sh 脚本

学习 run.sh 脚本需要掌握一些 Shell 技术知识。由于 Docker 只允许运行一个命令，因此对于一些应用程序来说，拥有一个用于设置环境并为实际应用程序做准备的启动器脚本是非常常见的。在这种情况下，镜像支持几个部署选项（有状态服务集、副本控制器、DaemonSet），稍后将讨论这些选项，而且，运行脚本通过可配置的环境变量来适应所有选项。

首先，在 /etc/cassandra/cassandra.yaml 中为 Cassandra 配置文件设置一些局部变量。脚本的其他部分将用到 CASSANDRA_CFG 变量，代码如下所示。

```
set -e
CASSANDRA_CONF_DIR=/etc/cassandra
```

```
CASSANDRA_CFG=$CASSANDRA_CONF_DIR/cassandra.yaml
```

如果未指定 CASSANDRA_SEEDS，则设置 HOSTNAME，并在有状态服务集解决方案中使用该主机名，代码如下所示。

```
if [ -z "$CASSANDRA_SEEDS" ]; then
  HOSTNAME=$(hostname -f)
Fi
```

接下来列出了一系列带有默认值的环境变量。如${VAR_NAME:-<default}语法，除非自定义了变量，否则使用默认值。

类似的语法：${VAR_NAME:=<default}执行相同的操作，但是如果未定义，则还将默认值分配给环境变量。

两种变量都在此处使用，代码如下所示。

```
CASSANDRA_RPC_ADDRESS="${CASSANDRA_RPC_ADDRESS:-0.0.0.0}"
CASSANDRA_NUM_TOKENS="${CASSANDRA_NUM_TOKENS:-32}"
CASSANDRA_CLUSTER_NAME="${CASSANDRA_CLUSTER_NAME:='Test Cluster'}"
CASSANDRA_LISTEN_ADDRESS=${POD_IP:-$HOSTNAME}
CASSANDRA_BROADCAST_ADDRESS=${POD_IP:-$HOSTNAME}
CASSANDRA_BROADCAST_RPC_ADDRESS=${POD_IP:-$HOSTNAME}
CASSANDRA_DISK_OPTIMIZATION_STRATEGY="${CASSANDRA_DISK_OPTIMIZATION_
STRATEGY:-ssd}"
CASSANDRA_MIGRATION_WAIT="${CASSANDRA_MIGRATION_WAIT:-1}"
CASSANDRA_ENDPOINT_SNITCH="${CASSANDRA_ENDPOINT_SNITCH:-SimpleSnitch}"
CASSANDRA_DC="${CASSANDRA_DC}"
CASSANDRA_RACK="${CASSANDRA_RACK}"
CASSANDRA_RING_DELAY="${CASSANDRA_RING_DELAY:-30000}"
CASSANDRA_AUTO_BOOTSTRAP="${CASSANDRA_AUTO_BOOTSTRAP:-true}"
CASSANDRA_SEEDS="${CASSANDRA_SEEDS:false}"
CASSANDRA_SEED_PROVIDER="${CASSANDRA_SEED_PROVIDER:-org.apache.cassandra.
locator.SimpleSeedProvider}"
CASSANDRA_AUTO_BOOTSTRAP="${CASSANDRA_AUTO_BOOTSTRAP:false}"

# 关闭 JMX 身份验证
CASSANDRA_OPEN_JMX="${CASSANDRA_OPEN_JMX:-false}"
# 把 GC 传递给 STDOUT
CASSANDRA_GC_STDOUT="${CASSANDRA_GC_STDOUT:-false}"
```

然后将所有变量打印到屏幕上，我们跳过其中的大部分内容，代码如下所示。

```
echo Starting Cassandra on ${CASSANDRA_LISTEN_ADDRESS}
echo CASSANDRA_CONF_DIR ${CASSANDRA_CONF_DIR}
...
```

下面的部分非常重要。默认情况下，Cassandra 使用一个简单的告密器，它不知道机架和数据中心的存在。当集群跨越多个机架和数据中心时，这不是最好的选择。Cassandra 可感知机架和数据中心，并且针对冗余和高可用性进行优化，同时适当地限制跨数据中心通信，代码如下所示。

```
# 如果设置了 DC 和 RACK，则使用 GossipingPropertyFileSnitch
if [[ $CASSANDRA_DC && $CASSANDRA_RACK ]]; then
  echo "dc=$CASSANDRA_DC" > $CASSANDRA_CONF_DIR/cassandra-rackdc.
properties
  echo "rack=$CASSANDRA_RACK" >> $CASSANDRA_CONF_DIR/cassandra-rackdc.
properties
  CASSANDRA_ENDPOINT_SNITCH="GossipingPropertyFileSnitch"
fi
```

内存管理很重要，可以控制堆的最大容量，以确保 Cassandra 不会崩溃和交换到磁盘上，代码如下所示。

```
if [ -n "$CASSANDRA_MAX_HEAP" ]; then
  sed -ri "s/^(#)?-Xmx[0-9]+.*/-Xmx$CASSANDRA_MAX_HEAP/" "$CASSANDRA_
CONF_DIR/jvm.options"
  sed -ri "s/^(#)?-Xms[0-9]+.*/-Xms$CASSANDRA_MAX_HEAP/" "$CASSANDRA_
CONF_DIR/jvm.options"
fi
```

```
if [ -n "$CASSANDRA_REPLACE_NODE" ]; then
   echo "-Dcassandra.replace_address=$CASSANDRA_REPLACE_NODE/" >>
"$CASSANDRA_CONF_DIR/jvm.options"
fi
```

机架和数据中心信息存储在一个简单的 Java `properties` 文件中，代码如下所示。

```
for rackdc in dc rack; do
  var="CASSANDRA_${rackdc^^}"
  val="${!var}"
  if [ "$val" ]; then
  sed -ri 's/^('"$rackdc"'=).*/\1 '"$val"'/' "$CASSANDRA_CONF_DIR/
cassandra-rackdc.properties"
  fi
done
```

下面的部分遍历前面定义的所有变量，在 `Cassandra.yaml` 配置文件中找到相应的键，并覆盖它们。这确保了每一个配置文件在启动 Cassandra 之前都是即时定制的，代码如下所示。

```
for yaml in \
  broadcast_address \
  broadcast_rpc_address \
  cluster_name \
  disk_optimization_strategy \
  endpoint_snitch \
  listen_address \
  num_tokens \
  rpc_address \
  start_rpc \
  key_cache_size_in_mb \
  concurrent_reads \
  concurrent_writes \
  memtable_cleanup_threshold \
  memtable_allocation_type \
  memtable_flush_writers \
  concurrent_compactors \
  compaction_throughput_mb_per_sec \
  counter_cache_size_in_mb \
  internode_compression \
  endpoint_snitch \
  gc_warn_threshold_in_ms \
  listen_interface \
  rpc_interface \
  ; do
  var="CASSANDRA_${yaml^^}"
  val="${!var}"
  if [ "$val" ]; then
    sed -ri 's/^(# )?('"$yaml"':).*/\2 '"$val"'/' "$CASSANDRA_CFG"
  fi
done

echo "auto_bootstrap: ${CASSANDRA_AUTO_BOOTSTRAP}" >> $CASSANDRA_CFG
```

如下代码根据部署解决方案（有状态设置与否）设置种子或种子提供的程序。有一个小诀窍，第一个 Pod 作为自己的种子启动。

```
# 设置种子. 这仅适用于第一个 Pod，否则将从提供器处获得种子
if [[ $CASSANDRA_SEEDS == 'false' ]]; then
  sed -ri 's/- seeds:.*/- seeds: "'"$POD_IP"'"/' $CASSANDRA_CFG
else# 如果有种子设置它们，则可能是 StatefulSet
  sed -ri 's/- seeds:.*/- seeds: "'"$CASSANDRA_SEEDS"'"/' $CASSANDRA_CFG
fi
```

```
sed -ri 's/- class_name: SEED_PROVIDER/- class_name: '"$CASSANDRA_SEED_
PROVIDER"'/' $CASSANDRA_CFG
```

如下代码为远程管理和 JMX 监控设置了各种选项。在复杂的分布式系统中，有适当的管理工具是至关重要的。Cassandra 对无处不在的 **Java Management Extensions（JMX）** 标准有着深入的支持。

```
# 将 GC 传递给 STDOUT
if [[ $CASSANDRA_GC_STDOUT == 'true' ]]; then
  sed -ri 's/ -Xloggc:\/var\/log\/cassandra\/gc\.log//' $CASSANDRA_CONF_
DIR/cassandra-env.sh
fi

# 允许 RMI 和 JMX 在同一端口上工作
echo "JVM_OPTS=\"\$JVM_OPTS -Djava.rmi.server.hostname=$POD_IP\"" >>
$CASSANDRA_CONF_DIR/cassandra-env.sh

# 使用迁移服务获取警告信息
echo "-Dcassandra.migration_task_wait_in_seconds=${CASSANDRA_MIGRATION_
WAIT}" >> $CASSANDRA_CONF_DIR/jvm.options
echo "-Dcassandra.ring_delay_ms=${CASSANDRA_RING_DELAY}" >> $CASSANDRA_
CONF_DIR/jvm.options

if [[ $CASSANDRA_OPEN_JMX == 'true' ]]; then
  export LOCAL_JMX=no
  sed -ri 's/ -Dcom\.sun\.management\.jmxremote\.authenticate=true/
-Dcom\.sun\.management\.jmxremote\.authenticate=false/' $CASSANDRA_CONF_
DIR/cassandra-env.sh
  sed -ri 's/ -Dcom\.sun\.management\.jmxremote\.password\.file=\/etc\/
cassandra\/jmxremote\.password//' $CASSANDRA_CONF_DIR/cassandra-env.sh
fi
```

将 `class` 路径设置为 Cassandra JAR 文件，并在前台（不是后台化）启动 Cassandra 本身，代码如下所示。

```
export CLASSPATH=/kubernetes-cassandra.jar
cassandra -R -f
```

8.3.3 连接 Kubernetes 和 Cassandra

连接 Kubernetes 和 Cassandra 需要做一些工作，因为 Cassandra 的设计非常自给自足，但是我们希望使它在适当的时候挂载到 Kubernetes 中，以提供诸如自动重新启动失败的节点、监视、分配 Cassandra Pod 和提供联合视图（与其他的 Pod 并排在一起）的功能。

Cassandra 是一个复杂的系统，有很多旋钮来控制它。它带有一个 Cassandra.yaml 配置文件，读者可以重写所有带有环境变量的选项。

1. 深入 Cassandra 配置

有两个特别相关的设置：种子提供器和告密器。种子提供器负责发布集群中节点的 IP 地址（种子）列表。每个开始运行的节点都连接到种子（通常至少有 3 个），如果成功地到达其中一个节点，则它们将立即交换集群中所有节点的信息。当节点彼此通信时，每个节点都会不断更新该信息。

在 Cassandra.yaml 中配置的默认种子提供器只是 IP 地址的静态列表，在这种情况下只是回环的接口，代码如下所示。

```
seed_provider:
    - class_name: SEED_PROVIDER
      parameters:
          # 种子实际上是用逗号分隔的地址列表
          # Ex: "<ip1>,<ip2>,<ip3>"
          - seeds: "127.0.0.1"
```

另一个重要的设置是告密器，它有两个角色。

- 它告知 Cassandra 如何使网络拓扑路由请求更有效。
- 它允许 Cassandra 在集群周围扩展副本以避免相关的故障。它通过将机器分组到数据中心和机架中来实现这一点。Cassandra 将尽其所能避免在同一机架上拥有多个副本（实际上可能不在一个物理位置）。

Cassandra 预先加载了几个告密器，但没有一个被 Kubernetes 感知。默认值是 SimpleSnitch，但可以被重写，代码如下所示。

```
# 可以通过将自定义告密器设置为完整类名的方式来使用它，该类名假设在您的类路径上
endpoint_snitch: SimpleSnitch
```

2. 自定义种子提供器

当在 Kubernetes 中运行 Cassandra 节点作为 Pod 时，Kubernetes 可以移动包括种子在内的 Pod。为了适应这一点，Cassandra 种子提供器需要与 Kubernetes API 服务器进行交互。

如下代码是实现 Cassandra SeedProvider API 的自定义 KubernetesSeedProvider Java 类的代码简短片段。

```
public class KubernetesSeedProvider implements SeedProvider {
    ...
    /**
```

```
    * Call kubernetes API to collect a list of seed providers
    * @return list of seed providers
    */
    public List<InetAddress> getSeeds() {
        String host = getEnvOrDefault("KUBERNETES_PORT_443_TCP_ADDR",
"kubernetes.default.svc.cluster.local");
        String port = getEnvOrDefault("KUBERNETES_PORT_443_TCP_PORT",
"443");
        String serviceName = getEnvOrDefault("CASSANDRA_SERVICE",
"cassandra");
        String podNamespace = getEnvOrDefault("POD_NAMESPACE",
"default");
        String path = String.format("/api/v1/namespaces/%s/endpoints/",
podNamespace);
        String seedSizeVar = getEnvOrDefault("CASSANDRA_SERVICE_NUM_SEEDS", "8");
        Integer seedSize = Integer.valueOf(seedSizeVar);
        String accountToken = getEnvOrDefault("K8S_ACCOUNT_TOKEN", "/var/
run/secrets/kubernetes.io/serviceaccount/token");

        List<InetAddress> seeds = new ArrayList<InetAddress>();
        try {
            String token = getServiceAccountToken(accountToken);

            SSLContext ctx = SSLContext.getInstance("SSL");
            ctx.init(null, trustAll, new SecureRandom());

            String PROTO = "https://";
            URL url = new URL(PROTO + host + ":" + port + path +
serviceName);
            logger.info("Getting endpoints from " + url);
            HttpsURLConnection conn = (HttpsURLConnection)url.
openConnection();

            conn.setSSLSocketFactory(ctx.getSocketFactory());
            conn.addRequestProperty("Authorization", "Bearer " + token);
            ObjectMapper mapper = new ObjectMapper();
            Endpoints endpoints = mapper.readValue(conn.getInputStream(),
Endpoints.class);    }
            ...
        }
        ...

    return Collections.unmodifiableList(seeds);
}
```

8.3.4　创建 Cassandra 无源服务

无源服务的作用是允许 Kubernetes 集群中的客户端通过标准 Kubernetes 服务连接到 Cassandra 集群，而不是跟踪节点的网络身份或将专用的负载均衡器放在所有节点之前。Kubernetes 通过它的服务提供所有的信息。

如下代码是配置文件。

```
apiVersion: v1
kind: Service
metadata:
  labels:
    app: cassandra
  name: cassandra
spec:
  clusterIP: None
  ports:
    - port: 9042
  selector:
    app: Cassandra
```

`app: Cassandra` 标签将组织所有的 Pod 参与服务。Kubernetes 将创建端点记录，DNS 将返回用于发现的记录。`clusterIP` 是 `None`，这意味着该服务是无源的，Kubernetes 将不执行任何负载均衡或代理。这是很重要的，因为 Cassandra 节点直接进行通信。

Cassandra 使用 `9042` 端口来服务 CQL 请求，包括查询、插入/更新（它始终是用 Cassandra 更新插入）或删除。

8.3.5　使用有状态服务集创建 Cassandra 集群

声明有状态服务集并非易事。它几乎可以说是最复杂的 Kubernetes 资源。它有许多可移动的部分：标准元数据、有状态服务集规范、Pod 模板（它本身通常相当复杂）和存储卷声明模板。

解析有状态服务集配置文件

让我们对声明 3 个节点的 Cassandra 群集的有状态服务集配置文件进行详细讨论。如下代码是基本元数据。注意 `apiVersion` 字符串以 `apps/`开头。

```
apiVersion: "apps/v1beta1"
```

```
kind: StatefulSet
metadata:
  name: Cassandra
```

有状态服务集 spec 定义了无源服务名称、有状态服务集中有多少个 Pod 以及 Pod 模板（稍后解释）。replicas 字段指定有状态服务集中有多少个 Pod，代码如下所示。

```
spec:
  serviceName: cassandra
  replicas: 3
  template: ...
```

Pod 的 replicas 不是一个好的选择，因为 Pod 不是彼此的副本。它们共享相同的 Pod 模板，但是它们具有唯一的标识，并且通常负责状态的不同子集。在 Cassandra 中更加令人困惑，它使用相同的术语 replicas 来指代冗余地复制状态的某些子集的节点组（但不相同，因为每个节点也可以管理附加状态）。为了将副本从 replicas 改为 members，我打开了 GitHub 的 Kubernetes 项目。

Pod 模板包含基于自定义的 Cassandra 镜像的单个容器。

如下代码是 Pod 模板，app: cassandra 是标签。

```
template:
  metadata:
    labels:
        app: cassandra
  spec:
    containers: ...
```

容器 spec 有多个重要部分。它以一个 name 和之前看到的 image 开头，代码如下所示。

```
containers:
  - name: cassandra
    image: gcr.io/google-samples/cassandra:v11
    imagePullPolicy: Always
```

然后通过 Cassandra 节点定义外部和内部通信所需的多个容器端口，代码如下所示。

```
ports:
- containerPort: 7000
  name: intra-node
- containerPort: 7001
  name: tls-intra-node
- containerPort: 7199
```

```
   name: jmx
 - containerPort: 9042
   name: cql
```

　　`resources` 部分指定容器所需的 CPU 和内存。这是至关重要的，因为存储管理层不应该造成 `cpu` 或 `memory` 的性能瓶颈，代码如下所示。

```
resources:
  limits:
    cpu: "500m"
    memory: 1Gi
  requests:
    cpu: "500m"
    memory: 1Gi
```

　　Cassandra 需要访问 IPC，容器通过 `capabilities` 请求 IPC，代码如下所示。

```
securityContext:
capabilities:
  add:
      - IPC_LOCK
```

　　`env` 部分指定容器内可用的环境变量。如下代码是必要变量的部分列表。`CASSANDRA_SEEDS` 变量被设置为无源服务，因此 Cassandra 节点可以在启动时与种子通信并发现整个集群。请注意，在这种配置中，我们不使用特殊的 Kubernetes 种子提供器。`POD_IP` 利用 Downward API 通过字段引用 `status.podIP` 来填充其值。

```
env:
  - name: MAX_HEAP_SIZE
    value: 512M
  - name: CASSANDRA_SEEDS
    value: "cassandra-0.cassandra.default.svc.cluster.local"
  - name: POD_IP
    valueFrom:
      fieldRef:
        fieldPath: status.podIP
```

　　容器还具有就绪探针以确保 Cassandra 节点在完全在线之前不接收请求，代码如下所示。

```
readinessProbe:
  exec:
    command:
    - /bin/bash
```

```
    - -c
    - /ready-probe.sh
  initialDelaySeconds: 15
  timeoutSeconds: 5
```

当然，Cassandra 还需要读写数据，`cassandra-data` 存储卷的挂载在如下位置。

```
volumeMounts:
- name: cassandra-data
  mountPath: /cassandra_data
```

最后一部分是存储卷声明模板。在这种情况下使用动态供应。我强烈推荐使用 SSD 驱动来存储 Cassandra，尤其是它的日志。在这个例子中请求的存储是 1 GiB。我通过实验发现 1~2 TB 对于单个 Cassandra 节点是理想的大小。原因是 Cassandra 在后台进行了大量的数据调动、压缩和重新平衡。如果一个节点离开集群，或者一个新节点加入集群，则必须等到数据得到适当重新平衡之后，才能重新分配来自剩余节点的数据或填充新节点。注意，Cassandra 需要大量的磁盘空间来完成所有的数据调动。建议预留 50% 的空闲磁盘空间。当开发者认为还需要更多副本（通常为 3 倍）时，所需的存储空间可能是数据大小的 6 倍。根据实际的用例，开发者可以获得 30% 的空间，如果开发者是冒进的，也许只使用 2 倍的副本。但是，即使在单个节点上也不要低于 10% 的可用磁盘空间。我了解到，如果不采取极端措施，Cassandra 将无法压缩和重新平衡这些节点。

访问模式当然是 `ReadWriteOnce`，代码如下所示。

```
volumeClaimTemplates:
- metadata:
  name: cassandra-data
  annotations:
    volume.alpha.kubernetes.io/storage-class: anything
spec:
  accessModes: [ "ReadWriteOnce" ]
  resources:
    requests:
      storage: 1Gi
```

在部署有状态服务集时，Kubernetes 按照其索引号创建 Pod。当放大或缩小时，它也按顺序排列。对于 Cassandra 来说，这并不重要，因为它可以让节点以任意顺序加入或离开群集。当 Cassandra Pod 被破坏时，持久存储卷保持不变。如果稍后创建具有相同索引的 Pod，则将原始持久存储卷装入其中。一个特定的 Pod 和它的存储之间的稳定连接使得 Cassandra 能够正确地管理状态。

8.3.6 使用副本控制器分布 Cassandra

Cassandra 已经是一个复杂的分布式数据库。它有很多机制来自动分布、平衡和复制集群周围的数据。这些机制没有针对网络持久存储进行优化。Cassandra 旨在直接存储在节点上的数据。当节点死亡时，Cassandra 可以恢复存储在其他节点上的冗余数据。让我们以另一种方式在 Kubernetes 集群部署 Cassandra，这更符合 Cassandra 的语义。这种方法的好处是，如果有一个现成的 Kubernetes 集群，那么不必为了使用有状态服务集而将其升级到最新和最完整的版本。

我们仍将使用无源服务，但使用正则副本控制器来代替有状态服务集。它们之间有一些重要的区别。

- 副本控制器取代有状态服务集。
- Pod 可以调度节点上的存储。
- 使用自定义 Kubernetes 种子提供器类。

1. 解析副本控制器配置文件

metadata 很简单，只有一个 name（labels 不是必须的），代码如下所示。

```
apiVersion: v1
kind: ReplicationController
metadata:
  name: cassandra
  # 如果未设置，则自动应用 Pod 模板中的 labels
  # labels:
    # app: Cassandra
```

spec 指定 replicas 的数量，代码如下所示。

```
spec:
  replicas: 3
  # 如果未设置，将自动应用 Pod 模板中的 selector
  # selector:
    # app: Cassandra
```

Pod 模板的元数据是指定 app：Cassandra 标签的地方。副本控制器将保持跟踪并确保有 3 个带有该标签的 Pod，代码如下所示。

```
template:
  metadata:
    labels:
```

```
app: Cassandra
```

Pod 模板的 `spec` 描述容器列表。在这种情况下，只有一个容器。它使用名为 `cassandra` 的 Cassandra Docker 镜像，运行 `run.sh` 脚本，代码如下所示。

```
spec:
  containers:

  - command:
      - /run.sh
    image: gcr.io/google-samples/cassandra:v11
    name: cassandra
```

在如下代码所示的例子中，资源部分只需要 0.5 个 CPU 单元。

```
resources:
        limits:
            cpu: 0.5
```

环境部分有一点不同。CASSANDRA_SEED_PROVDIER 指定了我们先前检查过的自定义 Kubernetes 种子提供器类。另一个新的添加是 POD_NAMESPACE，它使用 Downward API 再次从元数据中获取值，代码如下所示。

```
env:
  - name: MAX_HEAP_SIZE
    value: 512M
  - name: HEAP_NEWSIZE
    value: 100M
  - name: CASSANDRA_SEED_PROVIDER
    value: "io.k8s.cassandra.KubernetesSeedProvider"
  - name: POD_NAMESPACE
    valueFrom:
      fieldRef:
        fieldPath: metadata.namespace
  - name: POD_IP
    valueFrom:
      fieldRef:
        fieldPath: status.podIP
```

`ports` 部分相同，公开了节点内通信端口：7000 和 7001，外部工具（如 Cassandra OpsCenter）用于与 Cassandra 集群通信的 7199 JMX 端口，当然还有客户端与集群通信的 9042 CQL 端口，代码如下所示。

```
ports:
```

```
  - containerPort: 7000
    name: intra-node
  - containerPort: 7001
    name: tls-intra-node
  - containerPort: 7199
    name: jmx
  - containerPort: 9042
    name: cql
```

存储卷再一次被挂载到/cassandra_data。这很重要，因为正确配置的同一 Cassandra 镜像只是希望它的 data 目录在某个路径上。Cassandra 不关心备份存储（尽管读者应该关心集群管理器）。Cassandra 将使用文件系统调用来进行读取和写入，代码如下所示。

```
volumeMounts:
  - mountPath: /cassandra_data
    name: data
```

volumes 部分是与有状态服务集解决方案的最大区别。有状态服务集使用持久存储声明来将具有稳定身份的特定 Pod 连接到特定的持久存储卷。副本控制器解决方案只在宿主节点上使用 emptyDir，代码如下所示。

```
volumes:
  - name: data
    emptyDir: {}
```

这将带来许多影响。读者必须在每个节点上提供足够的存储空间。如果一个 Cassandra Pod 死亡，则它的储存就消失了。即使 Pod 在同一个物理（或虚拟）机器上重新启动，磁盘上的数据也会丢失，因为一旦移去 Pod，就会删除 emptyDir。注意，容器是可以重新启动的，因为 emptyDir 在容器崩溃中保留了下来。那么，当 Pod 死亡时怎么办？副本控制器将启动一个带有空数据的新 Pod。Cassandra 检测到新节点并将其添加到集群中，为它分配一部分数据，通过从其他节点移动数据开始自动重新平衡。这就是 Cassandra 闪耀的地方。它不断地压缩、重新平衡，并均匀地分布在整个集群中。它会站在用户的角度解决问题。

2．将 Pod 分配给节点

副本控制器方法的主要问题是多个 Pod 可以在相同的 Kubernetes 节点上进行调度。如果复制因子为 3，并且负责某个键空间范围的所有 3 个 Pod 都被调度到同一个 Kubernetes 节点，该怎么办？首先，对该键范围的所有读写请求都将转到同一个节点，从而产生更多的压力。但更糟的是，我们将失去冗余。我们有一个**单一的故障点（Single Point Of Failure，SPOF）**。如果该节点死亡，则副本控制器将在某些其他 Kubernetes 节点上启动 3 个新的 Pod，但它们都没有数据，并且集群中的其他 Cassandra 节点（其他 Pod）也不会复制数据。

这可以使用 Kubernetes 1.4 Alpha 概念来解决，即反亲和性。当向节点分配 Pod 时，可以对 Pod 进行注解，以便调度器不会将其调度到已经具有特定标签集的 Pod 的节点。如下代码是如何确保最多一个 Cassandra Pod 将被分配给一个节点的注解。

```
annotations:
    scheduler.alpha.kubernetes.io/affinity: >
      {
        "nodeAffinity": {
          "requiredDuringSchedulingIgnoredDuringExecution": {
            "nodeSelectorTerms": [
              {
                "matchExpressions": [
                  {
                    "key": "app",
                    "operator": "NotIn",
                    "values": ["cassandra"]
                  }
                ]
              }
            ]
          }
        }
      }
```

8.3.7 利用 DaemonSet 分布 Cassandra

将 Cassandra Pod 分配给不同节点的更好的解决方案是使用 DaemonSet。DaemonSet 具有像副本控制器一样的 Pod 模板。但是，DaemonSet 有一个节点选择器，它决定在哪个节点上调度其 Pod。它没有一定数量的副本，只是在每个节点上安排与其选择器匹配的调度 Pod 每个节点上。最简单的情况是在 Kubernetes 集群中的每个节点上调度 Pod。但是，节点选择器还可以使用针对标签的匹配表达式以部署到节点的特定子集。如下代码创建了一个 DaemonSet，用于将 Cassandra 集群部署到 Kubernetes 集群上。

```
DaemonSet is still a beta resource:
apiVersion: extensions/v1beta1
kind: DaemonSet
```

```
metadata:
  name: cassandra-daemonset
```

DaemonSet 的 `spec` 包含一个规则的 Pod 模板。`nodeSelector` 部分确保每个节点都始终有一个确切的模板，并带有 `app: cassandra`，代码如下所示。

```
spec:
  template:
    metadata:
      labels:
        app: cassandra
    spec:
      # 仅过滤 labels 为 app: cassandra 的节点
      nodeSelector:
        app: cassandra
      containers:
```

其余部分与副本控制器相同。请注意，为了亲和性将弃用 `nodeSelector`。

8.4　总结

在本章中，我们讨论了有状态应用程序的主题以及如何将它们与 Kubernetes 集成。我们发现有状态应用程序是复杂的，并且考虑几种发现机制，如 DNS 和环境变量。我们还讨论了几种状态管理解决方案，如内存冗余存储和持久性存储。本章的大部分内容围绕在 Kubernetes 集群内部署 Cassandra 集群使用几个选项展开，这些选项包括有状态服务集、副本控制器和 DaemonSet。每种方法都有自己的优点和缺点。此时，读者应该对有状态应用程序以及如何在基于 Kubernetes 的系统中应用它们有全面的了解。读者已经学习了针对各种方法的用例，甚至学会了一些关于 Cassandra 的知识。

在第 9 章中，将探索可伸缩性这一重要主题，特别是自动伸缩性，以及如何在集群动态增长时部署、实时升级和更新。这些问题非常复杂，尤其是当集群上运行状态应用程序时。

第 9 章
滚动更新、可伸缩性和配额

本章将对 Kubernetes 提供的 Pod 伸缩自动化进行探讨，包括它如何影响滚动更新，以及如何与配额交互。本章将涉及如何选择和管理集群的大小这一重要议题。本章最后会介绍 Kubernetes 团队如何测试拥有 2 000 个节点的 Kubernetes 集群。

阅读完本章，读者将能够规划大型集群，经济地做出规划，并能在性能、成本和可用性之间权衡做出合理选择，也能了解如何设置水平 Pod 自动伸缩扩展，合理地使用资源配额，让 Kubernetes 自动处理间歇性存储卷的波动。

9.1 水平 Pod 自动伸缩

Kubernetes 可以监视用户的 Pod，并在 CPU 利用率或其他度量跨越阈值时伸缩扩展它们。如有需要，自动伸缩资源指定详细信息（经常检查 CPU 的百分比）和相应的自动控制器调整副本的数量。

图 9.1 说明了不同的参与者及其关系。

正如读者所看到的，水平 Pod 自动伸缩器不直接创建或销毁 Pod。它依赖于副本控制器或部署资源。在不知道自动伸缩器的工作情况下，读者不需要处理使用副本控制器或部署尝试调整 Pod 的数量带来的冲突。

如果有一个副本控制器被设置为 3，但是我们确定基于平均 CPU 利用率，设置实际上应为 4，那么我们将副本控制器从 3 更新到 4，并继续监视在所有的 Pod 中手动使用 CPU。自动伸缩器会为我们完成这个任务。

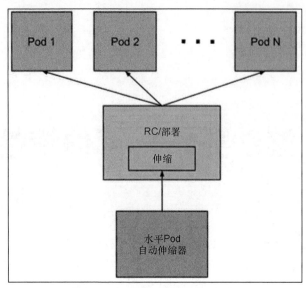

图 9.1　不同的参与者及其关系

9.1.1　声明水平 Pod 自动伸缩器

要声明一个水平 Pod 自动伸缩器，我们需要一个副本控制器，或者部署和自动伸缩资源。如下代码是一个简单的副本控制器配置，以维护 3 Nginx Pod。

简单的复制控制器配置

```
apiVersion: v1
 kind: ReplicationController
metadata:
  name: nginx
spec:
  replicas: 3
  template:
    metadata:
      labels:
        run: nginx
  spec:
    containers:
    - name: nginx
      image: nginx
      ports:
      - containerPort: 80
```

如下代码展示 autoscaling 资源在 scaleTargetRef 引用 Nginx 副本控制器。

```
apiVersion: autoscaling/v1
kind: HorizontalPodAutoscaler
metadata:
  name: nginx
  namespace: default
spec:
  maxReplicas: 4
  minReplicas: 2
  targetCPUUtilizationPercentage: 90
  scaleTargetRef:
    apiVersion: v1
    kind: ReplicationController
    name: nginx
```

minReplicas 和 maxReplicas 指定伸缩的范围。避免由于一些问题而引起的失控情况，这是需要的。想象一下，由于一些错误，不管实际负载如何，每个 Pod 立即占用全部 CPU。如果没有 maxReplicas 限制，Kubernetes 将继续创建更多的 Pod 直到所有集群资源耗尽。如果在云中运行 VM 的自动伸缩环境，那么我们将花费大量的成本。这个问题的另一个方面是，如果没有 minReplicas，活动将减少，然后所有的 Pod 都可以被终止，当新的请求出现时，所有的 Pod 必须重新创建并调度。如果有开启和关闭活动两种模式，那么这个周期可以重复多次。保持副本运行的最小值可以使这种现象变得平滑。在前面的示例中，minReplicas 设置为 2，并且 maxReplicas 副本设置为 4。Kubernetes 将确保在 2～4 之间运行 Nginx 实例。

目标 CPU 利用率处于较高水平。让我们把它缩写为 TPUP。如果指定一个单独的数字，但 Kubernetes 达到阈值时没有开始伸缩，这可能会导致不断的波动，平均负荷在 TPUP 周围徘徊。相反，Kubernetes 有一种宽容模式，当前（Kubernetes 1.5）硬编码为 0.1，这意味着，如果 TCUP 是 90%，那么只有当平均 CPU 利用率超过 99%（90＋0.1×90）时，才会出现伸展；只有当平均 CPU 利用率低于 81%时，才会出现收缩。

9.1.2 自定义度量

CPU 利用率是重要的度量，如果 Pod 被太多的请求消耗，那么可以进行伸展；如果它们大部分处于空闲状态，那么可以进行收缩。但 CPU 不是唯一的指标，有时甚至不是最好的度量方式。内存可能是一个重要的限制因素，甚至还有其他度量方式，例如 Pod 内部磁盘队列的深度、请求的平均延迟或服务超时的平均数量。

水平 Pod 自定义度量是在版本 1.2 中添加的 Alpha 扩展。当 ENABLE_CUSTOM_

METRICS 环境变量必须设置为 `true` 时启动集群以启用自定义度量。因为它是 Alpha 版本的功能，所以它在作为自动记录器规范的注解中需要被明确指定。

Kubernetes 要求自定义度量具有 cAdvisor 端点配置，这是 Kubernetes 理解的标准接口。当开发者暴露应用度量作为 cAdvisor 度量端点时，Kubernetes 可以与开发者一起处理自定义度量，就像它自己的内置度量。配置自定义度量端点是用 `definition.json` 文件创建一个 `ConfigMap`，该文件作为挂载在`/etc/custom-metrics` 上的卷使用。

如下代码是一个示例 `ConfigMap`。

```
apiVersion: v1
kind: ConfigMap
metadata:
  name: cm-config
data:
  definition.json: "{\"endpoint\" : \"http://localhost:8080/metrics\"}"
```

由于 cAdvisor 操作在节点级别上，因此本地主机端点是节点端点。这要求容器内部的容器同时请求主机端口和容器端口，代码如下所示。

```
ports:
- hostPort: 8080
  containerPort: 8080
```

由于处于 Beta 版本，因此自定义度量需要在注解中指定。当自定义度量达到 v1 状态时，它们将作为常规字段添加。注解中的值被解释为所有运行 Pod 目标的平均度量值。例如，可以添加**每秒查询（Queries Per Second，QPS）**自定义度量。代码如下所示。

```
annotations:
    alpha/target.custom-metrics.podautoscaler.kubernetes.io:
'{"items":[{"name":"qps", "value": "10"}]}'
```

在这一点上，可以像内置的 CPU 优化百分比一样处理自定义度量。如果所有 Pod 的平均值超过目标值甚至更多，那么 Pod 将被扩展到最大限度；如果平均值低于目标值价值，则 Pod 将被收缩到最低限度。

当存在多个度量时，水平 Pod 自动伸缩器将扩展以满足需要。例如，如果度量 A 可以满足 3 个 Pod，而度量 B 可以满足 4 个 Pod，则 Pod 将扩大到 4 个副本。

默认情况下，目标 CPU 百分比为 80%。有时，CPU 可以是任何值，读者可能想要根据其他度量来伸缩用户的 Pod。确保 CPU 与自动伸缩决策无关，可以把它设置为一个无法达到的值，比如 999999。现在，自动伸缩器将只考虑其他度量。因为 CPU 利用率总是低于目标 CPU 利用率。

9.1.3　使用 Kubectl 自动伸缩

Kubectl 可以创建一个自动伸缩器使用标准的 Create 命令接受配置文件。但 Kubectl 也有一个特殊的命令——Autoscale，这使开发者可以轻松地在一个命令中设置自动伸缩器而不需要特殊的配置文件。

（1）首先，启动一个副本控制器，确保一个 Pod 上有 3 个副本，运行一个无限 Bash 循环，代码如下所示。

```
apiVersion: v1
kind: ReplicationController
metadata:
   name: bash-loop-rc
spec:
   replicas: 3
   template:
     metadata:
       labels:
         name: bash-loop-rc
     spec:
       containers:
         - name: bash-loop
           image: ubuntu
           command: ["/bin/bash", "-c", "while true; do sleep 10;
                     done"]
```

（2）创建一个副本控制器，代码如下所示。

```
> kubectl create -f bash-loop-rc.yaml
replicationcontroller "bash-loop-rc" created
```

（3）如下代码是生成的副本控制器。

```
> kubectl get rc
NAME            DESIRED     CURRENT     READY     AGE
bash-loop-rc    3           3           3         1m
```

（4）可以看到期望和当前计数均为 3，意味着 3 个 Pod 在运行。让我们验证一下，代码如下所示。

```
> kubectl get pods
NAME                READY     STATUS      RESTARTS    AGE
bash-loop-rc-61k87  1/1       Running     0           50s
```

```
bash-loop-rc-7bdtz    1/1      Running   0      50s
bash-loop-rc-smfrt    1/1      Running   0      50s
```

（5）现在，来创建一个自动伸缩器。为了使它更加有趣，我们将设置最小副本数为 4，最大副本数为 6，代码如下所示。

```
> kubectl autoscale rc bash-loop-rc --min=4 --max=6 --cpu--
percent=50
replicationcontroller "bash-loop-rc" autoscaled
```

（6）如下代码是水平的 Pod 自动伸缩器（可以使用 hpa）。它显示了引用副本控制器、目标和当前 CPU 百分比，以及 min/max Pod 数量。名称与引用的副本控制器匹配：

```
> kubectl get hpa
NAME           REFERENCE      TARGET    CURRENT    MINPODS    MAXPODS    AGE
bash-loop-rc   bash-loop-rc   50%       0%         4          6          7s
```

（7）最初，副本控制器被设置为具有 3 个副本，但是自动伸缩器的最小值是 4。那么对副本控制器来说，现在所需的副本数是 4。如果平均 CPU 利用率超过 50%，那么它可能攀升到 5 甚至 6。代码如下所示。

```
> kubectl get rc
NAME           DESIRED     CURRENT     READY     AGE
bash-loop-rc   4           4           4         7m
```

（8）为了确保所有的工作顺利完成，从另一个角度观察 Pod。注意新的 Pod（58s）由自动伸缩器产生，代码如下所示。

```
> kubectl get pods
NAME                 READY     STATUS     RESTARTS     AGE
bash-loop-rc-61k87   1/1       Running    0            8m
bash-loop-rc-7bdtz   1/1       Running    0            8m
bash-loop-rc-smfrt   1/1       Running    0            8m
bash-loop-rc-z0xrl   1/1       Running    0            58s
```

（9）当删除水平 Pod 自动伸缩器时，副本控制器保留最后希望的副本数（在这种情况下为 4）。代码如下所示。

```
> kubectl delete hpa bash-loop-rc
horizontalpodautoscaler "bash-loop-rc" deleted
```

（10）如读者所见，即使自动伸缩器消失，副本控制器仍未被重置，保持为 4。代码如下所示。

```
> kubectl get rc
NAME            DESIRED     CURRENT     READY       AGE
bash-loop-rc    4           4           4           9m
```

让我们试一试其他情况。如果创建一个新的水平 Pod——具有 2～6 的范围和相同的 CPU 目标为 50% 的自动伸缩器，会发生什么？代码如下所示。

```
> kubectl autoscale rc bash-loop-rc --min=2 --max=6 --cpu-percent=50
replicationcontroller "bash-loop-rc" autoscaled
```

副本控制器仍然保持它的 4 个副本，并在范围之内，代码如下所示。

```
> kubectl get rc
NAME            DESIRED     CURRENT     READY       AGE
bash-loop-rc    4           4           4           9m
```

然而，实际 CPU 利用率为零，或者接近于零。副本数应该已经缩减为两个副本。让我们看一看水平 Pod 自动伸缩器本身，代码如下所示。

```
> kubectl get hpa
NAME            REFERENCE       TARGET      CURRENT     MINPODS     MAXPODS     AGE
bash-loop-rc    bash-loop-rc    50%         <waiting>   2           6           1m
```

密钥对象是当前 CPU 的度量，处于<waiting>状态。这意味着自动伸缩器尚未从 Heapster 接收到最新信息，因此没有理由伸缩副本控制器中的副本数量。

9.2　用自动伸缩进行滚动更新

滚动更新是管理大型集群的基石。Kubernetes 支持在副本控制器级别上并使用部署进行滚动更新。使用副本控制器的滚动更新与水平 Pod 自动伸缩器不兼容。原因是，在滚动部署期间，一个新的副本控制器被创建，水平 Pod 自动伸缩器仍然绑定到旧的副本控制器。不幸的是，直观的 Kubectl 滚动更新命令触发副本控制器进行滚动更新。

由于滚动更新是如此的重要，我建议总是将水平 Pod 自动伸缩器绑定到部署对象，而不是副本控制器或副本集。当水平 Pod 自动伸缩器被绑定到 deployment 时，它可以在部署规范中设置副本，并让部署负责必要的底层滚动更新和复制。

如下代码是用于 deployment 的 hue-reminders 服务的配置文件。

```
apiVersion: extensions/v1beta1
kind: Deployment
metadata:
  name: hue-reminders
```

```
spec:
  replicas: 2
  template:
    metadata:
      name: hue-reminders
      labels:
        app: hue-reminders
    spec:
      containers:
      - name: hue-reminders
        image: g1g1/hue-reminders:v2.2
        ports:
        - containerPort: 80
```

为了支持自动伸缩，并确保总是运行 10～15 个实例，我们可以创建一个 autoscaler 配置文件，代码如下所示。

```
apiVersion: autoscaling/v1
 kind: HorizontalPodAutoscaler
 metadata:
   name: hue-reminders
   namespace: default
 spec:
  maxReplicas: 15
  minReplicas: 10
  targetCPUUtilizationPercentage: 90
  scaleTargetRef:
    apiVersion: v1
    kind: Deployment
    name: hue-reminders
```

scaleTargetRef 字段的 kind 现在用 Deployment 而不是 Replication Controller。这很重要，因为我们可能有一个同名的副本控制器。为了消除歧义并确保水平 Pod 自动伸缩器被绑定到正确的对象，kind 和 name 必须匹配。我们也可以使用 kubectl autoscale 命令，代码如下所示。

```
> kubectl autoscale deployment hue-reminders --min=10--max=15
  --cpu-percent=90
```

9.3　用限制和配额处理稀缺资源

随着水平 Pod 自动伸缩器动态创建 Pod，需要考虑管理我们的资源。调度很容易失控，资源的低效利用是一个真正值得关注的问题。有几个因素以微妙的方式相互作用。

- 总体集群性能。
- 每个节点的资源粒度。
- 每个命名空间的工作负载划分。
- DaemonSet。
- 有状态服务集（StatefulSet）。

首先，让我们理解核心问题。Kubernetes 调度器在调度 Pod 时必须考虑所有上述因素。如果存在冲突或者许多重叠的需求，那么 Kubernetes 可能无法找到调度新 Pod 的空间。例如，一个非常极端但非常简单的场景是，DaemonSet 在每个节点上运行一个 Pod，它需要 50%的可用内存。现在，Kubernetes 不能调度任何需要超过 50%内存的 Pod，因为 DaemonSet Pod 具有优先权。即使提供新的节点，DaemonSet 也会立即占用一半内存。

StatefulSet 与 DaemonSet 相似，因为它们都需要新的节点才能扩展。向 StatefulSet 添加新成员的触发器是在数据中增长的，但是其影响是从 Kubernetes 可用的池中获取资源来调度其他成员。在多租户的情况下，嘈杂的邻居问题可能会在供应或资源分配上下文中出现。可以在 Pod 之间的命名空间及其资源需求之间仔细地计划精确的配给，但是读者可以与来自其他命名空间的邻居共享实际节点，这些命名空间读者自己甚至可能无法访问。

通过合理地使用命名空间资源配额以及仔细管理跨多个资源类型（如 CPU、内存和存储）的集群容量，可以解决大部分问题。

9.3.1　启用资源配额

大多数 Kubernetes 发行版支持资源配额。API servers' --admission-control 标志必须具有 ResourceQuota 作为其参数之一。读者还必须创建 ResourceQuota 对象来执行它。注意，每个命名空间最多可能有一个 ResourceQuota 对象，以防止潜在冲突。这是 Kubernetes 强制的。

9.3.2　资源配额类型

我们可以管理和控制的配额有不同的类型。类别是计算、存储和对象。

1．计算资源配额

计算资源是 CPU 和内存。对于它们，读者可以指定限制或请求一定的数量。下面是计算相关字段的列举。请注意，requests.cpu 可以被指定为 cpu，并且 requests.memory

可以被指定为内存。

- `limit.cpu`：在非终端状态的所有 Pod 中，CPU 限制的总和不能超过该值。
- `limit.memory`：在非终端状态的所有 Pod 中，内存限制的总和不能超过该值。
- `requests.cpu`：在非终端状态下的所有 Pod 中，CPU 请求的总和不能超过该值。
- `requests.memory`：在非终端状态的所有 Pod 中，内存请求的总和不能超过该值。

2. 存储资源配额

存储资源配额类型稍微复杂一点。有两个参数可以限制每个命名空间：存储量和持久存储卷请求的数量。但是，除在全局设置总存储量或持久存储卷声明总数的配额之外，还可以对每个存储类进行设置。存储类资源配额的标记有点冗长，但它可以完成任务。

- `requests.storage`：在所有持久存储卷声明中，存储请求的总和不能超过该值。
- `persistentvolumeclaims`：可以存在于命名空间中的持久性存储卷请求的总数。
- `<storage-class>.storageclass.storage.k8s.io/requests.storage`：在与存储类名称相关联的所有持久存储卷声明中，存储请求的总和不能超过该值。
- `<.-class>.storage class...k8s.io/persistent.eclaims`：在与存储类名称相关联的所有持久存储卷请求中，存储请求的总和不能超过该值。
- `<storage-class>.storageclass.storage.k8s.io/persistentvolumeclaims`：在与存储类名称相关联的所有持久存储卷声明中，这是命名空间中可能存在的持久存储卷声明的总数。

3. 对象计数配额

Kubernetes 还有另一类资源配额，即 API 对象。我猜测，目标是保护 KubernetesAPI 服务器不必管理太多对象。记住，Kubernetes 在后台进行了大量工作。它经常需要通过查询多个对象来验证、授权并确保操作不违反可能存在的任何一个策略。一个简单的例子是基于副本控制器的 Pod 调度。假设读者有 10 亿个副本控制器对象。也许读者只有 3 个 Pod，大多数副本控制器都有零副本。尽管如此，Kubernetes 还是会花费所有的时间来验证这 10 亿个副本控制器确实没有其 Pod 模板的副本，并且它们不需要杀死任何 Pod。这是一个极端的例子，但是这个概念是适用的。太多的 API 对象对 Kubernetes 来说意味着过多的工作。

对象过多是可以被限制的。例如，可以限制副本控制器的数量，但不能限制副本集，副本集几乎是副本控制器的改进版本，但如果副本集太多，则可以造成完全相同的损害。命名空间的数量没有限制。因为所有的限制都是基于每个命名空间的，所以通过创建太多的命名空间，读者可以轻松地克服 Kubernetes，其中每个命名空间只有少量的 API 对象。

下面是所有支持的对象。

- `ConfigMaps`：命名空间中可以存在的配置映射的总数。
- `PersistentVolumeClaims`：命名空间中可以存在的持久性存储卷请求的总数。
- `Pods`：非终端状态下命名空间中 Pod 的总数。Pod 在终端状态下的判断标准是 `status.phase`（`Failed` 或 `Successded`）是否为 `true`。
- `ReplicationControllers`：命名空间中可以存在的副本控制器的总数。
- `ResourceQuotas`：命名空间中可以存在的资源配额总数。
- `Services`：命名空间中可以存在的服务总数。
- `Services.LoadBalancers`：命名空间中可以存在的负载均衡器服务的总数。
- `Services.NodePorts`：命名空间中可以存在的节点端口服务的总数。
- `Secrets`：命名空间中可以存在的密钥对象总数。

9.3.3 配额范围

一些资源（如 Pod）可能处于不同的状态，并且对于这些不同的状态有不同的配额。例如，如果有 Pod 正在终止（这在滚动更新期间经常发生），那么即使总数超过配额，也可以创建更多的 Pod。

这可以通过仅将 pod 对象 `count quota` 应用于 `non-terminating` 的 Pod 来实现。以下是现有的范围。

- `Terminating`：匹配的 Pod，其中 `spec.activeDeadlineSeconds` ≥ 0。
- `NotTerminating`：匹配的 Pod，其中 `spec.activeDeadlineSeconds` 为 `nil`。
- `BestEffort`：匹配具有最佳服务质量的 Pod。
- `NotBestEffort`：匹配不具有最佳服务质量的 Pod。

虽然 `BestEffort` 的范围仅为 Pod，但是 `Terminang`、`NotTerminang` 和 `NotBestEffort` 的范围也适用于 CPU 和内存。这很有趣，因为资源配额限制可以防止 Pod 终止。以下是被支持的对象。

- `cpu`。
- `limits.cpu`。

- limits.memory。
- memory。
- pod。
- requests.cpu。
- requests.memory。

9.3.4　请求与限制

资源配额上下文中请求和限制的含义是，它要求容器显式地指定目标属性。这样，Kubernetes 可以管理总配额，因为它确切地知道每个容器的资源分配范围。

9.3.5　使用配额

让我们先创建一个 namespace，代码如下所示。

```
> kubectl create namespace ns
namespace "ns" created
```

1．使用特定命名空间的 context

当使用除默认值之外的命名空间时，我更喜欢使用 context，因此不必为每个命令都输入--namespace=ns，代码如下所示。

```
> kubctl config set-context ns -cluster=minikube -user=minikube -
namespace=ns
Context "ns" set.
> kubectl config use-context ns
Switched to context "ns".
```

2．创建配额

（1）创建一个 compute quota 对象，代码如下所示。

```
apiVersion: v1
kind: ResourceQuota
metadata:
  name: compute-quote
spec:
  hard:
    pods: "2"
    requests.cpu: "1"
    requests.memory: 20Mi
```

```
    limits.cpu: "2"
    limits.memory: 2Gi

> kubectl create -f compute-quota.
resourcequota "compute-quota" created
```

（2）添加 count quota 对象，代码如下所示。

```
apiVersion: v1
kind: ResourceQuota
metadata:
  name: object-counts-quota
spec:
  hard:
    configmaps: "10"
    persistentvolumeclaims: "4"
    replicationcontrollers: "20"
    secrets: "10"
    services: "10"
    services.loadbalancers: "2"

> kubectl create -f .\object-count-quota.yaml
resourcequota "object-counts" created
```

（3）我们可以观察所有的配额，代码如下所示。

```
> kubectl get quota
NAME                AGE
compute-resources   16m
object-counts       3m
```

（4）可以用 describe 来获取所有信息，代码如下所示。

```
kubectl describe quota compute-resources
Name:               compute-resources
Namespace:          ns
Resource            Used    Hard
--------            ----    ----
Limits.cpu          0       2
limits.memory       0       2Gi
pods                0       2
requests.cpu        0       1
requests.memory     0       20Mi
> kubectl describe quota object-counts
Name:               object-counts
Namespace:          ns
```

```
Resource                     Used      Hard
--------                     ---       ----
configmaps                   0         10
persistentvolumeclaims       0         4
replicationcontrollers       0         20
secrets                      1         10
services                     0         10
services.loadbalancers       0         2
```

这个视图使我们能够立即了解跨集群的重要资源的全局使用情况，而不必深入太多单独的对象中。

（1）让我们将 Nginx 服务器添加到 namespace，代码如下所示。

```
> kubectl run nginx --image=nginx --replicas=1
deployment "nginx" created
> kubectl get pods
No resources found.
```

（2）没有找到资源。但是，在创建 deployment 时没有错误。让我们检查一下 deployment，代码如下所示。

```
> kubectl describe deployment nginx
Name:                    nginx
Namespace:               ns
CreationTimestamp:       Wed, 25 Jan 2017 20:34:25 +0800
Labels:                  run=nginx
Selector:                run=nginx
Replicas:                0 updated | 1 total | 0 available | 1
unavailable
StrategyType:            RollingUpdate
MinReadySeconds:         0
RollingUpdateStrategy:   1 max unavailable, 1 max surge
Conditions:
  Type                   Status    Reason
  ----                   ------    ------
  Available              True      MinimumReplicasAvailable
  ReplicaFailure         True      FailedCreate
OldReplicaSets:          <none>
NewReplicaSet:           nginx-1790024440 (0/1 replicas created)
```

它是被高亮显示的部分。ReplicationFailure 为 true，原因是 FailedCreate。可以看到，部署创建了一个名为 nginx-1790024440 的新副本集，但是它无法创建应该创建的 Pod。我们不知道为什么。让我们查看副本集，代码如下所示。

```
> kubectl describe replicaset nginx-1790024440
Name:              nginx-1790024440
Namespace:         ns
Image(s):          nginx
Selector:          pod-template-hash=1790024440,run=nginx
Labels:            pod-template-hash=1790024440
                   run=nginx
Replicas:          0 current / 1 desired
Pods Status:       0 Running / 0 Waiting / 0 Succeeded / 0 Failed
No volumes.
Events:
  FirstSeen       LastSeen        Count   From
SubObjectPath     Type            Reason          Message
  ---------       -------         -----   ----
  -----------     -------         ------          -------
    3m            1m              16      {replicaset-controller
}                 Warning         FailedCreate    Error creating:
pods "nginx-1790024440-" is forbidden: failed quota: compute-quote: must
specify limits.cpu,limits.memory,requests.cpu,requests.memory
```

输出内容非常宽泛，它重叠了几行，但是消息是清晰的。由于命名空间中存在计算配额，因此每个容器必须指定其 CPU、内存请求和限制。配额控制器必须考虑每个容器计算资源的使用情况，以确保所有命名空间配额得到满足。

我们理解这个问题，但如何解决呢？一种方法是为我们要使用的每个 Pod 类型创建一个专用的 deployment 对象，并仔细设置 CPU、内存请求和限制。但如果不确定怎么办？如果有很多 Pod 类型，我们不想管理一组 deployment 配置文件呢？

另一种解决方案是在运行 deployment 时指定命令行上的限制，代码如下所示。

```
kubectl run nginx \
  --image=nginx \
  --replicas=1 \
  --requests=cpu=100m,memory=4Mi \
  --limits=cpu=200m,memory=8Mi \
  --namespace=ns
```

这是可行的，但是用大量的参数来创建部署是管理集群的一种非常脆弱的方式，代码如下所示。

```
> kubectl get pods
NAME                    READY   STATUS    RESTARTS   AGE
nginx-2199160687-zkc2h  1/1     Running   0          2m
```

3．使用默认计算配额的限制范围

（1）更好的方法是指定默认的计算限制，输入限制范围。下面是一个设置容器默认值的配置文件，代码如下所示。

```
apiVersion: v1
kind: LimitRange
metadata:
  name: limits
spec:
  limits:
  - default:
      cpu: 200m
      memory: 6Mi
  defaultRequest:
      cpu: 100m
      memory: 5Mi
    type: Container


> kubectl create -f limits.yaml
limitrange "limits" created
```

（2）如下代码是当前的默认 limits。

```
kubectl describe limits limits
Name:          limits
Namespace:     quota-example
Type      Resource  Min   Max   Default Request   Default Limit
Max Limit/Request Ratio
----      --------  ---   ---   ---------------   -------------
-----------------------
Container memory  -     -     5Mi               6Mi
Container cpu     -     -     100m              200m
```

（3）现在，让我们再次运行 Nginx，而不指定任何 CPU 或内存请求和限制。但是首先，我们要删除当前的 Nginx 部署，代码如下所示。

```
> kubectl delete deployment nginx
deployment "nginx" deleted
> kubectl run nginx --image=nginx --replicas=1
deployment "nginx" created
Let's see if the pod was created. Yes it was!
> kubectl get pods
NAME                    READY    STATUS    RESTARTS    AGE
nginx-701339712-41856   1/1      Running   0           1m
```

9.4　选择与管理集群性能

通过 Kubernetes 的水平 Pod 自动伸缩、DaemonSet、StatefulSet 和配额，我们可以扩展和控制 Pod、存储和其他对象。然而最终，我们受限于 Kubernetes 集群可用的物理（虚拟）资源。如果所有节点以 100% 的性能运行，则需要向集群添加更多节点。没有办法绕过它。Kubernetes 将无法扩大规模。另一方面，如果读者有动态的工作负载，那么 Kubernetes 可以缩小读者的 Pod，但是即使没有相应地缩小节点，读者仍然会为超出性能付出代价。在云中，读者可以停止并启动实例。

9.4.1　选择节点类型

一个简单的解决方案是，选择具有已知数量的 CPU、内存和本地存储的单个节点类型。但这通常不是最有效和最划算的解决方案。它使性能规划变得简单，因为唯一的问题是需要多少个节点。无论何时添加节点，都会向集群中添加已知数量的 CPU 和内存，但集群中的大多数 Kubernetes 集群和组件处理不同的工作负载。我们可能有一个流处理管道，其中许多 Pod 接收一些数据并在一个地方处理它。这种工作占用大量 CPU，可能需要，也可能不需要大量内存。其他组件（如分布式内存缓存）需要大量内存，但 CPU 占用非常少。Cassandra 集群等组件需要多个 SSD 磁盘连接到每个节点。

对于每种类型的节点，读者都应该考虑适当的标记，并确保 Kubernetes 调度被设计为在该节点类型上运行的 Pod。

9.4.2　选择存储解决方案

存储是伸缩集群的一大要素。可扩展存储解决方案有 3 类。
● 自我伸缩。
● 使用云平台存储解决方案。
● 使用集群外解决方案。

当自我伸缩时，读者会在 Kubernetes 集群中安装某种类型的存储解决方案。好处是灵活和具有完全控制权，但读者必须自行管理和伸缩。当使用云平台存储解决方案时，读者会得到很多开箱即用的东西，但是读者会失去控制权，通常会付出更多代价，具体取决于可能锁定到该提供商的服务。

当使用集群外解决方案时，数据传输的性能和成本可能会更高。如果需要与现有系统集成，则通常使用此选项。当然，大型集群可能具有来自所有类别的多个数据存储区。

这是必须做出的重要决定之一，读者的存储需求可能会随着时间的推移而改变和发展。

9.4.3　交易成本与响应时间

如果成本不是问题，则读者可以超出需要地供应集群。每个节点都有可用的最佳硬件配置，将拥有比处理工作负载所需更多的节点，并且将拥有大量的可用存储。但成本永远是一个问题！

起初可能会遇到过度配置的情况，而集群无法处理很多流量。读者可能只运行 5 个节点，即使大部分时候两个节点就足够了。把所有内容乘以 1 000，如果有几千台空闲机器和 PB 级的空闲存储，就会有人来问读者问题。

因此，必须仔细测量和优化，得到 99.999 99%的资源利用率。祝贺读者，刚刚创建了一个系统，它不能在请求丢失或延迟响应的情况下处理额外的负载或单个节点的故障。

读者需要找到中间立场。理解工作负载的典型波动，并考虑具有过剩容量与减少的响应时间或处理能力的成本/收益比。

有时，如果有严格的可用性和可靠性要求，则可以在系统中构建冗余，然后通过设计冗余供应。例如，读者希望能够在没有停机和没有明显影响的情况下热交换发生故障的组件。或许读者甚至不会失去一笔交易，在这种情况下，将对所有关键组件进行实时备份，并且额外的性能可用于减轻临时波动，而无须任何特殊的操作。

9.4.4　有效使用多节点配置

有效的性能规划要求读者了解系统的使用模式和每个组件所能处理的负载。这可能包括在系统内部生成的大量数据流。当对典型的工作负载有深入的理解时，可以查看工作流以及哪些组件处理负载的哪些部分。然后，可以计算 Pod 的数量和它们的资源需求。根据我的经验，存在一些相对固定的工作负载可以预见性地变化（如办公时间与非办公时间），然后就拥有了行为不规则的完全疯狂的工作负载。读者必须根据每个工作负载进行计划，并且可以设计若干系列的节点配置，这些配置可用于调度与匹配特定工作负载的 Pod。

9.4.5　利用弹性云资源

大多数云提供商都允许用户自动伸缩实例，这是对 Kubernetes 水平 Pod 自动伸缩的完美补充。如果使用云存储，则它也会快速增长，而不需要读者做任何事情。然而，有一些需要意识到的问题。

1. 自动伸缩实例

所有的大型云提供商都有准备就绪的自动伸缩实例。虽然存在一些差异，但是基于 CPU 利用率的伸展和收缩总是可用的，有时自定义的度量也是可用的。有时还提供负载均衡。正如读者所看到的，这里有一些与 Kubernetes 重叠的部分。如果云提供商没有足够的、适当控制的自动伸缩，那么读者可以相对轻松地靠自己滚动集群，监视集群资源的使用并调用云 API 来添加或删除实例。读者可以从 Kubernetes 中提取度量。图 9.2 说明了如何基于 CPU 负载监视器添加两个新实例。

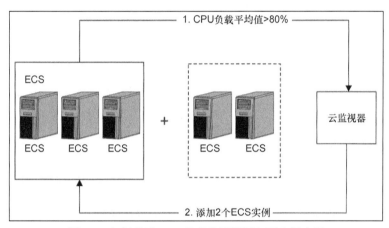

图 9.2　如何基于 CPU 负载监视器添加两个新实例

2. 注意云配额

当与云提供商合作时，最让人恼火的事情是配额。我曾与 4 个不同的云提供商（AWS、GCP、Azure 和阿里云）一起工作，而且在某个时候我总是被配额所困扰。配额的存在是为了让云提供商自己进行性能规划，但是从读者的角度来看，还有一件事情可能会大吃一惊。设想一下，设置了一个运行起来像魔术一样漂亮的自动伸缩系统，但是当达到 100 个节点时，系统突然无法伸缩。读者很快就会发现，限制为 100 个节点，并打开了配额以增加支持。然而，必须批准配额请求，这可能需要一两天。同时，读者的系统无法处理负载。

3. 精心管理区域

云平台是在区域和可用地区中组织的。一些服务和机器配置仅在某些区域可用。云配额也在区域层面上进行管理。区域内数据传输的性能和成本比跨地区低得多（通常是免费的）。当规划自己的集群时，读者应该仔细考虑地理分布策略。如果需要跨多个区域运行集群，那么可能需要做出一些关于冗余、可用性、性能和成本的艰难决策。

9.4.6 考虑 Hyper.sh

`Hyper.sh` 是一个容器感知的托管服务。只需启动容器。该服务负责分配硬件。容器在几秒内启动。对于新的 VM，用户可能会等待几分钟。Hypernetes 是 `Hyper.sh` 上的 Kubernetes，它完全消除了扩展节点的需要，因为就读者而言，没有节点，只有容器（或 Pod）。

在图 9.3 中可以看到右边的 Hyper 容器是如何直接在多租户裸金属容器云上运行的。

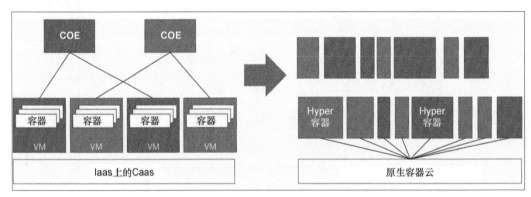

图 9.3 如何直接在多租户裸金属容器云上运行 Hyper 容器

9.5 挑战 Kubernetes 性能极限

在本节中，我们将看到 Kubernetes 团队如何推动 Kubernetes 达到极限。这些数字很能说明问题，但是一些工具和技术，比如 Kubemark，非常巧妙，读者甚至可以使用它们来测试自己的集群。通常，有一些具有 3 000 个节点的 Kubernetes 集群。最近，在 CERN，OpenStack 团队实现了每秒 200 万个请求。

Mirantis 在伸缩实验室进行了一次性能和伸缩测试，他们在 500 个物理服务器上部署了 5 000 个 Kubernetes 节点（在 VM 中）。

在本节末尾，读者将欣赏大规模改进 Kubernetes 所付出的努力和创造力，知道可以推动单个 Kubernetes 集群到什么程度以及能期望达到什么性能，并且将深入了解一些工具和技术来评估自己的 Kubernetes 集群的性能。

9.5.1 提高 Kubernetes 的性能和可扩展性

Kubernetes 团队在研究 Kubernetes 1.2 和 Kubernetes 1.3 期间，主要关注大规模 API 服务器的性能及其可伸缩性。当 Kubernetes 1.2 发布时，它在 Kubernetes 服务级别目标中支持多达 1000 个节点的集群。Kubernetes 1.3 的数量达到了 2000 个节点。稍后我们将讨论这些数字，但首先让我们看一看 Kubernetes 是如何取得这些令人印象深刻的进步的。

1. 在 API 服务器中读取缓存

Kubernetes 在 etcd 中保持系统的状态，这是非常可靠的，虽然速度不是很快。各种 Kubernetes 组件在该状态的快照上运行，并且不依赖于实时更新。这一事实允许为吞吐量而进行一些延迟。所有的快照都是由 etcd 监视器更新的。现在，API 服务器具有一个内存读取缓存，用于更新状态快照。内存读取缓存由 etcd 监视器更新。这些方案显著降低了 etcd 的负载，并提高了 API 服务器的整体吞吐量。

2. Pod 生命周期事件生成器

增加集群中节点的数量是水平可伸缩性的关键，但 Pod 密度也是至关重要的。Pod 密度是指 Kubelet 在一个节点上可以有效管理的 Pod 数量。如果 Pod 密度低，那么读者不能在一个节点上运行太多的 Pod。这意味着可能无法从更强大的节点（每个节点有更多的 CPU 和内存）中受益，因为 Kubelet 将不能管理更多的 Pod。

另一种选择是迫使开发人员对他们的设计进行妥协，创建粗粒度的 Pod，每个 Pod 做更多的工作。理想情况下，当涉及 Pod 粒度时，Kubernetes 不应该强迫用户。Kubernetes 团队非常了解这一点，并投入了大量的工作来提高 Pod 密度。

在 Kubernetes 1.1 中，官方（测试和宣传）的数量是每个节点包含 30 个 Pod。实际上，我在 Kubernetes 1.1 上的每个节点运行 40 个 Pod，但我为此付出了过多的 Kubelet 开销，导致从工作的 Pod 中偷走了 CPU。在 Kubernetes 1.2 中，每个节点增加到 100 个 Pod。

Kubelet 经常在自己的 goroutine 中不断地轮询每个 Pod 容器运行时。这给容器运行时带来了很大的压力，在性能达到高峰时存在可靠性问题，尤其是 CPU 利用率。解决方案是 **Pod 生命周期事件生成器**（**Pod Lifecycle Event Generator, PLEG**）。PLEG 工作的方式是列出所有的容器和容器的状态，并将其与先前的状态进行比较。所有的 Pod 和容器一次处理完成。然后，通过比较状态与先前状态，PLEG 知道哪些 Pod 需要再次同步，并且只调用那些 Pod。这种变化导致 Kubelet 和容器运行时 CPU 使用率降低为原来的四分之一。它还减少了轮询周期，提高了响应性。

图 9.4 显示了 Kubernetes 1.1 上的 120 个 Pod 与 Kubernetes 1.2 的 CPU 利用率。可以很清楚地看到 4X 因子。

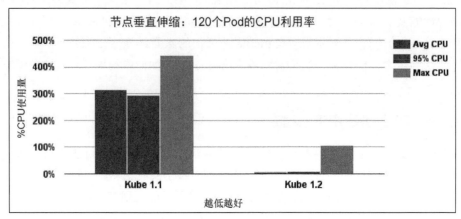

图 9.4　Kubernetes 1.1 上的 120 个 Pod 与 Kubernetes 1.2 的 CPU 利用率

3．用协议缓冲区序列化 API 对象

API 服务器有一个 REST API。REST API 通常使用 JSON 作为它们的序列化格式，而 Kubernetes API 服务器也不例外。然而，JSON 序列化意味着需要封装和解封 JSON 到本地数据结构。这是一项代价巨大的操作。在大规模的 Kubernetes 集群中，很多组件需要频繁地查询或更新 API 服务器。所有 JSON 解析和合成的成本快速增加。在 Kubernetes 1.3 中，Kubernetes 团队添加了一个高效的协议缓冲区序列化格式。JSON 格式仍然存在，但是 Kubernetes 组件之间的所有内部通信都使用协议缓冲区序列化格式。可以有计划迁移到 etcd v3，它有几个 Kubernetes 驱动的更改（比如使用 gRPC 而不是 HTTP+JSON 作为 etcd API）。这种变化可以提供额外的 30%的性能改进。

9.5.2　测量 Kubernetes 的性能和可伸缩性

为了提高性能和可伸缩性，读者应该对想要改进的内容以及如何度量这些改进有一个合理的概念。读者还必须确保在寻求提高性能和可伸缩性时不违反基本的属性和保证。我喜欢性能改进的原因是，它们经常免费提供可扩展性的改进。例如，如果一个 Pod 需要节点 50%的 CPU 来完成它的工作，而读者提高了性能，使 Pod 可以使用 33%的 CPU 来完成相同的工作，那么读者可以在该节点上运行 3 个 Pod，而不是两个 Pod，并且已经将集群的可伸缩性提高了 50%（或者减少了 33%的开销）。

1．Kubernetes SLO

Kubernetes 具有 Service Level Objective（服务水平目标，SLO）。当试图提高性能和可扩展性时，必须满足这些要求。Kubernetes 对 API 调用有 1s 响应时间（1000 ms）。在大多数情况下，它的响应时间实际上要快一个数量级。

2．测量 API 响应性

API 有许多不同的端点。没有简单的 API 响应数量。每个请求都必须单独测量。此外，由于系统的复杂性和分布式特点，更不用说网络问题，结果可能存在很大的波动性。一种可靠的方法是将 API 测量分成独立的端点，然后随着时间的推移，运行大量测试并查看百分位（这是标准实践）。

使用足够的硬件来管理大量的对象也是很重要的。Kubernetes 团队在这个测试中使用了一个 32-核 VM 和 120 GB 的主机。

图 9.5 描述了各种重要 API p50、p90 和 p99 的调用延时。读者可以看到 p90 低于 20ms。对于 DELETE Pod 操作，即使 p99 也少于 125ms，对于所有其他操作，也少于 100ms。

API 调用的另一个策略是列表操作。这些调用更具扩展性，因为它们需要在大型集群中收集大量信息，组成响应，并发送潜在的大型响应。这就是性能改进，比如内存读取缓存和协议缓冲区序列化将真正发挥作用。响应时间可以理解为大于单个 API 调用时间，但它仍然远远低于 1s（1000ms）的 SLO。

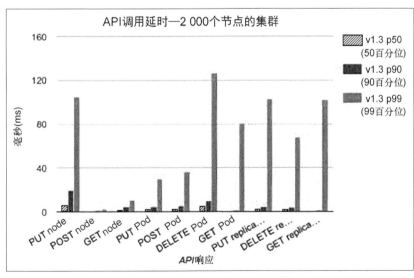

图 9.5　各种重要 API p50、p90 和 p99 的调用延时

图 9-6 所示为各种重要 API p50、p90 和 p99 的调用时间。

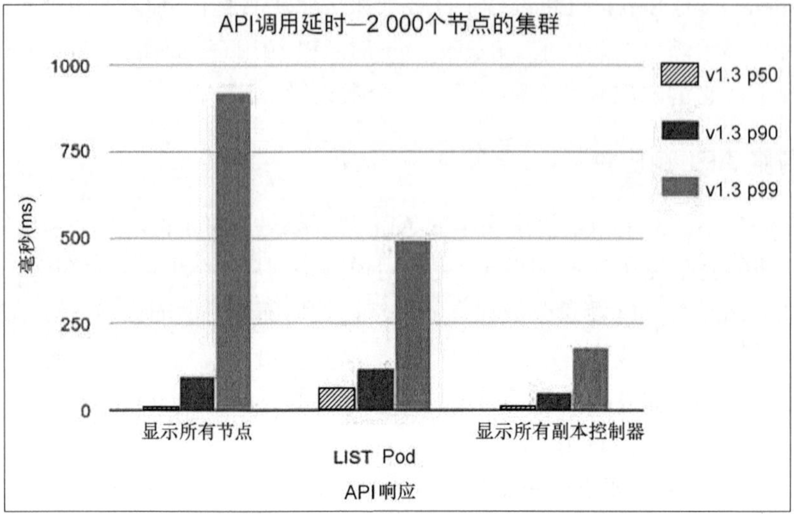

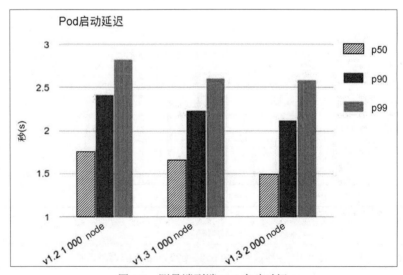

图 9.6　各种重要 API p50、p90 和 p99 的调用时间

3．测量端到端 Pod 启动时间

大型动态集群的一个重要的性能特征是端到端 Pod 启动时间。Kubernetes 总是在创建、破坏和移动 Pod。读者可以说 Kubernetes 的主要功能就是调度 Pod。

在图 9.7 中，读者可以看到 Pod 的启动时间比 API 调用更不稳定。这是有意义的，

图 9.7　测量端到端 Pod 启动时间

因为需要做很多工作，比如启动运行时的新实例，它不依赖于集群大小。在由 1000 个节点组成的群集上的 Kubernetes 1.2 中，启动 Pod 的 p99 端到端时间小于 3s。在 Kubernetes 1.3 中，p99 端到端的时间启动 Pod 超过 2.5s。值得注意的是，虽然时间非常接近，但是在拥有 2000 个节点的集群上使用 Kubernetes 1.3 比在由 1000 个节点组成的集群上要稍微好一些。

9.5.3　按规模测试 Kubernetes

具有数千个节点的集群是昂贵的。即使像 Kubernetes 这样的项目得到了 Google 和其他行业巨头的支持，也仍然需要找到合理的方法在节约成本的情况下进行测试。

Kubernetes 团队在一个真正的集群上运行一次全面的测试，每次发布至少一次，以收集真实世界的性能和可伸缩性数据。然而，还需要一种轻量级的且更便宜的方法来测试潜在的改进并检测回归，进入 Kubemark。

1.　Kubemark 工具简介

Kubemark 是一个 Kubernetes 集群，它运行称为空心节点的模拟节点，用于针对大型（空心）集群运行轻量级基准测试。在真实节点（如 Kubelet）上可用的一些 Kubernetes 组件被空心 Kubelet 替换。空心的 Kubelet 伪造了真正的 Kubelet 的大量功能。空心的 Kubelet 实际上不启动任何容器，并且它不挂载任何存储卷。但是，从 Kubernetes 集群的角度（存储在 etcd 中的状态），所有这些对象都存在，读者可以查询 API 服务器。空心 Kubelet 实际上是一个带有注入的模拟 Docker 客户端的 Kubelet，它不执行任何操作。

另一个重要的空心组件是 hollow-proxy，它模拟 Kubeproxy 组件。它再次使用真正的 Kubeproxy 代码和模拟的 proxier 接口，它不做任何事情，避免触碰 iptable。

2.　建立 Kubemark 集群

Kubemark 集群是基于 Kubernetes 的。要建立 Kubemark 集群，应执行以下步骤。

（1）创建一个规则的 Kubernetes 集群，我们可以运行 n 个空心节点。

（2）创建一个专用的 VM 来启动 Kubemark 集群的所有主组件。

（3）在 Kubernetes 集群上调度 n 个空心节点。这些空心节点被配置为与运行在专用 VM 上的 Kubemark API 服务器进行对话。

（4）通过在基础集群上调度附加组件来配置附加 Pod，并将它们配置为与 Kubemark API 服务器进行对话。

3．Kubemark 集群与真实世界集群的比较

Kubemark 集群的性能与真实性能基本相似。对于 Pod 启动端到端的延迟，差异是可以忽略不计的，而对于 API 响应性差异较大。然而，趋势是完全相同的：在实际集群中改进/回归，可以通过 Kubemark 中类似的上下降/增加来观察。

9.6　总结

在本章中，我们已经讨论了许多涉及伸缩 Kubernetes 集群的话题。我们讨论了水平 Pod 自动伸缩器如何自动管理基于 Pod 运行的 CPU 利用率或其他度量的数量，如何在自动伸缩的上下文中正确和安全地执行滚动更新，以及如何通过资源配额来处理稀缺资源。然后进行集群的物理或虚拟资源的总体容量规划和管理。最后，深入研究了一个生产案例，将单一的 Kubernetes 集群扩展到 2000 个节点。

此时，读者已经很好地理解了 Kubernetes 集群面临动态且不断增长的工作负载时要考虑的所有因素。读者有多种工具可供规划和设计自己的伸缩策略。

在第 10 章中，我们将深入高级 Kubernetes 网络。Kubernetes 有一个基于**公共网络接口（Common Networking Interface, CNI）**的网络模型，并支持多个提供商。

第 10 章
高级 Kubernetes 网络

本章将介绍网络这一重要话题。Kubernetes 作为业务流程平台管理了在不同机器上运行的容器/Pod（物理的或虚拟的），需要一个明确的网络模型。

阅读完本章，读者将理解 Kubernetes 的网络化方法，并且熟悉解决方案空间，包括标准接口、网络实现和负载均衡等方面。如果愿意，读者甚至可以编写自己的 CNI 插件。

10.1 理解 Kubernetes 网络模型

Kubernetes 网络模型是基于平面地址空间的，所有的 Pod 都可以直接看到彼此。每个 Pod 都有自己的 IP 地址。没有必要配置任何 NAT。此外，同一个 Pod 中的容器共享它们的 IP 地址，并且可以通过本地主机彼此通信。这个模型非常简单粗暴，但是一旦建立，它就将大大简化开发人员和管理员的处理方式。它使传统的网络应用程序迁移到 Kubernetes 变得特别容易。一个 Pod 代表一个传统的节点，每个容器代表一个传统的过程。

10.1.1 容器内通信（容器–容器）

运行 Pod 总是被安排在一个（物理或虚拟）节点上。这意味着所有容器都运行在同一个节点上，并且可以以各种方式相互通信，比如本地文件系统、任意 IPC 机制，或使用本地主机和熟知的端口。不同 Pod 之间不存在端口冲突的危险，因为每个 Pod 都有自己的 IP 地址，并且当 Pod 中的容器使用 localhost 时，它只应用于 Pod 的 IP 地址。因此，如果 Pod 1 中的容器 1 连接到 Pod 1 上容器 2 侦听的端口 1234，那么它将不会与 Pod 2 中的另一个容器冲突，而 Pod 2 中的另一个容器也在端口 1234 上侦听。唯一值得注意的是，如果将端口暴露给主机，就应该小心地将 Pod 与节点的关联性联系起来。这可以使用几种机制来处理，例如 DaemonSet 和 Pod 反向关联。

10.1.2　Pod 间通信（Pod–Pod）

Kubernetes 中的 Pod 被分配了一个网络可视 IP 地址（不专用于节点）。Pod 可以直接通信，而不需要网络寻址、隧道、代理或任何其他混淆层。众所周知的端口号可用于无配置通信方案。Pod 的内部 IP 地址与其他 Pod 看到的外部 IP 地址相同（该地址在集群网络中，不暴露给外部世界）。这也意味着标准命名和发现机制（如 DNS）是不可用的。

10.1.3　Pod–服务通信

Pod 可以直接使用它们自己的 IP 地址和熟知的端口相互通信，但是需要 Pod 知道彼此的 IP 地址。在 Kubernetes 集群中，Pod 被不断地销毁和创建。这个服务提供了非常有用的间接层，因为即使响应请求的实际 Pod 集不断变化，该服务也是稳定的。此外，由于每个节点上的 Kube-proxy 负责将流量重定向到正确的 Pod，因而可以自动获得高可用性的负载均衡，如图 10.1 所示。

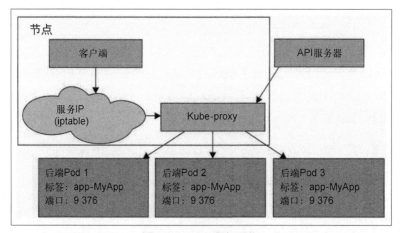

图 10.1　Pod–服务通信

10.1.4　外部访问

最终一些容器需要从外界进入。Pod IP 地址在外部是不可见的。这个服务是正确的，但外部访问通常需要两个重定向。例如，云提供商负载均衡器是 Kubernetes 可以觉察的，因此它们不能将流量直接指向特定服务，而直接指向节点运行可以处理请求的 Pod。相反，公共负载均衡器只是将流量定向到集群中的任何节点，如果当前节点没有运行必要的 Pod，则该节点上的 Kube-proxy 将再次重定向到适当的 Pod。

图 10.2 显示了右侧的外部负载均衡器如何向到达代理的所有节点发送通信量，如果需要，代理负责进一步路由。

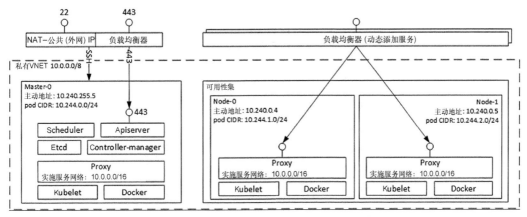

图 10.2 外部访问

10.1.5 Kubernetes 网络与 Docker 网络

虽然随着时间的推移，Docker 网络开始向 Kubernetes 模型屈服，但它仍遵循不同的模型。在 Docker 网络中，每个容器都具有自己的私有 IP 地址，该 IP 地址来自 172.xxx.xxx.xx 地址空间，仅限于其自身节点。可以通过自己的 172.xxx.xxx.xx 与同一个节点上的其他容器进行对话。对于 Docker 来说这是有意义的，因为它没有带多个交互容器的 Pod 的概念，所以它把每个容器建模为具有自己的网络身份的轻量级 VM。注意，对于 Kubernetes，在同一节点上运行的来自不同 Pod 的容器不能通过本地主机连接（除非不鼓励公开主机端口）。总的来说，Kubernetes 可以在任何地方杀死和创建 Pod，所以不同的 Pod 不应该依赖于节点上可用的其他 Pod。DaemonSet 是一个明显的例外，但是 Kubernetes 网络模型被设计用于所有用例，并且不添加用于在同一节点上不同 Pod 之间直接通信的特殊情况。

Docker 容器如何跨节点通信？容器必须向主机发布端口。显然这需要端口协调，因为如果两个容器试图发布相同的主机端口，它们就会彼此冲突。然后容器（或其他进程）连接到主机的端口，引导到容器中。缺点是容器不能自注册到外部服务，因为它们不知道主机的 IP 地址是什么。在运行容器时，可以通过将主机的 IP 地址作为环境变量传递来解决这个问题，但是这需要外部的协调并使过程复杂化。

图 10.3 显示了 Docker 的网络设置。每个容器都有它自己的 IP 地址，Docker 在每个节点上创建 docker0 桥。

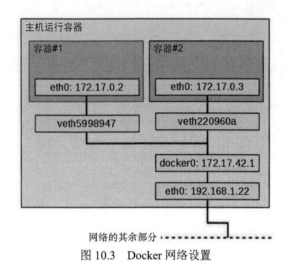

图 10.3　Docker 网络设置

10.1.6　查找与发现

为了让 Pod 和容器互相沟通，它们需要互相了解。容器有几种发现其他容器的方法。也有一些允许容器间接交互的体系结构模式。每种方法都有自己的优点和缺点。

1.　自注册

前面已经多次提到过自注册，下面便来了解其含义。当容器运行时，它知道自己 Pod 的 IP 地址。每个容器都希望集群中的其他容器可以访问，这些容器可以连接到某个注册服务并注册其 IP 地址和端口。其他容器可以查询所有注册容器的 IP 地址和端口的注册服务并连接到它们。当一个容器被平静地破坏时，它将取消注册。反之，如果一个容器不平静地死去，那就需要建立某种机制来检测它。例如，注册服务可以定期 ping 所有注册的容器，或者要求容器定期向注册服务发送 keeplive 消息。

自注册的好处是，一旦通用注册服务就位（不需要为不同目的定制它），就不必担心跟踪容器。另一个巨大的好处是容器可以采用复杂的策略，而且如果它们基于本地条件不可用，那就可以临时决定取消注册。例如，如果容器很忙，且目前不想再接收任何请求。这种智能且分散的动态负载均衡很难在全球范围内实现，它的缺点是为了定位其他容器，容器需要了解的注册服务这一非标准组件。

2．服务和端点

Kubernetes 服务可以被视为注册服务。属于服务的 Pod 是根据它们的标签自动注册的。其他 Pod 可以向上查找端点以找到所有服务 Pod；利用服务本身直接向服务发送消息，该消息将被路由到一个后端 Pod。

3．带队列的松耦合连通性

如果容器不知道它们的 IP 地址和端口，却能够互通数据会怎么样？如果大部分通信可以异步和解耦会发生什么？在许多情况下，系统可以由松耦合的组件组成，这些组件不仅不知道其他组件的身份，甚至不知道其他组件的存在。队列有助于这种松散耦合的系统。组件（容器）监听来自队列的消息、响应消息和执行它们的作业，并将消息发布到队列、进度、完成状态和错误中。队列有很多好处。

- 易于添加处理能力而不进行协调，只需添加多个侦听队列的容器。
- 易于通过队列深度跟踪总负载。
- 易于通过版本消息和/或主题实现多个版本的组件并排运行。
- 易于通过不同模式处理多个消费者请求，以实现负载均衡。

冗余队列的下限如下。

- 需要确保队列提供适当的耐用性和高可用性，因此它不会成为关键的 SPOF。
- 容器需要使用异步队列 API（可以被抽象掉）。
- 实现请求响应需要对响应队列进行一些烦琐的监听。

总的来说，队列对于大型系统是非常优秀的机制，它们可用于大型 Kubernetes 集群以简化协调系统。

4．用数据存储进行松散耦合连接

另一种松散耦合的方法是使用数据存储（如 Redis）来存储内存，然后其他容器可以读取它们。如果有可能，这不是数据存储的设计目标，其结果往往是烦琐脆弱的，而且没有很好的性能。数据存储被优化以用于数据存储而非通信。也就是说，数据存储可以连接到队列中使用，其中，组件在数据存储中存储部分数据，然后将消息发送到已经准备好进行数据处理的队列。多个组件监听消息，并开始并行处理数据。

5．Kubernetes 入口

Kubernetes 提供了一个入口资源和控制器，旨在将 Kubernetes 服务对外界公开。当然，读者可以自己定义入口，但对于特定类型的入口，如 Web 应用程序、CDN 或 DDoS 保护程序，定义所涉及的许多任务在大多数应用程序中都很常见。读者也可以编写自己的入口对象。

Ingress 对象通常用于智能负载均衡和 TLS 终止。开发者可以从内置入口中受益，而非配置和部署自己的 Nginx 服务器。如果需要刷新器，请回顾一下第 6 章，该章节用示例介绍了入口资源。

10.1.7　Kubernetes 网络插件

Kubernetes 有一个网络插件系统，因为网络非常多样化，而且不同的人希望以不同的方式实现它。Kubernetes 足够灵活，可以支持任何场景。本节将深入讨论主要的网络插件 CNI，但 Kubernetes 还附带了一个更简单的网络插件，叫作 Kubenet。在详细介绍之前，先来看一看 Linux 网络基本知识（这只是冰山一角）。

1．基本 Linux 网络

默认情况下，Linux 有一个共享的网络空间。在这个命名空间中，物理网络接口都是可访问的。但是物理命名空间可以划分为多个逻辑命名空间，这与容器网络有关。

2．IP 地址和端口

网络实体通过它们的 IP 地址来标识。服务器可以侦听多个端口上的连接。客户端可以在其网络中连接（TCP）或发送数据（UDP）到转发器。

3．网络命名空间

命名空间将一群网络设备分组，使它们可以到达同一命名空间中的其他服务器，而非在物理上位于同一网络上的服务器。链接网络或网络段可以通过网桥、交换机、网关和路由来完成。

4．虚拟以太网设备

虚拟以太网（**Virtual Ethernet, veth**）设备代表物理网络设备。当创建一个 veth 连接到物理设备时，可以分配 veth（由物理设备扩展）到命名空间，在这个命名空间中，来自于其他命名空间的设备无法直接到达，即便它们是处在相同的物理位置的网络。

5. 桥接

桥接将多个网络段连接到一个聚合网络，这样的话，所有的节点都可以相互通信。桥接是在 OSI 网络模型的 L1（物理）和 L2（数据链路）层上进行的。

6. 路由

路由通常基于路由表连接独立的网络，该路由表指导网络设备将分组转发到其目的地。路由包括各种网络设备，如路由器、网桥、网关、交换机和防火墙，此外还有常规的 Linux 盒子。

7. 最大传输单元

最大传输单元（**Maximum Transmission Unit, MTU**）可以决定网络包的大小。例如，在以太网中，默认是 1 500 字节。MTU 越大，负载和头部的比率就越大，这是好事。但不好的方面是，这将导致最小延迟的减少，因为要等待完整的数据包到达，此外，为避免失败，需要重传整个数据包。

8. Pod 网络

图 10.4 是描述通过 veth0 连接的 Pod、主机和全局之间关系的图表。

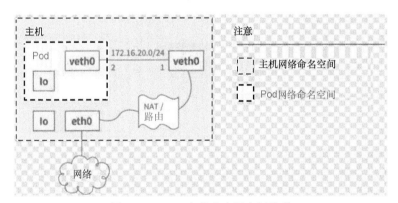

图 10.4　Pod、主机和全局之间关系

9. Kubenet

说回 Kubernetes，Kubenet 是一个网络插件。它非常简单，只需创建一个称为 `cbr0` 的 Linux 桥，并为每个 Pod 创建一个 veth。云提供商通常使用它来为节点之间或单个节点环境中的通信建立路由规则。veth 对使用主机 IP 地址范围的某个 IP 地址将每个 Pod

连接到它们的主机节点。

（1）要求

Kubenet 插件具有以下要求。

- 节点必须被赋予一个子网来为它的 Pod 分配 IP 地址。
- 标准的 CNI 桥、lo 和主机-本地插件在 0.2.0 或更高版本中是必需的。
- Kubelet 必须带 `--network-plugin=kubenet` 参数运行。
- Kubelet 必须带 `--non-masquerade-cidr=<clusterCidr>` 参数运行。

（2）设置 MTU

MTU 是网络性能的关键。Kubernetes 网络插件（如 Kubenet）尽力推断最佳 MTU，但有时它们需要人为干预。例如，如果现有的网络接口（如 Docker docker0 桥）设置了一个小的 MTU，那么 Kubenet 将重用它。另一个例子是 IPSEC，由于 IPSEC 封装的额外开销，需要降低 MTU，但是 Kubenet 网络插件没有考虑这一点。解决方案是避免依赖 MTU 的自动计算，而只是通过提供给所有网络插件的 `--network-plugin-mtu` 命令行切换告诉 Kubelet 网络插件应该使用什么 MTU。虽然目前只有 Kubenet 网络插件负责这个命令行开关。

10．容器网络接口

容器网络接口（**Container Networking Interface，CNI**）既是一个规范也是一组标准库，它用于编写网络插件以在 Linux 容器（不仅仅是 Docker）中配置网络接口。该规范实际上是从 Rkt 网络的建议发展而来的。CNI 背后有很多动力，并且它正在快速地成为业界公认的标准。使用 CNI 的一些组织如下。

- Rkt。
- Kubernetes。
- Kurma。
- Cloud Foundry。
- Mesos。

CNI 团队维护了一些核心插件，但也有很多第三方插件有助于 CNI 的成功。

- **Project Calico**：3 个虚拟网络的层。
- **Weave**：多主机 Docker 网络。
- **Contiv networking**：基于策略的网络。
- **Infoblox**：给容器提供企业级 IP 地址管理。

（1）容器运行时间

CNI 定义了用于联网应用程序容器的插件规范，但是该插件必须插入提供某些服务的容器运行时。在 CNI 的上下文中，应用程序容器是网络可寻址实体（具有其自己的 IP 地址）。对于 Docker，每个容器都有自己的 IP 地址；对于 Kubernetes，每个 Pod 也有自己的 IP 地址，并且 Pod 是 CNI 容器，而不是 Pod 中的容器。

同样，Rkt 的应用程序容器类似于 Kubernetes Pod，因为它们可能包含多个 Linux 容器。如果有疑问，请记住 CNI 容器必须有自己的 IP 地址。运行时的工作是配置网络，然后执行一个或多个 CNI 插件，将 JSON 格式的网络配置传递给它们。

图 10.5 显示了使用 CNI 插件接口与多个 CNI 插件通信的容器运行时。

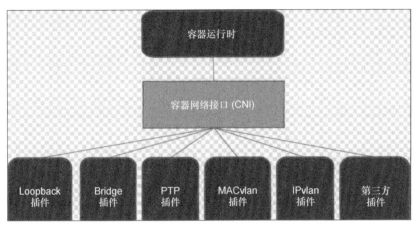

图 10.5　使用 CNI 插件接口与多个 CNI 插件通信的容器运行时

（2）CNI 插件

CNI 插件的工作是将网络接口添加到容器网络命名空间中，并通过 veth 对将容器桥接到主机。然后它应该通过 IPAM（IP 地址管理）插件分配 IP 地址和设置路由。

容器运行时（Rkt 或 Docker）将 CNI 插件作为可执行文件调用。插件需要支持以下操作。

● 添加一个容器到网络。

● 从网络中删除一个容器。

● 报告版本。

该插件使用简单的命令行接口、标准输入/输出和环境变量。JSON 格式的网络配置通过标准输入传递给插件。其他参数定义为环境变量。

● `CNI_COMMAND`：指示可进行的操作，`ADD`、`DEL` 或者 `VERSION`。

● `CNI_CONTAINERID`：容器 ID。

● `CNI_NETNS`：网络命名空间文件的路径。

● `CNI_IFNAME`：要设置的接口名称，插件必须遵守此接口名称或返回错误。

● `CNI_ARGS`：调用时由用户传递的额外参数。用分号分隔的字母数字键值对，例如 FOO=BAR;ABC=123。

● CNI_PATH：搜索 CNI 插件可执行文件的路径列表。路径由操作系统特定的列表分隔符分隔，例如在 Linux 上的分号，在 Windows 上的点句号。

如果命令成功，则插件返回零并退出代码，而且生成的接口（在 ADD 命令的情况下）将作为流式 JSON 流传输到标准输出。这个低技术的接口很聪明，因为它不需要任何特定的编程语言、组件技术或二进制 API。CNI 插件写扫描也使用他们喜欢的编程语言。

用 ADD 命令调用 CNI 插件的结果如下所示。

```
{
    "cniVersion": "0.3.0",
    "interfaces": [                     (this key omitted by IPAM plugins)
        {
            "name": "<name>",
            "mac": "<MAC address>", (required if L2 addresses are meaningful)
            "sandbox":"<netns path or hypervisor identifier>" (required for container /
hypervisor interfaces, empty / omitted for host interfaces)
        }
    ],
    "ip": [
        {
            "version": "<4-or-6>",
            "address": "<ip-and-prefix-in-CIDR>",
            "gateway": "<ip-address-of-the-gateway>",        (optional)
            "interface": <numeric index into 'interfaces' list >
        },
        ...
    ],
    "routes": [                                              (optional)
        {
            "dst": "<ip-and-prefix-in-cidr>",
            "gw": "<ip-of-next-hop>"                         (optional)
        },
        ...
    ]
    "dns": {
      "nameservers": <list - of - nameservers >             (optional)
      "domain": <name - of - local - domain >               (optional)
      "search": <list - of - additional - search - domains >(optional)
      "options": <list - of - options >                     (optional)
    }
}
```

输入网络配置包含许多信息：cniVersion、name、type、args（可选）、ipMasq

（可选）、ipam 和 dns。ipam 和 dns 参数是具有自己指定密钥的字典。如下代码是一个网络配置的例子。

```
{
  "cniVersion": "0.3.0",
  "name": "dbnet",
  "type": "bridge",
  // type (plugin) specific
  "bridge": "cni0",
  "ipam": {
   "type": "host-local",
   // ipam specific
   "subnet": "10.1.0.0/16",
   "gateway": "10.1.0.1"
  },
  "dns": {
    "nameservers": ["10.1.0.1"]
  }
}
```

请注意，可以添加其他插件特定的元素。在这种情况下，bridge:cni0 元素是特定桥插件理解的自定义元素。CNI 规范还支持网络配置列表，其中可以按顺序调用多个 CNI 插件。

10.2 节中，我们将深入研究 CNI 插件的完全实现。

10.2 Kubernetes 网络解决方案

有许多方法来建立网络和连接设备、Pod 和容器。对此，Kubernetes 一无所知。Kubernetes 规定了 Pod 的扁平地址空间的高级网络模型。在这个空间内，许多有效的解决方案是可行的，对于不同的环境具有不同的适应性和策略。在本节中，我们将检查一些可用的解决方案，并了解它们如何映射到 Kubernetes 网络模型。

10.2.1 裸金属集群桥接

最基本的环境是一个只有一个 L2 物理网络的裸金属集群。可以用 Linux 桥接设备将容器连接到物理网络。这个过程非常复杂，需要熟悉低级 Linux 网络命令，如 brctl、ip、addr、ip route、ip link 和 nsenter 等。

10.2.2　Contiv

Contiv 是一个用于容器联网的通用网络插件，可以直接与 Docker、Mesos 和 Docker Swarm 一起使用，当然也可以通过 CNI 插件与 Kubernetes 一起使用。Contiv 专注于与 Kubernetes 自己的网络策略对象重叠的网络策略。以下是 Contiv 插件的一些功能。

- 同时支持 CNM 和 CNI 网络规范。
- 一个功能丰富的策略模型，提供安全、可预测的应用程序部署。
- 容器最佳类吞吐量作业。
- 多租户、隔离和重叠子网。
- 集成 IPAM 和服务发现。
- 各种物理拓扑。
  - Layer2（VLAN）。
  - Layer3（BGP）。
  - Overlay（VXLAN）。
  - Cisco SDN 解决方案（ACI）。
- IPv6 支持。
- 可扩展的策略和路由分配。

Contiv 与应用程序蓝图的集成包括以下内容。

- Docker 组成。
- Kubernetes 部署管理器。
- 服务负载均衡是在东—西方微服务负载均衡中建立的。
- 用于存储、控制（如 etcd/consul）、网络和管理业务的业务隔离。

Contiv 有许多特点和功能。我不确定这是否是 Kubernetes 的最佳选择，因为它具备广泛适用性。

10.2.3　Open vSwitch

Open vSwitch 是一个成熟的基于软件的虚拟交换机解决方案，被许多开发者认可。开放虚拟化网络（OVN）解决方案允许开发者构建各种虚拟网络拓扑。它有一个专用的 Kubernetes 插件，但是设置它并不容易。

Open vSwitch 可以使用裸露的金属服务器、VM 和 Pod/容器连接相同的逻辑网络。它实际上支持重叠和下层模式。

以下是它的一些关键特征。

- 具有主干和访问端口的标准 802.1Q VLAN 模型。
- 在上游交换机上有（或没有）LACP 的 NIC 键合。
- NetFlow、sFlow（R）和镜像提高可见度。
- QoS（服务质量）配置和监督。
- Geneve、GRE、VXLAN、STT 和 LISP 隧道。
- 802.1ag 连通性故障管理。
- OpenFlow 1.0 以及多个扩展。
- 具有 C 和 Python 绑定的事务性配置数据库。
- 使用 Linux 内核模块进行高性能转发。

10.2.4　Nuage 网络 VCS

Nuage 网络的**虚拟化云服务**（**Virtualized Cloud Service，VCS**）产品提供了高度可伸缩的基于策略的**软件定义网络**（**Software-Defined Networking，SDN**）平台。它是一个企业级的产品，建立在数据平面的开放源码 Open vSwitch 之上，并带有基于开放标准的功能丰富的 SDN 控制器。

Nuage 平台使用覆盖层在 Kubernetes Pod 和非 Kubernetes 环境（VM 和裸金属服务器）之间提供无缝的基于策略的网络。Nuage 的策略抽象模型是根据应用思想设计的，这使为应用程序声明细粒度策略变得容易。该平台的实时分析引擎使能见度和 Kubernetes 应用程序的安全监控可用。

此外，所有的 VCS 组件都可以安装在容器中。没有特殊的硬件要求。

10.2.5　Canal

Canal 是两个开源项目的混合：Calico 和 Flannel。**Canal** 这个名字是项目名称的缩写。CoreOS 的 Flannel 专注于容器网络，而 **Calico** 专注于网络策略。最初，它们是独立开发的，但用户希望它们能一起使用。开源项目 Canal 目前是一个部署模式，用于将两个项目以独立的 CNI 插件安装。但是一个由 Calico 的创始人组成的新公司 **Tigera** 现在正在整合这两个项目，并计划加强集成性。

图 10.6 展示了 Canal 的现状以及它与容器编排器（如 Kubernetes 或 Mesos）的关系。

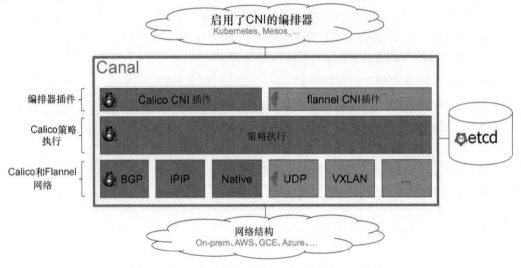

图 10.6　Canal 的现状以及它与容器编排器的关系

注意，当与 Kubernetes 集成时，Canal 不再直接使用 **etcd**，相反，它依赖于 Kubernetes 服务器。

10.2.6　Flannel

Flannel 是一个虚拟网络，它给每个主机提供一个子网，用于与容器一起使用。它在每个主机上运行一个 `Flaneld` 代理，该代理从存储在 **etcd** 中的保留地址空间中分配子网到节点。在容器和最终主机之间转发数据包是由多个后端中的一个完成的。常见的后端使用 **UDP** 通过 TUN 设备，默认情况下通过端口 8 255 进行隧道传输（确保该端口已在防火墙中打开）。

图 10.7 详细描述了 Flannel 的各种组件、它所创建的虚拟网络设备，以及它们如何与主机和 `docker0` 桥的 Pod 交互。它还显示了包的 UDP 封装以及它们在主机之间传输的方式。

其他后端包括以下内容。

- `vxlan`：在内核 VXLAN 中封装数据包。
- `host-gw`：通过远程机器 IPS 创建 IP 路由到子网。注意，这需要运行 Flannel 的主机之间的第 2 层连接。
- `aws-vpc`：在 Amazon VPC 路由表中创建 IP 路由。
- `gce`：在 Google 计算引擎网络中创建 IP 路由。
- `alloc`：只执行子网分配（不转发数据包）。
- `ali-vpc`：在阿里云 VPC 路由表中创建 IP 路由。

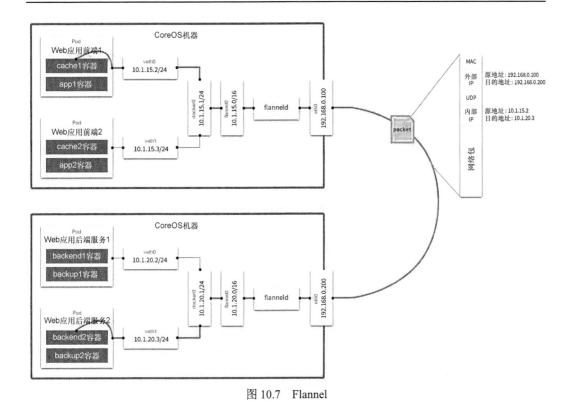

图 10.7   Flannel

10.2.7   Calico 工程

Calico 是一个多功能的虚拟网络和网络安全解决方案。Calico 可以与所有主要容器协调框架和运行时间集成，包括下面几种。

- Kubernetes（CNI 插件）
- Mesos（CNI 插件）
- Docker（libnework 插件）
- OpenStack（Neutron 插件）

Calico 还可以部署在公共场所或公共云上，并具有完整的功能集。Calico 的网络策略执行可以针对每个工作负载进行专门化，确保精确地控制流量，并且数据包总是从其源头到达经过审查的目的地。Calico 可以自动将网络策略概念映射到自己的网络策略。Kubernetes 网络策略的参考实现是 Calico。

10.2.8　Romana

Romana 是一个现代云本地容器网络解决方案。它在第 3 层操作，利用标准的 IP 地址管理技术。整个网络扫描成为孤立的单位，Romana 使用 Linux 主机来创建网关和路由到网络。在第 3 层操作意味着不需要封装。网络策略作为分布式防火墙在所有端点和服务中被强制执行。因为不需要配置虚拟覆盖网络，所以跨云平台和内部部署的混合部署更加容易。

Romana 声称其方法带来了显著的性能改进。图 10.8 显示了 Romana 如何消除与 VXLAN 封装相关的大量开销。

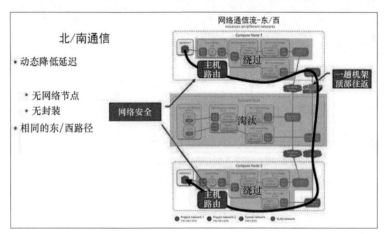

图 10.8　Romana

10.2.9　Weave Net

Weave Net 都是关于易用性和零配置的。它在每个节点上使用微型 DNS，并在底层 VXLAN 封装。开发人员的操作级别更高。可以命名容器，Weave net 可以连接和使用标准的接口服务。这有助于将现有的应用程序迁移到容器化的应用程序和微服务中。Weave Net 有一个用于与 Kubernetes（和 Mesos）相接的 CNI 插件。在 Kubernetes 1.4 及更高版本上，可以通过运行部署 DaemonSet 的单个命令来将 Weave Net 与 Kubernetes 集成。

```
kubectl apply -f https://git.io/weave-kube
```

每个节点上的 Weave Net Pod 将负责连接到 Weave 网络上的任何新的 Pod。Weave Net 支持网络策略 API，提供完整而容易设置的解决方案。

10.3　有效使用网络策略

Kubernetes 网络策略是管理选定的 Pod 和命名空间的网络流量。就像 Kubernetes 经常发生的情况一样，在部署和编排了数百个微服务的世界中，管理网络和两个 Pod 之间的连接性至关重要。关键要理解，它主要并不是一种安全机制。如果攻击者可以到达内部网络，那么他们很可能可以创建符合网络策略的自己的 Pod，并且能够与其他 Pod 自由通信。在 10.2 节中，我们讨论了不同的 Kubernetes 网络解决方案，重点讨论了容器网络接口。本节将重点讨论网络策略，因为网络解决方案和网络策略如何实现之间有很强的联系。

理解 Kubernetes 网络策略设计

网络策略是一种规范，这个规范规定如何选择 Pod 可以彼此通信以及和其他网络端点通信。NetworkPolicy 资源使用标签来选择 Pod 并定义白名单规则，这些规则允许到达所选 Pod 的通信量，与给定命名空间的隔离策略所允许的通信量无关。

网络策略和 CNI 插件

网络策略和 CNI 插件之间存在错综复杂的关系。一些 CNI 插件可以实现网络连接和网络策略，而其他插件只实现其中一个方面，但是它们可以与另一个 CNI 插件协作，从而限制另一个方面（如 Calico 和 Flannel）。

（1）配置网络策略

网络策略是通过 NetworkPolicy 资源配置的。如下代码是一个网络策略的例子。

```
apiVersion: extensions/v1beta1
kind: NetworkPolicy
metadata:
 name: test-network-policy
 namespace: default
spec:
 podSelector:
 matchLabels:
    role: db
 ingress:
 - from:
   - namespaceSelector:
     matchLabels:
        project: awesome-project
   - podSelector:
```

```
        matchLabels:
            role: frontend
  ports:
    - protocol: tcp
      port: 6379
```

（2）实施网络策略

虽然网络策略 API 本身是通用的，并且是 Kubernetes API 的一部分，但是实现与网络解决方案紧密耦合。这意味着在每个节点上有一个特殊的代理或看门程序，执行以下操作。

● 截取进入节点的所有流量。

● 验证它是否遵守网络策略。

● 转发或拒绝每个请求。

Kubernetes 提供了通过 API 定义和存储网络策略的工具。强制执行网络策略被留给网络解决方案，或与特定网络解决方案紧密集成的专用网络策略解决方案。Calico 和 Canal 是实践这种方法的典范。Calico 有自己的网络解决方案和一个协同工作的网络策略解决方案。但它也可以作为 Flannel 的一部分，在 Flannel 的顶部提供网络政策的执行。在这两种情况下，这两部分之间紧密结合。图 10.9 显示了 Kubernetes 策略控制器如何管理网络策略，以及节点上的代理如何执行它。

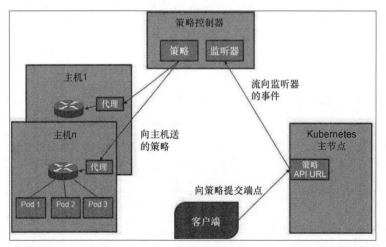

图 10.9　实施网络策略

10.4　负载均衡选项

负载均衡是诸如 Kubernetes 集群之类的动态系统中的关键功能。节点、VMs 和 Pod

不断变化，但客户端不能跟踪哪些实体可以为它们的请求提供服务。即使可以，也需要管理集群的动态映射、频繁刷新、处理掉线、无响应或者节点变慢等复杂变换。负载均衡是一个经过实践测试被充分理解的机制，它添加了一层间接机制，以隐藏集群外部的客户端或消费者的内部混乱。有外部和内部负载均衡器的选择。开发者可以相互匹配，同时使用两者。混合方法有其独特的优点和缺点，例如性能与灵活性的比较。

10.4.1 外部负载均衡器

外部负载均衡器是在 Kubernetes 集群外部运行的负载均衡器，但是必须有一个外部负载均衡器提供器，Kubernetes 可以与该提供器进行交互，配置具有健康检查、防火墙规则的外部负载均衡器，并获取负载均衡器的外部 IP 地址。

图 10.10 显示了负载均衡器（在云中）、Kubernetes API 服务器和集群节点之间的连接关系。外部负载均衡器的图景显示了这些 Pod 运行在哪些节点上，也能将外部服务流量定向到正确的 Pod。

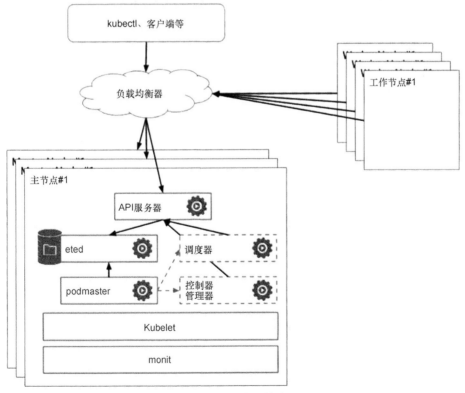

图 10.10　外部负载均衡器

1. 配置外部负载均衡器

外部负载均衡器通过服务配置文件或直接通过 Kubectl 配置。我们使用 LoadBalancer 的服务类型而不是 ClusterIP 的服务类型，它直接将 Kubernetes 节点公开为负载均衡器。这取决于在集群中正确安装和配置的外部负载均衡器提供的程序。Google 的 GKE 是经过较充分测试的提供器，但是其他云平台在它们的云负载均衡器之上提供了集成解决方案。

（1）通过配置文件

如下代码是实现该目标的示例服务配置文件。

```
{
    "kind": "Service",
    "apiVersion": "v1",
    "metadata": {
      "name": "example-service"
    },
    "spec": {
      "ports": [{
        "port": 8765,
        "targetPort": 9376
      }],
      "selector": {
        "app": "example"
      },
      "type": "LoadBalancer"
    }
}
```

（2）通过 kubectl

也可以直接使用 kubectl 命令达到相同的结果，代码如下所示。

```
> kubectl expose rc example --port=8765 --target-port=9376 \
--name=example-service --type=LoadBalancer
```

是否使用 service 配置文件或 kubectl 命令通常取决于设置基础设施和部署系统剩余部分的方式。配置文件更具声明性，并且更适合于生产使用，读者可能希望在其中采用版本化、可审计和可重复的方式管理基础设施。

2. 发现负载均衡器的 IP 地址

负载均衡器有两个有意思的 IP 地址。内部 IP 地址可以在集群内部使用来访问服务。集群之外的集群将使用外部 IP 地址。为外部 IP 地址创建 DNS 记录是一个很好的做法。

要获得这两个地址，请使用 `kubectl describe` 命令。IP 将表示内部 IP 地址。`LoadBalancer ingress` 将删除永久 IP 地址，代码如下所示。

```
> kubectl describe services example-service
    Name:    example-service
    Selector:    app=example
    Type:    LoadBalancer
    IP:    10.67.252.103
    LoadBalancer Ingress: 123.45.678.9
    Port:    <unnamed> 80/TCP
    NodePort:    <unnamed> 32445/TCP
    Endpoints:    10.64.0.4:80,10.64.1.5:80,10.64.2.4:80
    Session Affinity: None
    No events.
```

3. 识别客户端 IP 地址

有时，服务可能对客户端的源 IP 地址感兴趣。直到 Kubernetes 1.5 版本，这个信息仍不可用。在 Kubernetes 1.5 中，只有通过注解才能获得源 IP 地址的 GKE 特性。在之后的版本中，该能力将被添加到其他云平台。

4. 为客户端 IP 地址保存提供负载均衡器注解

下面介绍如何使用 `OnlyLocal` 注解对服务配置文件进行注解，该注解触发保存客户端源 IP 地址，代码如下所示。

```
{
  "kind": "Service",
  "apiVersion": "v1",
  "metadata": {
    "name": "example-service",
    "annotations": {
        "service.beta.kubernetes.io/external-traffic": "OnlyLocal"
    }
  },
  "spec": {
    "ports": [{
      "port": 8765,
      "targetPort": 9376
    }],
    "selector": {
      "app": "example"
    },
    "type": "LoadBalancer"
```

```
    }
}
```

5．理解外部负载均衡的潜力

外部负载均衡器在节点级别进行操作；它们将流量引导到特定 Pod，负载分配在节点级别完成。这意味着如果服务有 4 个 Pod，其中 3 个在节点 A 上，最后一个是在节点 B 上，那么外部负载均衡器很可能在节点 A 和节点 B 之间均匀地分配负载。这将使节点 A 上的 3 个 Pod 处理负载的一半（每个 1/6 个），节点 B 上的 1 个 Pod 单独处理负载的另一半，将来可以通过添加权重来解决这个问题。

10.4.2　服务负载均衡器

服务负载均衡被设计用于在 Kubernetes 集群中汇集内部流量，而不是用于外部负载均衡。这是通过使用服务类型的 clusterIP 来完成的。使用 NodePort 的服务类型，可以通过预先分配的端口直接公开服务负载均衡器，并将其作为外部分配均衡器，但它不是为该用例设计的。例如，诸如 SSL 协商和 HTTP 缓存之类的理想工具不易获得。图 10.11 显示了服务负载均衡器如何将流量路由到它所管理的一个后端 Pod（当然是通过标签）。

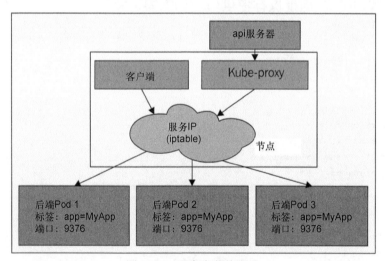

图 10.11　服务负载均衡器

10.4.3　入口

Kubernetes 的入口（Ingress）是它的核心部分，是一组允许入站连接到集群服务的规则。此外，一些入口控制器支持以下内容。

● 连接算法。

● 请求限制。

● URL 重写和转发。

● TCP/UDP 负载均衡。

● 访问控制及授权。

入口是通过入口资源指定的，由入口控制器提供服务。要注意的是，入口仍然处于 Beta 版，尚未呈现所有必需的功能。如下代码是一个入口资源的例子，它将业务分成两个服务。规则将外部可见的 http://foo.bar.com/foo 映射到 s1 服务并将 http:// foo.bar.com/bar 映射到 s2 服务。

```
apiVersion: extensions/v1beta1
kind: Ingress
metadata:
  name: test
spec:
  rules:
  - host: foo.bar.com
    http:
      paths:
      - path: /foo
        backend:
          serviceName: s1
          servicePort: 80
      - path: /bar
        backend:
          serviceName: s2
          servicePort: 80
```

现在有两个入口控制器。其中一个是只用于 GCE 的 L7 入口控制器。另一种是更通用的 Nginx 入口控制器，它允许通过配置映射配置 Nginx。Nginx 入口控制器非常复杂，并且可以带来许多尚未通过入口资源直接获得的特性。它使用端点 API 直接将流量转发到 Pod。

1. HAProxy

这里讨论使用云提供商外部负载均衡器，它使用服务类型 LoadBalancer 和集群中的内部服务负载均衡器 ClusterIP。如果想要一个定制的外部负载均衡器，我们可以创建一个外部负载均衡器提供器，并使用 LoadBalancer 或者第三方服务类型

NodePort。**高可用（High-Availability，HA）**代理是一种成熟的、经过检验的负载均衡解决方案。它被认为是实现具有内部集群的外部负载均衡的最佳选择。可以通过以下几种方式来完成。

- 利用 NodePort 并仔细管理端口分配。
- 实现自定义负载均衡器提供商程序接口。
- 在集群中运行 HAProxy，使之作为前端服务器在集群边缘的唯一目标（负载均衡或不均衡）。

开发者可以使用 HAProxy 的所有方法。但无论如何，我仍然建议使用入口对象。service-loadbalancer 是一个社区项目，它在 HAProxy 上实现了一个负载均衡解决方案。

2．利用 NodePort

每个服务将从预定义范围分配专用端口。这通常是高范围，如 30000 及以上，用以避免与其他应用程序使用的低已知端口冲突。在这种情况下，HAProxy 将运行在集群之外，它将为每个服务提供正确的端口。然后它可以通过内部服务将各种流量转发到 Kubernetes 和任何节点，负载均衡器将把它路由到一个适当的 Pod（双重负载均衡）。这当然不是最优的，因为它引入了另一个跳转。绕过这一跳转的方法是查询端点 API，并为每个服务动态地管理后端 Pod 的列表以及直接将流量转发给 Pod。

3．使用 HAProxy 自定义负载均衡提供器

这种方法稍微复杂一些，但好处是它与 Kubernetes 更好地集成在一起，并且可以使从本地到云的相互转换更容易。

4．在 Kubernetes 集群中运行 HAProxy

在这种方法中，我们使用集群的内部 HAProxy 负载均衡器。可能会有多个节点运行 HAProxy，它们会共享相同的配置来映射传入请求，并在后端服务器（见图 10.12 中的 Apache 服务器）之间负载均衡。

5．Keepalived VIP

Keepalived Virtual IP（VIP）并非其自身必要的负载均衡解决方案。

它可以是对 Nginx 入口控制器或基于 HAProxy 服务的 LoadBalancer 的补充。它的主要的目的是 Pod 携带负载均衡器在 Kubernetes 中移动。这就引起了需要稳定端点的外部网络客户端的问题。DNS 常常由于性能问题而不出现问题。Keepalived 提供一个高

性能的虚拟 IP 地址，它可以作为 Nginx 入口控制器或 HAProxy 负载均衡器的地址。Keepalived 利用如 IPVS（IP 虚拟服务器）之类的 Linux 网络工具，和 **Virtual Redundancy Router Protocol（VRRP）**实现高可用性。所有这些都在第 4 层（TCP/UDP）上运行。配置它需要拥有对细节的努力和关注。

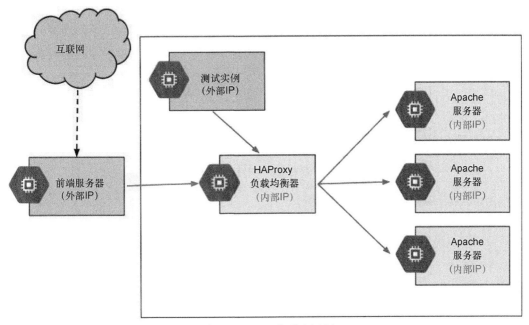

图 10.12　在 Kubernetes 集群中运行 HAProxy

10.5　编写自己的 CNI 插件

在本节中，我们将介绍在实际中编写自己的 CNI 插件需要做些什么。首先，将介绍一款简单的插件——loopback 插件。然后检查实现与编写 CNI 插件相关联的大多数公式化的插件框架。最后，我们将回顾插件的实现过程。在深入介绍这部分内容之前，快速回顾一下 CNI 插件的相关内容。

- CNI 插件是一个可执行文件。
- 它负责将新容器连接到网络，将唯一的 IP 地址分配给 CNI 容器，并负责路由。
- 容器是一个网络命名空间（在 Kubernetes 中，Pod 是 CNI 容器）。
- 网络定义作为 JSON 文件进行管理，但是通过标准输入流到插件（插件没有读取任何文件）。

● 可通过环境变量提供辅助信息。

loopback 插件

loopback 插件简单地添加回环接口。它非常简单，因而不会改变任何网络配置信息。大多数 CNI 插件都是在 Golang 中实现的，loopback CNI 插件也不例外。先看一下重点部分，GitHub 上的容器网络项目中有多个包，它们提供了实现 CNI 插件所需的许多构建模块，以及用于添加和删除接口、设置 IP 地址和路由的 netlink 包。如下代码展示的便是 skel 软件包。

```
package main
import (
  "github.com/containernetworking/cni/pkg/ns"
  "github.com/containernetworking/cni/pkg/skel"
  "github.com/containernetworking/cni/pkg/types/current"
  "github.com/containernetworking/cni/pkg/version"
  "github.com/vishvananda/netlink"
)
```

然后，该插件实现两个命令——cmdAdd 和 cmdDel，当容器被添加到网络中或从网络中移除时，这两个命令被调用。如下代码是 add 命令。

```
func cmdAdd(args * skel.CmdArgs) error {
  args.IfName = "lo"
  err := ns.WithNetNSPath(args.Netns, func(_ ns.NetNS) error {
    link, err: =netlink.LinkByName(args.IfName)
    if err != nil {
      return err // 不测试
    }

    err = netlink.LinkSetUp(link)
    if err != nil {
      return err // 不测试
    }

    return nil
  })
  if err != nil {
    return err // 不测试
  }

  result : = current.Result {}
  return result.Print()
```

```
}
```

这个函数的核心是将接口名称设置为 `lo`（用于 loopback），并将链接添加到容器的网络命名空间。

`del` 命令与之相反，代码如下所示。

```
func cmdDel(args * skel.CmdArgs) error {
  args.IfName = "lo"
  err := ns.WithNetNSPath(args.Netns, func(ns.NetNS) error {
    link, err := netlink.LinkByName(args.IfName)
    if err != nil {
      return err // 不测试
    }
     err = netlink.LinkSetDown(link)
    if err != nil {
      return err // 不测试
    }

    return nil
  })
  if err != nil {
    return err // 不测试
  }

  return nil
}
```

主函数简单地调用 `skel` 包，传递命令函数。`skel` 包将负责运行 CNI 插件可执行文件，并在正确的时间调用 `addCmd` 和 `delCmd` 函数，代码如下所示。

```
func main() {
  skel.PluginMain(cmdAdd, cmdDel, version.All)
}
```

1. 基于 CNI 插件框架的构建

下面来探索一下 `skel` 包的内部实现。从 `PluginMain()` 入口点开始，它负责调用 `PluginMainWithError()`，捕获错误，将它们打印到标准输出中，并执行退出，代码如下所示。

```
func PluginMain(cmdAdd, cmdDel func(_ * CmdArgs) error, versionInfo version.
PluginInfo) {
  if e := PluginMainWithError(cmdAdd, cmdDel, versionInfo);  e != nil {
    if err := e.Print(); err != nil {
```

```
    log.Print("Error writing error JSON to stdout: ", err)
  }
  os.Exit(1)
 }
}
```

PluginErrorWithMain()实例化了一个调度程序，设置所有 I/O 流和环境，并调用它的 PluginMain()方法，代码如下所示。

```
func PluginMainWithError(cmdAdd, cmdDel func(_ *CmdArgs) error,
versionInfo version.PluginInfo) *types.Error {
  return (&dispatcher{
    Getenv: os.Getenv,
    Stdin: os.Stdin,
    Stdout: os.Stdout,
    Stderr: os.Stderr,
  }).pluginMain(cmdAdd, cmdDel, versionInfo)
}
```

下面是框架的主要逻辑。它从环境中获取 cmd 参数（包括来自标准输入的配置），检测调用了哪个 cmd，并调用适当的 plugin 函数（cmdAdd 或 cmdDel）。它还可以返回版本信息，代码如下所示。

```
func(t * dispatcher) pluginMain(cmdAdd, cmdDel func(_ * CmdArgs) error, versionInfo
version.PluginInfo) * types.Error {
  cmd, cmdArgs, err := t.getCmdArgsFromEnv()
  if err != nil {
    return createTypedError(err.Error())
  }

  switch cmd {
  case "ADD":
    err = t.checkVersionAndCall(cmdArgs, versionInfo, cmdAdd)
  case "DEL":
    err = t.checkVersionAndCall(cmdArgs, versionInfo, cmdDel)
  case "VERSION":
    err = versionInfo.Encode(t.Stdout)
  default:
    return createTypedError("unknown CNI_COMMAND: %v", cmd)
  }

  if err != nil {
    if e, ok := err. ( * types.Error); ok {
      //不要包裹 Error
```

```
        return e
    }
    return createTypedError(err.Error())
  }
  return nil
}
```

2. bridge 插件

`bridge` 插件更加丰富。下面来看一些关键的实现部分。

它定义了一个具有如下代码所示字段的 `struct` 网络配置。

```
type NetConf struct {
  types.NetConf
  BrName        string   `json:"bridge"`
  IsGW          bool     `json:"isGateway"`
  IsDefaultGW   bool     `json:"isDefaultGateway"`
  ForceAddress  bool     `json:"forceAddress"`
  IPMasq        bool     `json:"ipMasq"`
  MTU           int      `json:"mtu"`
  HairpinMode   bool     `json:"hairpinMode"`
}
```

由于空间限制，此处将不涉及所有参数的意义和功能，以及它们之间的相互作用。这里的目标是了解逻辑流程，如果读者想实现自己的 CNI 插件，就需要有一个起点。配置是通过 `loadNetConf()` 函数加载的来自 JSON 的文件。它在 `cmdAdd()` 和 `cmdDel()` 函数的开头被调用，代码如下所示。

```
n, cniVersion, err := loadNetConf(args.StdinData)
```

下面是 `cmdAdd()` 的核心，它使用来自网络配置的信息设置一个 veth，与 IPAM 插件交互来添加正确的 IP 地址，并返回结果，代码如下所示。

```
hostInterface, containerInterface,err := setupVeth(netns, br, args.IfName, n.MTU,
n.HairpinMode)
  if err != nil {
    return err
  }

  // 运行 IPAM 插件并取回配置来应用
  r, err := ipam.ExecAdd(n.IPAM.Type, args.StdinData)
  if err != nil {
    return err
  }
```

```
// 将 IPAM 结果转换为当前类型
result,err: =current.NewResultFromResult(r)
if err != nil {
  return err
}

if len(result.IPs) == 0 {
  return errors.New("IPAM returned missing IP config")
}

result.Interfaces = [] * current.Interface {brInterface, hostInterface,
containerInterface}
```

上面的代码只是完整实现的一部分，还有路由设置和硬件分配等内容。我鼓励读者去探寻完整的源代码，这些源代码在获得其完整认知方面已经足够丰富。

10.6 总结

本章涵盖了很多方面。网络是如此庞大的主题，是大量硬件、软件、操作环境和用户技巧的组合，因此提出既健壮、安全、性能良好又易于维护的综合网络解决方案是一项非常复杂的工作。Kubernetes 集群、云提供商主要解决这些问题。但是如果读者运行本地部署集群或者需要一个定制化的解决方案，那么有很多选项可供选择。Kubernetes 是一个非常灵活的平台，专为扩展而设计，尤其网络是完全可插拔的。本章讨论的主要议题是 Kubernetes 网络模型（扁平地址空间，其中 Pod 可以到达其他容器并在 Pod 内的所有容器之间共享本地主机）、如何查找和发现工作、Kubernetes 网络插件、不同抽象级别的各种网络解决方案、使用网络策略有效地控制集群内部的流量、负载均衡解决方案的范围，最后介绍了如何通过剖析现实世界的实现来拖曳 CNI 插件。

在这一点上，读者可能会不知所措，尤其在读者不是相关领域的专家时。阅读完本章后，读者应该很好地掌握了 Kubernetes 网络的内部结构，了解实现完整解决方案所需的所有互锁部分，并且可以基于对系统有意义的折衷平衡来制定自己的解决方案。

在第 11 章中将进行更为深入的介绍，使读者了解在多个集群、云提供商和联邦上运行 Kubernetes。这是地理分布部署和最终可伸缩 Kubernetes 集群的重要组成部分。Kubernetes 集群联邦可以超越本地限制，但它们也带来了一系列的挑战。

第 11 章
在云平台和集群联邦中运行
Kubernetes

本章中，我们会将 Kubernetes 引向新高度，在云平台和集群联邦中运行 Kubernetes。Kubernetes 集群是指一个紧密结合的单元，在这个单元中所有组件在相近的位置运行并通过快速网络（物理数据中心或云提供商可用区域）相互连接。在多数用例中，这类集群已经很不错了，但在部分重要用例中，系统需扩展到单个集群外。Kubernetes 联邦将多个 Kubernetes 集群有序整合，使之相互配合成为一个整体。

11.1 理解集群联邦

集群联邦在概念上非常简单，意为将多个 Kubernetes 集群聚合并将其视为统一的逻辑集群，有一个集群控制面向客户端展现系统整体的视图。

图 11.1 为 Kubernetes 集群联邦的全局图。

联邦控制平面由一个联邦 API 服务器和一个联邦控制管理器组成。联邦 API 服务器将请求转发至联邦中的所有集群。此外，联邦控制管理器通过将请求路由到联合集群的每一个集群成员，使之产生变化，从而起到跨集群控制管理器的作用。在实践中，集群联邦并非微不足道，也不能完全被抽象化。跨 Pod 通信和数据传输可能突然引发大规模延迟和成本超支。让我们先看一看集群联邦的真实用例，了解联邦组件和资源是如何工作的，然后再探讨较为困难的部分：位置相近性、跨集群调度和联邦数据存储。

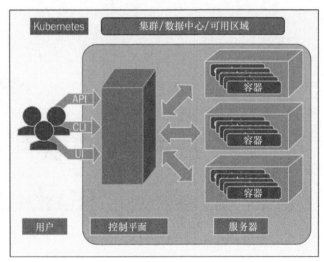

图 11.1　Kubernetes 集群联邦全局图

11.1.1　集群联邦的重要用例

从集群联邦中可获益的有以下 4 种用例。

1．容量过剩

如 AWS、GCE、Azure 之类的公共云平台都非常好用，也有很多优势，但它们并不便宜。许多大型公司为他们的数据中心投入了大量资金。有一些公司与诸如 OVS、Rackspace、Digital Ocean 等私人服务提供商合作。如果读者有管理和操作基础设施的运营能力，那么在自己的基础设施而非在云平台上运行 Kubernetes 集群是非常划算的。但如果读者的部分工作负荷产生波动，且在相对较短的时间内需要大量容量呢？

例如，读者的系统可能在周末或假期受到巨大冲击，传统的方式仅仅是扩容，但在许多动态情形下，这并不简单。在容量过剩的情况下，读者可以在内部数据中心或私人服务提供商上运行的 Kubernetes 集群中执行大部分任务，并在其中一个大平台提供商上运行二级云端 Kubernetes 集群。大多数情况下，云端集群处于完全关闭的状态（中断实例），但当读者需要时，读者可以通过开启这些中断实例弹性增加读者系统的容量。Kubernetes 集群联邦可以使这种配置相对简单。它消除了很多关于容量规划，以及购买使用率较低的硬件问题。

这种方法有时被称作云爆发。

2．敏感性工作负载

这与容量过剩基本相反。也许读者已经接受了原生云的方式，读者的整个系统也都在云端运行，但一些数据或工作负载需要处理敏感的信息，法律法规或公司的安全条例也许规定这些数据和工作负载必须在完全由读者控制的环境中运行。读者的敏感数据和工作负载可能会有外部审计。这时确保没有信息从私人 Kubernetes 集群泄露到云端 Kubernetes 集群将至关重要。但使非敏感工作负载对公共集群可见，并能从私有集群向云端集群发送也是非常必要的。如果工作负载的性质会在非敏感和敏感间动态变化，则需要通过制定合适的策略来解决。例如，读者可以不允许工作负载改变它们的性质；或者当一个工作负载突然变为敏感时，读者可以进行迁移以确保它不再运行在云端集群上。另一个重要的情况是国家法规、法律要求某些数据仅能从指定的区域（通常是一个国家）保存和访问。在这种情况下，集群必须在该地理区域中被创建。

3．避免提供商锁定

由于单家提供商很可能关闭或无法提供相同级别的服务，因此大型公司通常会选择与多家提供商合作，以避免较大的风险。同时，这种合作模式也使公司在价格谈判中占据优势。Kubernetes 被设计为独立于提供商的模块，无论是个人服务提供商还是内部数据中心，读者都可以在上面运行它。但这并不意味着它微不足道，如果想确保将一些工作负载在不同提供商之间快速切换，读者应该确保系统已经运行在多家提供商的平台中。这部分工作可以由读者自己操作，另外也已经有部分公司提供了类似的服务，使 Kubernetes 公开运行在多家提供商平台上。由于不同的提供商运行的数据中心不同，因此读者将自动获得一些额外赠送的空间，以免受提供商过多引发的系统中断。

4．地理分布的高可用性

高可用性意味着即便在系统某些部分发生故障时，服务仍对用户可用。在 Kubernetes 环境下，如果整个集群发生故障，通常是由于托管集群的物理数据中心发生故障，或平台提供商发生更大范围的故障。高可用性的关键在于冗余性。地理分布的冗余性意味着在不同位置运行多个集群。可以是同一云提供商的不同可用区，或同一云提供商的不同物理区域，甚至完全不同的云提供商（请参阅上面提供商锁定的部分）。当在冗余的部分运行集群联邦时，会产生很多问题，稍后我们将针对这些问题进行讨论。假设技术性和组织性的问题已经解决，则高可用性会允许信息从故障集群传输至其他集群。对用户来说这在一定程度上是可见的（如切换期间系统的延迟、一些动态请求，或任务可能消失或失败）。在此过程中，系统管理员需要花额外的功夫去支持切换，并处理原始集群故障。

11.1.2　联邦控制平面

联邦控制平面由两个组件共同组成，以使 Kubernetes 集群联邦共同呈现，并作为统一整体执行各种命令。

1.　联邦 API 服务器

联邦 API 服务器管理共同组成联邦的 Kubernetes 集群。与常规 Kubernetes 集群一样，它在 etcd 数据库中管理联邦状态（哪个集群是联邦的一部分），但它管控的状态只包含那些隶属于联邦中的集群。每个集群的状态存储在该集群的 etcd 数据库中。联邦 API 服务器的主要任务是与联邦控制管理器进行交互，并将请求路由到各联邦内的集群。联邦成员无须知道它们隶属于联邦的一部分：它们只需按照往常的模式工作。

图 11.2 展示了联邦中的 API 服务器、副本控制器和 Kubernetes 集群之间的关系。

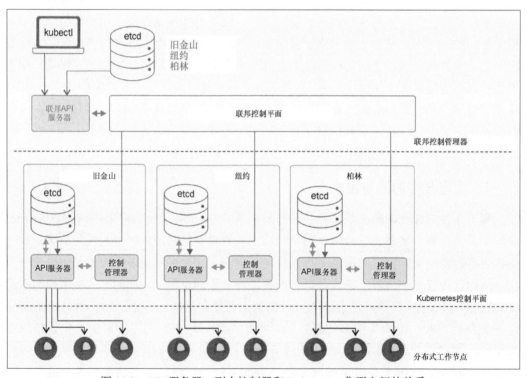

图 11.2　API 服务器、副本控制器和 Kubernetes 集群之间的关系

2．联邦控制管理器

联邦控制管理器确保联邦的理想状态与实际情况相匹配，它会向相关集群转发潜在的变化。联邦控制管理器针对不同联邦资源准备了不同的控制器，这些联邦资源将在后面的章节中提到。虽然控制逻辑相似，但它们需监测系统的变化，并在其偏离正常值的时候，将集群引回到理想状态。这一切都是为保证集群联邦中各组件的正常运转。

图 11.3 展示了这个持续控制的回路。

图 11.3　持续控制回路

11.1.3　联邦资源

Kubernetes 联邦仍是正在进行中的项目，在 Kubernetes 1.5 版本中，只有一些标准化的资源可以组成联邦，本章中会涵盖到这一部分。为建立联邦资源，需使用如下 Kubectl 命令参数：`--context=federation-cluster`，当执行该命令时，命令会传递到联邦 API 服务器，它负责将该命令发送给所有集群中的部分。

1．联邦组态图

联邦组态图非常实用，因为它们有助于将应用程序的结构集中起来，这些应用程序可以跨集群扩展。

（1）创建联邦组态图
如下代码为一个创建联邦组态图的实例。

```
> kubectl --context=federation-cluster create -f configmap.yaml
```

如读者所见，在单一 Kubernetes 集群中创建联邦组态图唯一的区别是环境。

当一个联邦组态图被创建后，它不仅会被存储在控制平面 etcd 数据库中，也会将其副本存储在每个集群成员上。用这种方式，每个集群成员均可以独立运行，无须访问控制平面。

（2）查看联邦组态图

可以通过访问控制平面或者联邦中的某一集群来查看联邦组态图。若要通过访问联邦中的某一集群来查看联邦组态图，请在环境中指定特定联邦集群成员的名称，代码如下所示。

```
> kubectl --context=cluster-1 get configmap configmap.yaml
```

（3）更新联邦组态图

需要注意的是，当通过控制平面创建联邦组态图时，组态图在所有联邦集群中的成员上将保持一致。但由于它在除控制平面集群外的每个集群中单独存储，因此没有单一的真正源头。尽管不推荐，但独立修改组态图中的每个集群也是可行的，因为这样操作将导致联邦中资源的配置不均匀。在联邦中为不同的集群设定不同的配置，有一些有效的用例，但在这些用例中，建议直接为每个集群进行配置。在创建一个联邦组态图时，需做出一个声明，以表明整个集群应当共享这个配置。但需要经常执行如下命令来更新整个联邦组态图：`--contwext=federation-cluster`。

（4）删除联邦组态图

如读者所想，除如下代码中的环境外，只需按照正常命令删除即可。

有一个小问题，在 Kubernetes 1.5 版本中，当删除联邦组态图时，每个集群中自动创建的独立组态图仍然存在，必须在每个集群中分别删除它们。也就是说，如果联邦中有 3 个集群分别为集群 1、集群 2、集群 3，那就必须运行 3 个额外的命令来清除整个联邦中的组态图，代码如下所示。

之后这一问题将得到解决。

```
> kubectl --context=cluster-1 delete configmap
> kubectl --context=cluster-2 delete configmap
> kubectl --context=cluster-3 delete configmap
```

2．联邦起始点

联邦的起始点与一般的 Kubernetes 起始点基本相同，它被创建后将与联邦控制平面进行交互，控制平面再将其传输给联邦内的所有集群。最终可以确保联邦起始点能够在联邦内每个集群中运行。

3．联邦部署

联邦部署相对而言更加智能，当创建了 x 个副本的联邦部署且有 n 个集群时，默认情况下副本将均匀分布在各集群中。例如，如有 3 个集群，15 个联邦部署副本，那么每个集群中将被分配 5 个联邦部署副本，至于其他联邦资源，联邦控制平面将会存储这 15 个联邦部署副本，然后为每个集群创建一个部署（一共 3 个），每个部署拥有 5 个副本。可通过增加以下注解控制每个集群的副本数量：`federation.kubernetes.io/deployment-preferences`。联邦部署仍在 Kubernetes 1.5 版本的阿尔法测试阶段，将来上述注解将应用到联邦部署配置的正式领域。

4．联邦事件

联邦事件与其他联邦资源不同，它们只会存储于联邦控制平面中，而并不会传送到下层 Kubernetes 集群成员中。可通过如下代码中的两种方式访问联邦事件。

```
1. --context=federation-cluster
2. > kubectl --context=federation-cluster get events
```

5．联邦入口

联邦入口不仅是在每个集群中创建匹配的入口对象，它的主要特征是，如果整个集群发生故障，则它能将流量引入其他集群中。在 Kubernetes 1.4 版本中，联邦入口已经支持在 Google GKE、GCE 云平台中运行，未来将支持其在混合云平台运行。

联邦入口起到以下几个作用。
- 在联邦中的每个集群中创建 Kubernetes 入口对象。
- 为每个集群入口对象提供一站式逻辑 L7 负载均衡器，该均衡器具有唯一 IP 地址。
- 监控每个集群中入口对象服务后端 Pod 的健康状况和容量变化。
- 确保在遇到各种故障时，将客户端连接路由到健康的服务端点，如 Pod、集群、可用区域或整个区域，只要是联邦中的健康区域即可。

（1）创建联邦入口

通过在联邦控制平面中执行如下代码来创建联邦入口。

联邦控制平面将在每个集群中创建相应的入口，所有集群将为入口对象共享相同的命名空间和名称。代码如下所示。

```
> kubectl --context=federation-cluster create -f ingress.yaml
> kubectl --context=cluster-1 get ingress myingress
```

```
NAME       HOSTS       ADDRESS          PORTS      AGE
Ingress    *           157.231.15.33    80, 443    1m
```

（2）联邦入口请求路由

联邦入口控制器将请求路由到最近的集群。入口对象通过 `Status.Loadbalancer.Ingress` 命令暴露一个或多个 IP 地址，该地址在入口对象有效期内保持静态。当内外客户端连接到集群特定入口对象的 IP 地址时，它将被路由到该集群的一个 Pod 中。而当客户端连接到联邦入口对象的 IP 地址时，它将通过最短的网络路径自动路由到请求源最近集群中的健康 Pod 上。例如，来自欧洲互联网用户的 HTTP 请求将直接路由到欧洲具有合适容量大小的最近集群上，如果欧洲没有符合条件的集群，则该请求将路由到下一个最近集群（通常在美国）。

（3）使用联邦入口处理故障

广义上，故障有两种类别。

● Pod 故障。

● 集群故障。

Pod 故障可能的原因有很多，在配置恰当的 Kubernetes 集群中，Pod 会管理能自动处理 Pod 故障的服务和副本集，它不应该影响集群间的路由和联邦入口的负载均衡，由于数据中心或全局连通性的问题，整个集群可能会发生故障。由于这种现状，联邦服务和副本集将确保联邦中的其他集群运行足够多的 Pod 来处理工作负载，并且联邦入口负责将请求从故障集群中转出。为了充分利用这种自动修复能力，客户端必须始终连接到联邦入口对象，而非个别集群成员。

6．联邦命名空间

Kubernetes 命名空间用于在集群内部实现隔离独立区域和多租户部署的功能。联邦命名空间在整个集群联邦中提供相同的容量，它们的 API 是完全一致的。当客户端访问联邦控制平面时，只会访问所请求的命名空间，被授权后才能访问联邦中的所有集群。

这种情况下，只需使用相同的命令，并增加命令 `--context=federation-cluster`，代码如下所示。

```
> kubectl --context=federation-cluster create -f namespace.yaml
> kubectl --context=cluster-1 get namespaces namespace
> kubectl --context=federation-cluster create -f namespace.yaml
```

7．联邦副本集

最好使用部署和联邦部署来管理集群或联邦中的副本。但如果出于某些原因，直接用副本集工作更有优势，Kubernetes 也同样支持联邦副本集。由于副本集取代了副本控制器，因此没有联邦副本控制器。

创建联邦副本集时，联邦控制平面的任务是确保跨集群副本数量与联邦副本集结构相匹配。控制平面会在每个联邦成员中创建一个规则的副本集。默认每个集群将获得一个相等或尽可能接近的副本数量，以便总数与指定数量的副本一致。

可以通过使用如所示的代码命令指定每个集群的副本数量，相应的数据结构如下代码所示。

如果再平衡为真，则运行的副本将在集群之间进行必要的移动。集群映射决定了每个集群副本集的参数选择。如果将*指定为键，则所有未指定的集群将使用该参数集；如果没有*记录，那么副本只会在映射表中的集群上运行。属于联邦成员但并未记录的集群将不会有 POD 表。

每个集群的各副本集参数将用如下代码的数据结构执行。

```
1. federation.kubernetes.io/replica-set-preferences
2. type FederatedReplicaSetPreferences struct {
   Rebalance bool
   Clusters map[string]ClusterReplicaSetPreferences
}
3. type ClusterReplicaSetPreferences struct {
   MinReplicas int64
   MaxReplicas *int64
   Weight int64
}
```

MinReplicas 默认为 0，MaxReplicas 默认为无限大，Weight 参数表示增加一个额外副本到副本集且默认为 0。

8. 联邦密钥对象

联邦密钥对象的概念非常简单，通过控制平面创建一个联邦密钥对象时，它会传播到整个集群。

11.1.4 高难度部分

截至目前，联邦似乎都很直接明了，将一些集群分为一组，通过控制平面访问它们，然后所有集群都会被复制。但也存在一些困难的因素和概念使这种简化的观点复杂化。Kubernetes 的绝大多数功能点来源于它在后台的大量运算，当单个集群完全部署在单个物理数据中心或所有组件都与快速网络连接的可用性区域时，Kubernetes 本身是非常有效的。但在 Kubernetes 集群联邦中，情况却略有不同。数据延迟、数据传输成本和集群间移动 Pod 的这些情况，Kubernetes 都有不同的权衡。根据以往案例，若想使联邦工作，可能需要系统设计者和操作者投入额外的注意、计划和维护。此外，一些联邦资源不像本地资源那样成熟，这也增加了更多的不确定性。

1. 联邦工作单位

Kubernetes 集群中的工作单位是 Pod，在 Kubernetes 中是无法打破 Pod 这个级别的，一个完整的 Pod 将始终被部署在一起，并经历相同的生命周期。Pod 是否应该是集群联邦的工作单位呢？也许与类似于整个副本集部署或特定集群的服务这种更大的单元联系在一起考虑会更有意义。如果集群发生故障，就将整个副本集或服务部署到其他集群中。那么，对于紧密耦合的副本集又应当如何收集呢？这些问题并不简单，可能随着系统的发展会动态地变化。

2. 位置亲和性

位置亲和性是需要重点关注的一个话题。Pod 什么时候可以跨集群分布？这些 Pod 之间有什么关系？Pod 之间或 Pod 和诸如存储这类的资源之间，在亲和性上是否有什么要求呢？下面列举了几个主要类别。

- 严格耦合。
- 松散耦合。
- 优先耦合。
- 严格解耦。
- 均匀扩散。

在设计系统以及如何分配和调度服务和跨联邦 Pod 时，重要的是位置亲和性的需求始终被满足。

（1）严格耦合

严格耦合的要求适用于 Pod 必须在同一个集群的应用程序。如果将 Pod 分区，那么应用将因不能满足跨集群实时联网的要求而发生故障，或因 Pod 访问大量本地数据而花费大量成本。将这种紧密耦合的应用迁移到另一个集群的唯一方法是，在另一个集群上启动包括数据在内的完整副本，然后关闭当前集群上的应用。如果数据量太大，则应用程序在实践上可能将无法移动，并对灾难性故障敏感，这是最难处理的情况。如有可能，应该在系统架构设计时就避免产生严格耦合的需求。

（2）松散耦合

当应用程序上工作负载大量并行，并且 Pod 不需要了解其他 Pod 或访问大量数据时，松散耦合便适合这种情况。在这些情况下，Pod 可以根据联邦的性能和资源利用率被调度到集群中，如有必要，Pod 从一个集群移动到另一个集群也不会有任何问题。例如，无状态验证服务会执行一些计算并获取所有请求的输入数据，也不会查询或写入任何联邦范围的数据，它只会验证其输入，并向调用方返回一个有效/无效的判断结果。

（3）优先耦合

当所有 Pod 都在同一个集群或 Pod 本身和数据协同定位时，优先耦合的应用程序性能更好，但这不是一个硬性要求。例如，它可以与仅需最终一致的应用程序共同运行，其中一些联邦范围的集群跨所有集群周期性地同步应用程序的状态。在这些情况下，对一个集群执行分配是显式的，但这也为在压力下运行或迁移到其他集群留下了安全空间。

（4）严格解耦

有些服务具有故障隔离或集群间强制分区高可用性要求，如果所有副本都有可能被调度到同一个集群，那么运行 3 个关键服务的副本就没有意义了，因为该集群就成了一个特别的**单点故障**（**Single Point Of Failure, SPOF**）。

（5）均匀扩散

当服务实例、副本集或 Pod 必须在每个集群上运行时，就需要均匀扩散。它类似于 DaemonSet，但并非确保每个节点上有一个实例，而是每个集群中有一个。Redis 缓存由一些外部持久存储备份是一个很好的例子。每个集群中的 Pod 都应该有自己的本地集群 Redis 缓存，以避免访问运行较慢或成为瓶颈的中央存储。另外，每个集群最多也只需一个 Redis 服务，因为它可以被分布到同一集群的多个 Pod 上。

3. 交叉集群调度

交叉集群调度与位置亲和性密切相关。当一个新的 Pod 被创建或者一个现有的 Pod 失败且需要替换时，它应该去哪里？当前的集群联邦没有处理所有情节和我们前面提到的位置亲和性的选项。此时，集群联邦处理松散耦合（包括加权分布）和严格耦合（通过确保副本的数量与集群的数量匹配）的分类。任何其他操作都将要求读者不使用集群联邦。读者必须添加自己的自定义联邦层，该层在具体细节中考虑更特殊的问题并且可以适应更复杂的调度用例。

4. 联邦数据访问

这是一个棘手的问题。如果读者有很多数据和 Pod 在多路集群（可能在不同的区域）中运行，并且需要快速访问它，那么读者有几个次优的选项。

- 将数据复制到每个集群（复制速度慢、传输昂贵、存储昂贵、同步和处理错误复杂）。

- 远程访问数据（访问速度慢、每次访问都很昂贵、可能存在 SPOF）。
- 复杂的混合解决方案与每个集群最热门的缓存数据（复杂、陈旧的数据，并且仍然需要传输大量数据）。

5．联邦自动伸缩

目前没有支持联邦自动伸缩。可使用的伸缩有两个维度以及组合。

- 单集群伸缩。
- 从联邦中添加/移除集群。
- 上述两种方法的混合。

考虑一个松散耦合的应用程序，在每个集群中运行 5 个 Pod、3 个集群的相对简单的场景。某个时刻，15 个 Pod 再也无法处理负载。我们需要增加更多的性能。可以增加每个集群的 Pod 数量，但是如果我们在联邦级别这样做，那么每个集群中将运行 6 个 Pod。我们已经增加了联邦性能 3 个 Pod，只有 1 个 Pod 是需要的。当然，如果读者有更多的集群，问题就变得更严重了。另一个方法是选择一个集群，只是改变它的容量。对于注解是可能的，但现在我们明确地管理跨联邦的容量。如果我们有很多集群运行数百个具有动态变化需求的服务，它会非常复杂。

添加一个全新的集群甚至更加复杂。我们应该在哪里添加新的集群？不需要额外的可用性来指导决策。这只是额外的性能。创建新集群通常还需要复杂的首次设置，这可能需要几天时间来批准公开平台上的各种配额。混合方法增加了联邦中现有集群的容量，直到达到某个阈值，然后开始添加新集群。除此之外，它还需要付出很多努力，并且在灵活性和可伸缩性方面增加了复杂性。

11.2　管理 Kubernetes 集群联邦

管理 Kubernetes 集群联邦涉及管理单个集群之上和之外的许多活动。有两种方法可以建立联邦。然后，读者需要考虑级联资源删除、跨集群的负载均衡、故障转移、联合服务发现和联合管理。让我们详细讨论每一个问题。

11.3　从底层建立集群联邦

要建立 Kubernetes 集群联邦，我们需要运行控制平面的组件，代码如下所示。

```
etcd
federation-apiserver
```

```
federation-controller-manager
```

一个简单的方法就是使用集成所有组件的 hyperkube 镜像。

联邦 API 服务器和联邦控制器管理器可以作为在现有的 Kubernetes 集群中运行的 Pod，但是如前所述，从容错性和高可用性的角度来看，最好在它们自己的集群中运行。

11.3.1 初始设置

读者必须有 Docker 运行，并得到一个包含我们将在本书中使用的文本的 Kubernetes 版本。当前版本为 1.5.3。读者可以下载最新的版本代替，代码如下所示。

```
> curl -L https://github.com/kubernetes/kubernetes/releases/download/
v1.5.3/kubernetes.tar.gz | tar xvzf -
> cd kubernetes
```

我们需要为联邦配置文件创建一个目录，并将 FEDERATION_OUTPUT_ROOT 环境变量设置为该目录。为了便于清理，最好创建一个新目录，代码如下所示。

```
> export FEDERATION_OUTPUT_ROOT="${PWD}/output/federation"
> mkdir -p "${FEDERATION_OUTPUT_ROOT}"
```

现在，初始化联邦。

```
> federation/deploy/deploy.sh init
```

11.3.2 使用官方 hyperkube 镜像

作为每个 Kubernetes 发行版的一部分，官方发布的镜像被推送到 gcr.io/google_containers。要使用此存储库中的镜像，可以将${FEDERATION_OUTPUT_ROOT}中的配置文件中的容器镜像字段设置为指向 gcr.io/google_containers/ hyperkube 镜像，该镜像包括 federation-apiserver 和 federation-controller- managerr 二进制文件。

11.3.3 运行联邦控制平面

我们准备通过运行如下代码所示的命令部署联邦控制平面。

```
> federation/deploy/deploy.sh deploy_federation
```

该命令将作为 Pod 启动控制平面组件，并为联邦 API 服务器创建 LoadBalancer

类型的服务和 etcd 的动态持久存储卷支持的持久存储卷。

要验证在联邦命名空间中正确创建了所有内容，请输入如下代码所示的内容。

```
> kubectl get deployments --namespace=federation
```

读者将看到如下代码中所示的内容。

```
NAME                           DESIRED    CURRENT    UP-TO-DATE
federation-apiserver              1          1          1         federation-
controller-manager      1         1          1
```

读者还可以通过 kubectl 配置视图检查 kubeconfig 文件中的新条目。注意，动态配置目前只对 AWS 和 GCE 有效。

11.3.4　用联邦注册 Kubernetes 集群

要向联邦注册一个集群，我们需要一个密钥对象来与集群对话。让我们在主机 Kubernetes 集群中创建这个密钥对象。假设目标集群的 kubeconfig 在|cluster-1| kubeconfig。读者可以运行如下代码中所示的命令创建 secret。

```
> kubectl create secret generic cluster-1 --namespace=federation
  --from-file=/cluster-1/kubeconfig
```

集群配置代码如下所示。

```
apiVersion: federation/v1beta1
kind: Cluster
metadata:
  name: cluster1
spec:
  serverAddressByClientCIDRs:
  - clientCIDR: <client-cidr>
    serverAddress: <apiserver-address>
  secretRef:
    name: <secret-name>
```

我们需要设置<client-cidr>、<apiserver-address>和<secretname>。<secretname>是读者刚刚创建的密钥对象的名称。serverAddressByClient CIDRs 包含客户端扫描根据其 CIDR 使用的各种服务器地址。我们可以将服务器的公共 IP 地址设置为 CIDR0.0.0.0/0，所有客户端都能够匹配。此外，如果读者希望内部客户端使用服务器的 clusterIP，则可以将其设置为服务器地址。在这种情况下，客户端 CIDR 将只匹配在该集群中运行的 Pod 的 IPS。

下面来注册集群，代码如下所示。

```
> kubectl create -f /cluster-1/cluster.yaml --context=federation-cluster
```

查看集群是否正确注册，代码如下所示。

```
> kubectl get clusters --context=federation-cluster
NAME        STATUS     VERSION     AGE
cluster-1   Ready                  1m
```

11.3.5　更新 KubeDNS

集群被注册成联邦。现在更新 kube-dns，这样读者的集群就可以路由联邦服务的请求。至于 Kubernetes 1.5 或更高版本，它通过将 kube-dns ConfigMap 传递 —federations 标记来执行更新。代码如下所示。

```
--federations=${FEDERATION_NAME}=${DNS_DOMAIN_NAME}
```

ConfigMap 代码如下所示。

```
apiVersion: v1
kind: ConfigMap
metadata:
  name: kube-dns
  namespace: kube-system
data:
  federations: <federation-name>=<federation-domain-name>
```

用正确的值替换 federation-name 和 federation-domain-name。

11.3.6　关闭联邦

如果想关闭联邦，可以输入如下代码所示的命令。

```
federation/deploy/deploy.sh destroy_federation
```

11.3.7　用 Kubefed 建立集群联邦

Kubernetes 1.5 有一个新的命令行工具（仍处于 Alpha 版本）称为 Kubefed，帮助读者管理集群联邦。Kubefed 的工作是简化部署新的 Kubernetes 集群联合控制平面，以及从现有联合控制平面添加或删除集群。

1．获得 Kubefed

Kubefed 是 Kubernetes 客户端二进制文件的一部分。

如下代码是 1.5.3 版 Linux 上下载和安装的说明。

```
curl -O https://storage.googleapis.com/kubernetes-release/release/v1.5.3/
kubernetes-client-linux-amd64.tar.gz
tar -xzvf kubernetes-client-linux-amd64.tar.gz
sudo cp kubernetes/client/bin/kubefed /usr/local/bin
sudo chmod +x /usr/local/bin/kubefed
sudo cp kubernetes/client/bin/kubectl /usr/local/bin
sudo chmod +x /usr/local/bin/kubectl
```

如果读者使用不同的操作系统或者想要安装一个不同的版本，需要做出必要的调整。

2．选择主机集群

联邦控制平面可以是它自己的专用集群或托管现有集群。读者需要做出选择。主机集群承载组成联邦控制平面的组件。确保在本地 `kubeconfig` 中有与主机集群对应的 `kubeconfig` 条目。要验证是否具有所需的 `kubeconfig` 条目，请输入如下代码的所示命令。

```
> kubectl config get-contexts
```

读者将看到如下代码所示的内容。

```
CURRENT     NAME       CLUSTER    AUTHINFO    NAMESPACE
            cluster-1  cluster-1  cluster-1
```

当部署联邦控制平面后，内容名称 `cluster-1` 将呈现出来。

3．部署联邦控制平面

是时候开始使用 kubefed 了。`kubefed ini` 命令需要 3 个参数。

- 联邦名称。
- 主机集群上下文。
- 联合服务的域名后缀。

如下代码的示例命令部署名称为 `federation`、主机集群上下文为 `cluster-1` 和域后缀为 `kubernetes-ftw.com` 的联邦控制平面。

```
> kubefed init federation --host-cluster-context=cluster-1 --dns-zone-
name=" kubernetes-ftw.com"
```

当然，DNS 后缀应该用于读者管理的 DNS 域。

`kubefed init` 在主机集群中设置了联邦控制平面，并在本地 `kubeconfig` 中为联邦 API 服务器添加了入口。在 Kubernetes 1.5 的 Alpha 版本中，它没有将当前上下文设置为新部署的联邦。读者必须自己完成。输入如下代码所示的命令。

```
kubectl config use-context federation
```

4．向联邦添加集群

一旦控制平面被成功部署，就应该向联邦添加一些 Kubernetes 集群。为此，Kubefed 提供了正确的连接命令。`kubefed join` 命令需要以下参数。

● 所需添加集群的名称。
● 主机集群上下文。

例如，要向联邦添加一个名为 `cluster-2` 的新集群，请输入如下代码所示的内容。

```
kubefed join cluster-2 --host-cluster-context=cluster-1
```

（1）命名规则与自定义

读者提供给 `kubefed join` 的群集名称必须是一个有效的 RFC 1035 标签。RFC1035 只允许字母、数字和连字符，标签必须以字母开头。

此外，联邦控制平面需要加入的集群的凭据来对它们进行操作。这些证书是从本地 `kubeconfig` 得到的。`Kubefed join` 命令使用指定的参数名以查找本地 `kubeconfig` 中的集群上下文。如果找不到匹配的上下文，则会出现错误。

如果联邦中每个集群的上下文名称不遵循 RFC 1035 标签命名规则，可能会导致问题。在这种情况下，读者可以指定符合 RFC 1035 标签命名规则的集群名称，并使用 `--cluster-context` 标志指定集群上下文。例如，如果要加入的集群的上下文是 `cluster-3`（不允许使用下划线），则可以通过运行如下代码所示的命令来加入集群。

```
kubefed join cluster-3 --host-cluster-context=cluster-1 -cluster-context=cluster-3
```

（2）密钥名称

如前面所述，联合控制平面所需的集群凭据作为密钥对象存储在主机集群中。密钥对象的名称也来自集群名称。

但是，Kubernetes 中的 `secret` 的名称应该符合 RFC 1123 中描述的 DNS 子域名称规范。如果不是这样的话，读者可以把 `secret name` 传递给 `kubefed join`，使用 `--secret-name` 标记。例如，如果集群名称是 `cluster-4`，而 `secret name` 是

4secret（不允许以数字开头），读者可以通过运行如下代码所示的命令来加入集群。

```
kubefed join cluster-4 --host-cluster-context=cluster-1 -secret-
name=4secret
```

kubefed join 命令自动为读者创建密钥对象。

（3）从联邦中移除集群

要从联邦中移除集群，请使用集群名称和联合的主机集群上下文运行 kubefed unjoin 命令。

```
kubefed unjoin cluster-2 --host-cluster-context=cluster-1
```

（4）关闭联邦

在 Kubefed 的这个版本中，联邦控制平面的正确清理没有完全实现。但是，暂时来说，删除联合系统命名空间应该删除除联合控制平面 etcd 动态提供的持久存储卷之外的所有资源。可以通过运行如下代码所示的命令删除联邦命名空间。

```
> kubectl delete ns federation-system
```

5．资源的级联删除

Kubernetes 集群联邦经常管理控制通道中的联合对象以及每个成员 Kubernetes 集群中的对应对象。删除联合对象意味着 Kubernetes 集群中的相应对象也将被删除。

这种情况不会自动发生。默认情况下，只删除联合控件对象。要激活级联删除，读者需要设置如下代码所示的选项。

```
DeleteOptions.orphanDependents=false
```

以下联邦对象支持级联删除。
- Deployment。
- DaemonSet。
- Ingress。
- Namespace。
- ReplicaSet。
- SecretsFor，读者必须进入每个集群并显式删除它们。

6．跨多个集群的负载均衡

跨集群的动态负载均衡是非常重要的。最简单的解决办法是，这不是 Kubernetes 的责任。负载均衡将在 Kubernetes 集群联邦之外进行。但考虑到 Kubernetes 的动态特性，甚至外部负载均衡器也必须收集关于每个集群上运行哪些服务和后端 Pod 的大量信息。另一种解决方案是联邦控制平面实现 L7 负载均衡器，它作为整个联邦的流量管理器。在一个更简单的用例中，每个服务在专用集群上运行，负载均衡器只是将所有流量路由到集群。在集群失败的情况下，服务被迁移到不同的集群，负载均衡器现在将所有流量路由到新集群。这提供了集群级别的高故障解决方案和高可用性解决方案。

最优的解决方案将能够支持联合服务并考虑额外的因素，例如以下几种。

● 客户端的 Geo-location。

● 每个集群的资源利用率。

● 资源配额与自动伸缩。

图 11.4 显示了 GCE 上的 L7 负载均衡器如何将客户端请求分配给最近的集群。

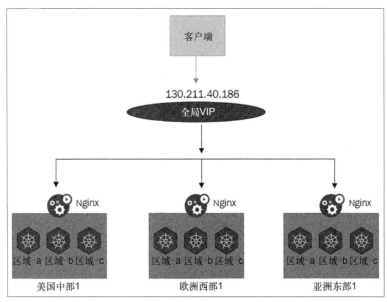

图 11.4 跨多个集群的负载均衡

7．跨多个集群故障

联邦故障很棘手。假设联邦中的一个集群失败，一个选择就是让其他集群来填补空缺。现在的问题是，如何将负载分配到其他集群。

● 均匀分配。

● 启动一个新的集群。

● 选择尽可能接近的现有集群（可能在同一区域）。

这些解决方案中的每一个都与联邦负载均衡、地理分布的高可用性、跨不同集群的成本管理和安全性具有微妙的交互。

现在，失败的集群返回在线。它是否应该重新接管原来的工作？如果这样做，但减少性能或网络呢？有许多故障模式的组合可以使恢复变得复杂。

8．联邦服务发现

联邦服务发现与联邦负载均衡紧密耦合。实用设置包括全局 L7 负载均衡器，用于将请求分发到联合集群中的联合入口对象。

这种方法的好处是控制保持在 Kubernetes 联合中，随着时间的推移，该联合将能够处理更多的集群类型（目前只有 AWS 和 GCE）并理解集群利用率和其他约束。

使用专用的查找服务和让客户机连接单个集群上的直接信息服务的替代方案将失去所有这些好处。

9．联邦迁移

联邦迁移与我们讨论的几个主题有关，比如位置亲和性、联邦调度和高可用性。在核心上，联合迁移意味着将整个应用程序或其中一部分从一个集群移动到另一个集群（更一般地从 M 集群移动到 N 集群）。联邦迁移可以响应于各种事件，例如以下几种。

- 集群中的低性能事件（或集群故障）。
- 更改调度策略（我们不再使用云提供商 X）。
- 资源定价的变化（云提供商 Y 降价鼓励大家迁移到他们那里）。
- 一个新的集群被添加到联邦中或从联邦中移除（让我们重新平衡应用程序的 Pod）。

严格耦合的应用程序可以轻而易举地、部分或全部地同时移动一个 Pod，到一个或多个集群（在适用的策略约束内，例如 PrivateCloudOnly）。

对于优先耦合的应用程序，联邦系统必须首先定位具有足够性能的单个集群，以适应整个应用程序，然后保留该性能，并逐步地将应用程序（一次一个或多个资源）移动到某个应用程序内的新集群时间段（并且可能在预定义的维护窗口内）。

严格耦合的应用程序（除那些被认为完全可通信的应用程序之外）要求联邦系统执行以下操作。

- 在目标集群中启动整个复制应用程序。
- 将持久数据复制到新的应用程序实例（可能在启动 Pod 之前）。
- 切换用户流量。
- 拆除原始应用实例。

11.4 运行联邦工作负载

联邦工作负载是在多个 Kubernetes 集群同时处理的工作负载。对于松散耦合和令人尴尬的分布式应用程序来说，这是比较容易做到的。然而，如果大多数处理可以并行进行，那么通常最后有一个连接点，或者至少有一个需要查询和更新的中央持久库。如果同一服务的多个 Pod 需要跨集群协作，或者如果一个服务集合（它们中的每个可能被联合）必须一起工作并被同步以完成某件事情，则会变得更加复杂。

Kubernetes 联邦支持联邦服务，为联邦工作负载提供了一个很好的基础。

联邦服务的一些关键点是服务发现、跨集群负载均衡和可用性区域容错。

11.4.1 创建联邦服务

联邦服务在联邦成员集群中创建相应的服务。

例如，要创建一个联邦 Nginx 服务（假设读者在 `nginx.yaml` 中有服务配置），请输入如下代码所示的内容。

```
> kubectl --context=federation-cluster create -f nginx.yaml
```

可以验证在每个集群中创建的服务（如在 `cluster-2` 中），代码如下所示。

```
> kubectl --context=cluster-2 get services nginx
NAME        CLUSTER-IP      EXTERNAL-IP       PORT(S)    AGE
Nginx       10.63.250.98    104.199.136.89    80/TCP     9m
```

所有集群中创建的所有服务将共享相同的命名空间和服务名称，这是有意义的，因为它们是单个逻辑服务。

联邦服务的状态将自动反映底层 Kubernetes 服务的实时状态，代码如下所示。

```
> kubectl --context=federation-cluster describe services nginx
Name:                   nginx
Namespace:              default
Labels:                 run=nginx
Selector:               run=nginx
Type:                   LoadBalancer
IP:
LoadBalancer Ingress:   104.197.246.190, 130.211.57.243, 104.196.14.231,
104.199.136.89, ...
Port:                   http    80/TCP
Endpoints:              <none>
```

```
Session Affinity:            None
No events.
```

11.4.2　添加后端 Pod

至于 Kubernetes 1.5，我们仍然需要向每个联合成员集群添加后端 Pod。这可以通过
`kubectl run` 命令来完成。在未来的版本中，Kubernetes1 API 服务器将能够自动完成
该操作。请注意，当使用 `kubectl run` 命令时，Kubernetes 自动根据镜像名称将运行
标记添加到 Pod 中。在下面的示例中，在 5 个 Kubernetes 集群上启动 Nginx 后端 Pod，
镜像名称是 `nginx`（忽略版本），因此添加如下代码所示的标签。

```
run=nginx
```

这是必需的，因为服务使用该标签来标识它的 Pod。如果使用另一个标签，则需要
显式添加，代码如下所示。

```
for C in cluster-1 \
            cluster-2 \
        cluster-3 \
        cluster-4 \
        cluster-5
do
  kubectl --context=$C run nginx --image=nginx:1.11.1-alpine --port=80
done
```

11.4.3　验证公共 DNS 记录

一旦前面的 Pod 已成功启动并正在侦听连接，Kubernetes 就将把它们报告为该集群
中服务的健康端点（通过自动健康检查）。Kubernetes 集群联邦将依次认为这些服务碎片
中的每一个都是健康的，并通过自动配置相应的公共 DNS 记录将它们置于服务中。读者
可以使用首选的接口来配置 DNS 提供程序来验证这一点。例如，如果读者的联邦被配置
为使用谷歌云 DNS 和托管 DNS 域 `example.com`，则代码如下所示。

```
> gcloud dns managed-zones describe example-dot-com
creationTime: '2017-03-08T18:18:39.229Z'
description: Example domain for Kubernetes Cluster Federation
dnsName: example.com.
id: '3229332181334243121'
kind: dns#managedZone
name: example-dot-com
nameServers:
```

- ns-cloud-a1.googledomains.com.
- ns-cloud-a2.googledomains.com.
- ns-cloud-a3.googledomains.com.
- ns-cloud-a4.googledomains.com.

跟踪如下代码所示的命令以查看实际 DNS 记录。

```
> gcloud dns record-sets list --zone example-dot-com
```

如果读者的联邦被配置为使用 aws route53 DNS 服务，则使用如下代码所示的命令。

```
> aws route53 list-hosted-zones
```

使用如下代码所示的命令。

```
> aws route53 list-resource-record-sets --hosted-zone-id K9PBY0X1QTOVBX
```

当然，读者可以使用标准 DNS 工具（如 NSLoopUp 或 DIG）来验证 DNS 记录是否被正确更新。读者可能需要稍等以便改变传播。也可以直接指向 DNS 提供者，代码如下所示。

```
> dig @ns-cloud-e1.googledomains.com ...
```

然而，我总是喜欢在外观察 DNS 的变化。适当传播之后，我们可以告诉用户一切都准备好了。

11.4.4 发现联邦服务

Kubernetes 提供 KubeDNS 作为内置的核心组件。KubeDNS 使用本地集群 DNS 服务器以及命名约定来组成良好的（按命名空间）DNS 名称约定。例如，the-service 被解析为默认命名空间中的 the-service 服务，而 the-service.the-namespace 被解析为 the-namespace namespace 的名为 the-service 的服务，该服务与默认的 the-service 分离。Pod 可以轻松地找到和访问 KubeDNS 的内部服务。Kubernetes 集群联邦将机制扩展到多个集群。基本概念是相同的，但另一个层次是增加的。服务的 DNS 名称现在由<service name>、<namespacename>、<federation name>组成。这样，内部服务访问仍然可以使用原始的<service name>、<namepace name>命名约定。但是，希望访问联邦服务的客户端使用将向联合成员集群转发的联邦名称来处理请求。

这种联邦限定的命名约定还有助于防止内部集群通信错误地到达其他集群。

使用前面的 Nginx 示例服务和刚才描述的联合服务 DNS 命名表,让我们考虑一个示例:集群-1 可用性区域中的集群中的 Pod 需要访问 Nginx 服务。与其使用服务的传统集群本地 DNS 名称(nginx.the-namespace,自动扩展到 nginx.the-namespace.svc.cluster.local),不如现在可以使用服务代理的联邦 DNS 名称,即 nginx.the-namespace.the-federation。它将自动展开和解决 Nginx 服务最健康的碎片,无论是在什么地方。如果本地集群中存在健康的碎片,则该服务的集群本地(通常为 10.x.y.z)IP 地址将被删除(通过集群-本地 KubeDNS)。这几乎完全等同于非联邦服务解析(因为 KubeDNS 实际上返回本地联邦服务的 CNAME 和 A 记录,但是应用程序将忽略这种技术差异)。

但是,如果服务在本地集群中不存在(或者没有健康的后端 Pod),则 DNS 查询将自动展开。

DNS 展开

如果服务在本地集群中不存在(或者它存在,但是没有健康的后端),则 DNS 查询将自动展开,以查找距离请求者较近的外部 IP 地址。KubeDNS 自动执行此操作并返回相应的 CNAME。这将进一步解决一个服务的后端 Pod 的 IP 地址。

读者不必依赖于自动 DNS 展开。还可以在特定集群中或在特定区域中直接提供服务的 CNAME。例如,GCE/GKE 可以指定 nginx.the-namespace.svc.europe-west1.example.com。这将被解析为欧洲集群中的服务的支持 Pod(假设那里有集群和健康的支持 Pod)。

外部客户端无法利用 DNS 展开,但如果它们希望针对联合的某个受限子集(如特定区域),那么它们可以像示例一样提供完全合格的服务 CNAME。由于这些名称的长度和烦琐,一个好的做法是添加一些静态方便的 CNAME 记录,代码如下所示。

```
eu.nginx.example.com           CNAME nginx.the-namespace.the-federation.svc.
europe-west1.example.com.
us.nginx.example.com           CNAME nginx.the-namespace.the-federation.svc.
us-central1.example.com.
nginx.example.com              CNAME nginx.the-namespace.the-federation.svc.
example.com.
```

图 11.5 显示了联合查找如何跨多个集群工作。

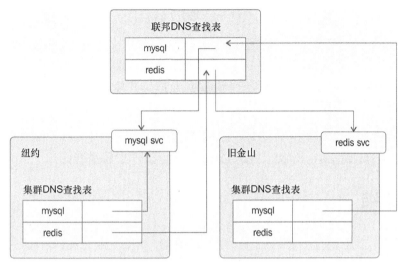

图 11.5 联合查找如何跨多个集群工作

11.4.5 后端 Pod 和整个集群的故障处理

标准 Kubernetes 服务集群 IP 已经确保无响应的单个 Pod 端点以低延迟（几秒）自动退出服务。此外，如 11.4.4 所述，Kubernetes 联合系统自动监视集群的健康状况以及联合服务的所有碎片后面的端点，根据需要采取进出服务的碎片（例如，当所有端点都落后服务时，或者可能是整个集群或可用区域，向下或相反地从停电中恢复）。由于 DNS 缓存固有的延迟（默认情况下，联邦服务 DNS 记录的缓存超时或 TTL 配置为 3min，但是可以调整），因此在灾难性故障的情况下，所有客户机发生完全故障时转移到备选集群可能需要花费很长的时间。然而，给定可以为每个区域服务端点返回的离散 IP 地址的数量（例如，参见 us-central1，它有 3 个备选方案），许多客户机将在比这更短的时间内自动故障转移到备选 IP 之一，从而提供适当的配置。

11.4.6 故障排除

当事态继续发展时，读者需要明确什么是错的以及如何解决问题。这里有一些常见的问题以及如何诊断/修复它们。

无法连接到联邦 API 服务器

参考下面的两个解决方案。

- 确认联邦 API 服务器正在运行。

- 通过正确的 API 端点和凭证验证客户端（Kubectl）的正确配置。

联邦服务已成功创建，但未在底层集群中创建服务。

- 验证集群是否注册为联邦。
- 验证联邦 API 服务器能够对所有集群进行连接和认证。
- 检查配额是否充足。
- 检查其他问题的日志，代码如下所示。

```
Kubectl logs federation-controller-manager --namespace federation
```

11.5　总结

在本章中，我们讨论了 Kubernetes 集群联邦这一重要主题。集群联邦还处于早期阶段，但是已经可用。部署用例不多，官方支持的目标平台目前是 AWS 和 GCE/GKE，但是在联邦后还有很多动力。这是在 Kubernetes 上构建大规模可伸缩系统的一个重要部分。我们讨论了 Kubernetes 集群联邦、联邦控制平面组件和联邦 Kubernetes 对象的动机和用例。还研究了联邦支持不够完善的方面，如自定义调度、联合数据访问和自动伸缩。然后研究了如何运行多个 Kubernetes 集群，包括建立和 Kubernetes 集群联邦、向联合添加和删除集群以及负载均衡、出错时的联合故障转移、服务发现和迁移。另外，我们还深入研究了跨多集群使用联邦服务来运行联邦工作负载以及与此场景相关的各种挑战。

此时，读者应该清楚地了解联邦的当前状态、如何利用 Kubernetes 提供的现有能力，以及需要实现哪些部分来增强不完整的定向特性。根据使用情况，可以确定它仍然处于早期阶段，读者也可以冒险一试。在 Kubernetes 联邦工作的开发人员进展迅速，因此在读者需要做出决定时，它很可能已经更加成熟，并且经过多次测试。

在第 12 章中，我们将深入研究 Kubernetes 外部以及如何定制它。Kubernetes 的最佳架构原则之一是它可以通过完整的 REST API 访问。kubectl 命令行工具是在 Kubernetes API 之上构建的，并提供了 Kubernetes 的全部交互性。然而，读者可以利用许多灵活的编程化 API 来增强和/或扩展 Kubernetes。有许多语言中的客户端库允许读者从外部利用 Kubernets 并将其集成到现有系统中。

除了 REST API，Kubernetes 是一个非常模块化的平台。其核心操作的许多方面可以定制和/或扩展。特别是，读者可以添加用户定义的资源并将其与 Kubernetes 对象模型集成，并受益于 Kubernetes 的管理服务、etcd 中的存储、通过 API 进行公开，以及对内置和自定义对象的统一访问。

　　我们已经看到了可扩展的各个方面，例如通过 CNI 插件和自定义存储类进行网络和访问控制。然而，Kubernetes 前进了一步，让读者可以自定义控制 Pod 赋值到节点本身的调度器。

第 12 章
自定义 Kubernetes API 和插件

本章将深入挖掘 Kubernetes。我们将从 Kubernetes API 开始，学习如何通过直接访问 API、Python 客户端和自动化 kubectl 以编程方式使用 Kubernetes。然后介绍如何用第三方资源扩展 Kubernetes API。最后一部分会介绍 Kubernetes 支持的各种插件。Kubernetes 操作的许多方面是模块化的，被设计为支持扩展。我们将探讨几种类型的插件，例如自定义调度器、授权、准入控制、自定义度量和存储卷。

12.1　使用 Kubernetes API

Kubernetes API 是全面的，涵盖 Kubernetes 的各种功能。它非常庞大，但最佳实践对它进行了较好的设计，而且它始终如一，如果了解其基本原理，就能发现需要知道的一切。

12.1.1　理解 OpenAPI

OpenAPI 允许 API 提供者定义他们的操作和模型，并且允许开发者自动化其工具，生成他们最喜欢的语言的客户端与 API 服务器进行对话。Kubernetes 支持 Swagger 1.2（它是 OpenAPI spec 的旧版本）已经有一段时间了，但是该规范不完整，也无效，基于它生成工具/客户端还很困难。

在 Kubernetes 1.4 中，通过升级当前模型和操作，为 OpenAPI 规范（它在捐赠给 OpenAPI Initiative 之前凭借 Swagger 2.0 被熟知）添加了 Alpha 支持。在 Kubernetes 1.5 中，通过直接从 Kubernetes 源中自动生成规范，OpenAPI 规范的支持已经完成了，这将使规范和文档与未来的操作/模型的变化完全同步。

新规范启用了更好的 API 文档和一个自动生成的 Python 客户端，我们稍后将讨论这个问题。

规范是模块化的，并按组版本划分。这是未来的发展趋势，可以运行支持不同版本的多个 API 服务器，应用程序可以逐渐过渡到较新的版本。

规范的结构在 OpenAPI 定义中详细解释。Kubernetes 团队使用操作的标记来分离每个组版本，并尽可能地填充关于路径/操作和模型的信息。对于特定操作，所有参数、调用方法和响应都被记录在案，结果令人印象深刻。

12.1.2　设置代理

为了简化访问，可以使用 Kubectl 来设置代理，代码如下所示。

```
kubectl proxy --port 8080
```

现在，可以在 `http://localhost:8080` 上访问 API 服务器，它将到达 Kubectl 配置的、相同的 Kubernetes API 服务器。

12.1.3　直接探索 Kubernetes API

Kubernetes API 是高度可发现的。读者可以在 `http://localhost:8080` 浏览 API 服务器的 URL，并获得一个很好的 JSON 文档，该文档描述了路径键下的所有可用操作。

由于空间限制，如下代码是其中的部分列表。

```
{
   "paths": [
     "/api",
     "/api/v1",
     "/apis",
     "/apis/apps",
     "/apis/storage.k8s.io/v1beta1",
       .
       .
       .
     "/healthz",
     "/healthz/ping",
     "/logs",
     "/metrics",
     "/swaggerapi/",
     "/ui/",
     "/version"
```

```
    ]
  }
```

读者可以沿任何一条路径继续探索。例如，如下代码是来自 /api/v1/namespaces/
default 端点的响应。

```json
{
  "kind": "Namespace",
  "apiVersion": "v1",
  "metadata": {
    "name": "default",
    "selfLink": "/api/v1/namespaces/default",
    "uid": "4eca8ced-0d90-11e7-b667-0242ac110023",
    "resourceVersion": "6",
    "creationTimestamp": "2017-03-20T17:11:50Z"
  },
  "spec": {
    "finalizers": [
      "kubernetes"
    ]
  },
  "status": {
    "phase": "Active"
  }
}
```

我发现这个端点的过程是，首先转到 /api，然后发现 /api/v1，它告诉我们有指
向 /api/v1/namespaces 的 /api/v1/namespace/default。

1．使用 Postman 探索 Kubernetes API

对于使用 RESTful API，Postman 是一个非常好的应用程序。如果更倾向于 GUI 方
面，会发现它非常有用。

屏幕截图 12.1 显示了批处理 v1 API 组下的可用端点。

Postman 有多种选项，它以非常舒适的方式组织信息，读者可以试试看。

2．用 httpie 和 jq 过滤输出

API 的输出有时可能过于冗长。通常，开发者感兴趣的只是一个巨大的 JSON 响
应块中的一个值。例如，如果想获取所有运行的服务的名称，可以单击
/api/v1/service 端点。然而，结果包括许多不相关的附加信息。如下代码是输
出的非常片段化的子集。

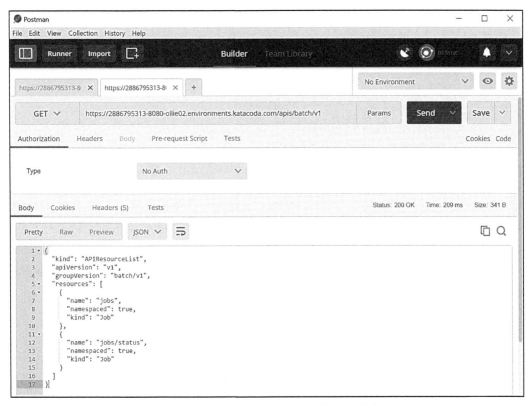

图 12.1 批处理 v1 API 组下的可用端点

```
$ http http: //localhost:8080/api/v1/services
{
    "apiVersion": "v1",
    "items": [
        {
            "metadata": {
                "creationTimestamp": "2017-03-21T15:16:09Z",
                "labels": {
                    "component": "apiserver",
                    "provider": "kubernetes"
                },
                "name": "kubernetes",
                ...
            },
            "spec": {
                ...
            },
            "status": {
```

```
                    "loadBalancer": {}
                }
            },
            …
        ],
        "kind": "ServiceList",
        "metadata": {
            "resourceVersion": "1076",
            "selfLink": "/api/v1/services"
        }
    }
```

完整的输出共有 121 行这么长！下面我们一起看一下如何使用 httpie 和 jq 获得对输出的完全控制，并且只显示服务的名称。我喜欢通过 cURL 与命令行上的 REST API 交互。jq 命令行 JSON 处理器对切割 JSON 非常有用。

通过检查完整的输出，可以看到服务名称存在于项目数组每个项目的元数据中。只选择 name 的 jq 表达式如下代码所示。

```
.items[].metadata.name
Here is the full command and output:
$ http http://localhost:8080/api/v1/services | jq .items[].metadata.name
"kubernetes"
"kube-dns"
"kubernetes-dashboard"
```

12.1.4　通过 Kubernetes API 创建 Pod

API 也可以用于创建、更新和删除资源，键入如下代码所示的 Pod 配置文件。

```
{
    "kind": "Pod",
    "apiVersion": "v1",
    "metadata": {
        "name": "nginx",
        "namespace": "default",
        "labels": {
            "name": "nginx"
        }
    },
    "spec": {
        "containers": [{
            "name": "nginx",
            "image": "nginx",
```

```
            "ports": [{"containerPort": 80}]
        }]
    }
}
```

如下代码的命令将通过 API 创建 Pod。

```
http POST http://localhost:8080/api/v1/namespaces/default/pods @nginxpod.json
```

为了验证它的有效性，要提取当前 Pod 的名称和状态。端点及 `jq` 表达式的代码如下所示。

```
/api/v1/namespaces/default/pods
items[].metadata.name,.items[].status.phase
```

如下代码是完整的命令和输出。

```
$ http http://localhost:8080/api/v1/namespaces/default/pods | jq
.items[].metadata.name,.items[].status.phase
"nginx"
"Running"
```

12.1.5 通过 Python 客户端访问 Kubernetes API

使用 `httpie` 和 `jq` 交互式地探索 API 是很好的，但是 API 的真正强大之处在于使用它们并将它们与其他软件集成在一起。Kubernetes 孵化器项目提供了一个成熟的、非常好的文档化 Python `client` 库。

首先，请确保已经安装了 Python（2.7 或 3.5 +），然后安装 Kubernetes 软件包，代码如下所示。

```
pip install kubernetes
```

要开始与 Kubernetes 集群通信，首先需要连接它。Python 客户端可以读取 Kubectl 配置，代码如下所示。

```
>>> from kubernetes import client,config
>>> config.load_kube_config()
>>> v1 = client.CoreV1Api()
Or it can connect directly to an already running proxy:
>>> from kubernetes import client,config
>>> client.Configuration().host = 'http://localhost:8080>>> v1 = client.
CoreV1Api()
```

注意，客户端模块提供了访问不同组版本的方法，例如 CoreV1API。

1．剖析 CoreV1API 组

让我们来深入了解 CoreV1API 组。Python 对象具有 459 个公共 attributes，代码如下所示。

```
>>> attributes = [x for x in dir(v1) if not x.startswith('__')]
>>> len(attributes)
459
```

忽略开始的 attributes，因为这些 attributes 是与 Kubernetes 无关的特殊 class/instance 方法。

下面选择 10 种随机方法，看一看它们长什么样，代码如下所示。

```
>>> import random
>>> from pprint import pprint as pp
>>> pp(random.sample(attributes, 10))
['patch_namespaced_pod',
 'connect_options_node_proxy_with_path_with_http_info',
 'proxy_delete_namespaced_pod_with_path',
 'delete_namespace',
 'proxy_post_namespaced_pod_with_path_with_http_info',
 'proxy_post_namespaced_service',
 'list_namespaced_pod_with_http_info',
 'list_persistent_volume_claim_for_all_namespaces',
 'read_namespaced_pod_log_with_http_info',
 'create_node']
```

非常有意思，attributes 从一个动词开始，例如列表、修补程序或读取。它们中的许多都有一个 namespace 的概念，也有很多含一个 with_http_info 后缀。为了更好地理解，下面来计算以下存在多少动词以及每个动词使用多少 attributes，代码如下所示。

```
>>> from collections import Counter
>>> verbs = [x.split('_')[0] for x in attributes]
>>> pp(dict(Counter(first_tokens)))
{'connect': 84,
'create': 36,
'delete': 58,
'get': 2,
'list': 56,
'patch': 48,
```

```
'proxy': 72,
'read': 52,
'replace': 50}
```

可以进一步研究其中某一特定 attributes 的交互帮助，代码如下所示。

```
>>> help(v1.create_node)
```

在模块 kubernetes.client.apis.core_v1_api 中使用 create_node 获得帮助，代码如下所示。

```
create_node(self, body, **kwargs) method of kubernetes.client.core_
v1_api.CoreV1Api instance
    create a Node
    This method makes a synchronous HTTP request by default.
    To make an asynchronous HTTP request, please define a
    `callback` function to be invoked when receiving the response.
    >>> def callback_function(response):
    >>>     pprint(response)
    >>>
    >>> thread = api.create_node(body, callback=callback_function)

    :param callback function: The callback function
        for asynchronous request. (optional)
    :param V1Node body: (required)
    :param str pretty: If 'true', the output is pretty printed.
    :return: V1Node
            If the method is called asynchronously,
            returns the request thread.
```

读者可以阅读更多相关信息以获得更多与 API 相关的知识。下面会介绍一些常见的操作，如列表、创建、监视和删除对象。

2. 列出对象

可以列出不同类型的对象。方法名称以 list_ 开始。如下代码是一个列举所有命名空间的例子。

```
>>> for ns in v1.list_namespace().items:
...     print ns.metadata.name
...
default
kube-system
```

3. 创建对象

要创建对象，需要将 `body` 参数传递给 `create` 方法。该数据 `body` 必须是一个 Python 字典，相当于使用 Kubectl 的一个 YAML 配置文件。最简单的方法是实际使用 YAML，然后使用 Python YAML 模块（不是标准库的一部分，必须单独安装）读取 YAML 文件并将其加载到字典中。例如，为了创建具有 3 个副本的 `nginx-deployment`，可以使用如下代码所示的这个 YAML 配置文件。

```
apiVersion: extensions/v1beta1
kind: Deployment
metadata:
  name: nginx-deployment
spec:
  replicas: 3
  template:
    metadata:
      labels:
        app: nginx
    spec:
      containers:
      - name: nginx
        image: nginx:1.7.9
        ports:
        - containerPort: 80
```

若要安装 `yaml Python` 模块，请键入如下代码中的命令。

```
pip install yaml
```

接着，如下代码中的 Python 程序将创建部署。

```
from os import path
import yaml
from kubernetes import client, config

def main():
    # 配置可以直接在配置类中设置，也可以使用帮助实用程序设置。如果没有提供参数，则配置从默认位置加载
    config.load_kube_config()

    with open(path.join(path.dirname(__file__),
                        'nginx-deployment.yaml')) as f:
        dep = yaml.load(f)
        k8s_beta = client.ExtensionsV1beta1Api()
        status = k8s_beta.create_namespaced_deployment(
```

```
                body=dep, namespace="default").status
          print("Deployment created. status='{}'".format(status))

if __name__ == '__main__':
    main()
```

注意，这里使用了 `ExtensionsV1Beta1Api` 组，因为部署仍然处于测试阶段。

4. 监视对象

监视对象是一种先进的功能。它是使用单独的监视模块来实现的。如下代码是一个示例，监视 10 个命名空间事件并将它们打印到屏幕上。

```
from kubernetes import client, config, watch

# 配置可以直接在配置类中设置，也可以使用帮助实用程序设置
config.load_kube_config()
v1 = client.CoreV1Api()
count = 10
w = watch.Watch()
for event in w.stream(v1.list_namespace, _request_timeout=60):
    print('Event: {} {}".format(event['type'], event['object'].metadata.
name))
    count -= 1
    if cont = 0:
        w.stop()

print('Done.')
```

5. 以编程方式调用 Kubectl

如果读者不是 Python 开发人员，并且不想直接处理 REST API，那么还有另一种选择。kubectl 主要用作交互式命令行工具，但是没有什么可以阻止将其自动化，以及通过脚本和程序调用它。使用 kubectl 作为 Kubernetes API 层有以下几点好处。

● 容易找到任何用法的实例。
● 易于在命令行上试验以找到命令和参数的正确组合。
● kubectl 为进行快速解析，支持 JSON 或 YAML 中的输出。
● 身份验证通过 kubectl 配置内置。

6. 使用 Python 子进程运行 Kubectl

这里将再次使用 Python，读者可以用官方 Python 客户端与自己的程序进行比较。

Python 有一个名为 `subprocess` 的模块，它可以运行诸如 kubectl 的外部进程并捕获输出。如下代码是一个 Python 3 示例，它自己运行 kubectl 并显示用法输出的开头。

```
>>> import subprocess
>>> out = subprocess.check_output('kubectl').decode('utf-8')
>>> print(out[:276])
```

kubectl 控制 Kubernetes 集群管理器。

Basic 命令（初学者）包含以下两种。

● `create`：通过文件名或 stdin 创建资源。

● `expose`：带来副本控制器、服务、部署或 Pod。

`check_checkout()` 函数将输出捕获为一个字节数组，需要解码为 `utf-8` 以正确显示它。我们可以稍微泛化一下，创建一个名为 `k` 的便捷函数，该函数接收它提供给 Kubectl 的参数，然后对输出进行解码并返回，代码如下所示。

```
from subprocess import check_output

def k(*args):
    out = check_output(['kubectl'] + list(args))
    return out.decode('utf-8')
```

下面使用它来列出默认命名空间中的所有运行的 Pod，代码如下所示。

```
>>> print(k('get', 'po'))
```

```
NAME                                    READY    STATUS     RESTARTS    AGE
nginx-deployment-4087004473-cc461       1/1      Running    0           21m
nginx-deployment-4087004473-hkd3w       1/1      Running    0           21m
nginx-deployment-4087004473-j3kfc       1/1      Running    0           21m
```

当使用带有 -o 标志的结构化输出选项时，真正的威力就出现了。然后，结果可以自动转换为 Python 对象。下面是 `k()` 函数的修改版本，它接收布尔 `use_json` 关键字参数（默认为 `False`），如果 `True` 添加 -o `json`，就将 JSON 输出解析为 Python 对象（字典），代码如下所示。

```
from subprocess import check_output
import json

def k(use_json=False, *args):
    cmd = ['kubectl']

    cmd += list(args)
```

```
if use_json:
    cmd += ['-o', 'json']
out = check_output(cmd)
if use_json:
    out = json.loads(out)
else:
    out = out.decode('utf-8')
return out
```

上面的操作返回了一个完整的 API 对象，可以像直接访问 REST API 或使用官方 Python 客户端时一样对其进行导航和下钻操作，代码如下所示。

```
result = k(use_json=True, 'get', 'po')
for r in result['items']:
    print(r['metadata']['name'])

nginx-deployment-4087004473-cc461
nginx-deployment-4087004473-hkd3w
nginx-deployment-4087004473-j3kfc
```

下面来看一下如何删除 deployment 并等待所有的 Pod 都消失。因为 kubectl 删除命令不接受-o json 选项（虽然它有-o 名称），所以这里省略 use_json，代码如下所示。

```
k('delete', 'deployment', 'nginx-deployment')
while len(k('get', 'po', use_json=True)['items']) > 0:
    print('.')

print('Done.')

Done.
```

12.2　扩展 Kubernetes API

Kubernetes 是一个非常灵活和可扩展的平台。它甚至允许开发者将自己的 API 扩展为第三方资源的新类型资源。用第三方资源可以做很多事情。可以用它们来管理位于 Kubernetes 集群之外的 Kubernetes API 资源，但是 Pod 会与之通信。通过添加这些外部资源作为第三方资源，可以全面地了解系统，并能从许多 Kubernetes API 特性中获益，比如以下几点。

- 自定义 CRUD REST 端点。
- 版本控制。

- 监视。
- 与通用 Kubernetes 工具自动集成。

第三方资源的其他用例是自定义控制器和自动化程序的元数据。

接下来，我们继续深入介绍第三方资源。

12.2.1　理解第三方资源的结构

为了与 Kubernetes API 服务器有良好的配合，第三方资源必须符合一些基本要求。与内置 API 对象类似，它们必须具有以下字段。

- `metadata`：标准 Kubernetes 对象元数据。
- `kind`：第三方资源所描述的资源类型。
- `description`：资源的免费文本描述。
- `versions`：资源版本的列表。

Kubernetes 使用 `CamelCase` 的资源类型。类型字段必须为 `<kind name>.<domain>`。类型名称应该是连字符之间的小写字母。Kubernetes 会把它转化为 `CamelCase` 资源类型。例如，`awesome-resource` 将成为 `AwesomeResource`。

除这些字段之外，还可以添加任何所需的字段，并存储任意 JSON 来创建读者喜欢的结构。

12.2.2　开发第三方资源

区分读者定义的、不绑定到命名空间的第三方资源和读者创建的实际对象（总是绑定到命名空间）非常重要。目前，Kubernetes 不支持基于第三方资源的命名空间较少的自定义对象。如下代码是一个第三方资源的例子。

```
apiVersion: extensions/v1beta1
kind: ThirdPartyResource
metadata:
name: cron-tab.stable.example.com
description: A pod that runs on schedule
versions:
name: v1
```

它具有所有必需的字段：`kind`、`metadata`、`description` 和 `versions`。它还具有 `apiVersion` 字段，将其与 `extensions/v1beta1` 组相关联。

如下是创造它的代码内容。

```
$ k create -f 3rd-party-resource.yaml
thirdpartyresource "cron-tab.stable.example.com" created
```

现在，来验证我们可以访问它，代码如下所示。

```
$ kubectl get thirdpartyresources
NAME                          DESCRIPTION                   VERSION(S)
cron-tab.stable.example.com   A pod that runs on schedule   v1
```

还有一个新的 API 端点管理这个新资源，代码如下所示。

/apis/stable.example.com/v1/namespaces/\<namespace\>/crontabs/

如下代码展示了如何使用 Python 代码来访问它。

```
>>> config.load_kube_config()
>>> print(k('get', 'thirdpartyresources'))
NAME                          DESCRIPTION                   VERSION(S)
cron-tab.stable.example.com   A pod that runs on schedule v1
```

12.2.3 整合第三方资源

一旦创建了 ThirdPartyResource 对象，就可以创建这种资源类型的自定义对象，尤其是本例中的 CronTab（CronTab 变为 CamelCase CronTab）。CronTab 对象可以包含任意 JSON 的任意字段。在下面的示例中，cronSpec 对象和图像自定义字段是在 CronTab 对象上设置的。此外，stable.example.com API 组是根据 ThirdPartyResource 的 metadata.name 命名的，代码如下所示。

```
apiVersion: stable.example.com/v1
kind: CronTab
metadata:
name: new-cron-object
cronSpec: ****/5
image: my-awesome-cron-image
```

如下是创造它的代码内容。

```
$ kubectl create -f crontab.yaml
crontab "new-cron-object" created
```

在这一点上，kubectl 可以在 CrontTab 对象上运行，就像它在内置对象上工作一样。注意，使用 kubectl 时资源名称不区分大小写，代码如下所示。

```
$ kubectl get crontab
```

```
NAME                    LABELS              DATA
new-cron-object         <none>              {"apiVersion":"stable.example.com/
v1","cronSpec":"...
```

还可以使用标准-o json 标志查看原始 JSON 数据，代码如下所示。

```
$ kubectl get crontab - o json
{
    "kind": "List",
    "apiVersion": "v1",
    "metadata": {},
    "items": [
        {
            "apiVersion": "stable.example.com/v1",
            "cronSpec": "* * * * /5",
            "image": "my-awesome-cron-image",
            "kind": "CronTab",
            "metadata": {
                "creationTimestamp": "2016-09-29T04:59:00Z",
                "name": "new-cron-object",
                "namespace": "default",
                "resourceVersion": "12601503",
                "selfLink": "/apis/stable.example.com/v1/namespaces/
default/crontabs/new-cron-object",
                "uid": "6f65e7a3-8601-11e6-a23e-42010af0000c"
            }
        }
    ]
}
```

12.3 编写 Kubernetes 插件

在本节中将深入探讨 Kubernetes 的内核，并学习如何利用其广为人知的灵活性和可扩展性。这一节会介绍可以通过插件定制的不同方面，以及如何实现这些插件并将其与 Kubernetes 集成。

编写自定义调度程序插件

Kubernetes 把自己定义为一个容器调度和管理系统。因此，调度器是 Kubernetes 最重要的组成部分。Kubernetes 带有默认调度器，也允许编写额外的调度器。要编写自己的自定义调度程序，需要了解该调度程序做什么、如何打包、如何部署自定义调度程序以及如何集成调度程序。

在本节的其余部分，将深入探讨源并检查数据类型、算法和代码。

1. 了解 Kubernetes 调度器的设计

调度器的任务是为新创建或重新启动的 Pod 找到节点，以及在 API 服务器中创建绑定并在那里运行它。如果调度器找不到合适的 Pod 节点，它将处于挂起状态。

（1）调度器

调度器的大多数工作都非常通用——找出需要调度哪些 Pod，更新它们的状态，并在所选节点上运行它们。自定义部分是指定如何映射到节点的 Pod。Kubernetes 团队已经意识到定制调度，并且通用调度器可以配置不同调度算法的需求。

主要的数据类型是调度器 struct，它包含具有许多属性的 Config struct（它将很快被配置器接口取代），代码如下所示。

```
type Scheduler struct {
    config *Config
}
```

如下代码是 Config struct。

```
type Config struct {
    SchedulerCache schedulercache.Cache
    NodeLister     algorithm.NodeLister
    Algorithm      algorithm.ScheduleAlgorithm
    Binder         Binder
    PodConditionUpdater PodConditionUpdater
    NextPod func() *v1.Pod
    Error func(*v1.Pod, error)
    Recorder record.EventRecorder
    StopEverything chan struct{}
}
```

上述这些都是接口，因此可以用自定义功能配置调度器。尤其在需要定制 Pod 调度时，调度算法是相关的。

（2）注册算法提供者

调度器具有算法提供者和算法的概念。它们共同让开发者使用内置调度程序的实质性功能，而且仅替换核心调度算法。

算法提供者允许开发者和工厂注册为新的算法提供者。假设已经注册了一个名为 ClusterAutoScalerProvider 的自定义提供程序，下面会介绍调度器如何知道要使用哪个算法提供程序。密钥文件的代码如下所示。

/plugin/pkg/scheduler/algorithmprovider/defaults/defaults.go

下面是 init()函数的相关部分，除缺省和自动伸缩程序的提供程序之外，还应该对其进行扩展以包括算法提供程序，代码如下所示。

```
func init() {
    ...
    // 注册算法提供者。默认情况下使用 DefaultProvider，但读者可以通过指定标志来指定使用
factory.RegisterAlgorithmProvider(factory.DefaultProvider,
                                  defaultPredicates(),
                                  defaultPriorities())
    // 集群自动调度器友好调度算法
    factory.RegisterAlgorithmProvider(
        ClusterAutoscalerProvider,
        defaultPredicates(),
        copyAndReplace(defaultPriorities(),
                    "LeastRequestedPriority",
                    "MostRequestedPriority"))
    ...
```

除注册成为提供者之外，还需要注册一个合适的 predicate 和一个优先级函数，它们用于实际执行调度。

可以使用工厂的 RegisterFitPredicate()和 RegisterPriorityFunction2()函数。

（3）配置调度器

调度器算法作为配置的一部分被提供。自定义调度器可以实现 ScheduleAlgorithm 接口，代码如下所示。

```
type ScheduleAlgorithm interface {
    Schedule(*v1.Pod, NodeLister) (selectedMachine string,
                                   err error)
}
```

在运行调度程序时，可以将自定义调度程序或自定义算法提供程序的名称作为命令行参数。如果没有提供，则会使用默认算法提供程序。调度器的命令行参数是 --algorithm- provider 和--scheduler-name。

2．打包调度器

自定义调度器作为一个 Pod 运行在它监督的相同的 Kubernetes 集群中。它需要被包装成一个容器镜像。下面用一个标准 Kubernetes 调度器的副本来演示。我们可以从源构

建 Kubernetes 并构建它来获得调度镜像，代码如下所示。

```
git clone https://github.com/kubernetes/kubernetes.git
cd kubernetes
make
```

找到代码中的 Docker 文件。

```
FROM busybox
ADD ./_output/dockerized/bin/linux/amd64/kube-scheduler \
    /usr/local/bin/kube-scheduler
```

用它 build Docker 镜像类型，代码如下所示。

```
docker build -t custom-kube-scheduler:1.0
```

将镜像推送到容器注册表中。如下代码中使用 DockerHub。

```
docker push g1g1/custom-kube-scheduler
```

在推送镜像之前，需要在 DockerHub 上创建一个账户并登录，代码如下所示。

```
docker login
```

3. 部署自定义调度器

既然调度器镜像在注册表中建立并可用，就需要为它创建一个 Kubernetes 部署。因为调度器非常关键，所以可以使用 Kubernetes 来确保它始终在运行。如下代码的 YAML 文件定义了一个部署，包含一个副本和一些其他的铃声和哨声，例如活动性和准备状态探测。

```
apiVersion: extensions/v1beta1
kind: Deployment
metadata:
  labels:
    component: scheduler
    tier: control-plane
  name: custom-scheduler
  namespace: kube-system
spec:
  replicas: 1
  template:
    metadata:
      labels:
        component: scheduler
```

```
        tier: control-plane
        version: second
spec:
  containers:
  - command:
    - /usr/local/bin/kube-scheduler
    - --address=0.0.0.0
    - --leader-elect=false
    - --scheduler-name=custom-scheduler
    image: g1g1/custom-kube-scheduler:1.0
    livenessProbe:
      httpGet:
        path: /healthz
        port: 10251
      initialDelaySeconds: 15
    name: kube-second-scheduler
    readinessProbe:
      httpGet:
        path: /healthz
        port: 10251
    resources:
      requests:
        cpu: '0.1'
```

调度器的名称（这里是 custom-scheduler）是重要的并且必须唯一，稍后会使用 Pod 与调度程序关联来调度它们。请注意，自定义调度器属于 kube-system 命名空间。

4．在集群上运行另一个自定义调度器

运行另一个自定义调度器与创建部署一样简单，这就是这种封装方法的优点。Kubernetes 马上会运行第二个调度器，这非常重要，但 Kubernetes 却不知道正在发生什么。它只是像其他 Pod 一样部署一个 Pod，除非这个 Pod 恰好是一个定制的调度程序，代码如下所示。

```
$ kubectl create -f custom-scheduler.yaml
```

如下代码展示了如何验证调度器 Pod 是否正在运行。

```
$ kubectl get pods --namespace=kube-system
NAME                         READY    STATUS     RESTARTS    AGE
....
custom-scheduler-1nf4s-4744f   1/1      Running    0           2m
...
```

自定义调度器确实正在运行。

5．分配自定义调度器到节点

目前，自定义调度器与默认调度器一起运行。但是当一个 Pod 需要调度时，Kubernetes
如何选择使用哪种调度程序呢？这是由 Pod 而非 Kubernetes 决定的。Pod 规范有一个可
选的调度程序名称字段，如果缺少该字段，则使用默认调度器；否则使用指定的调度器。
这就是自定义调度器名称必须唯一的原因。默认调度器的名称是 default-
scheduler，以防在 Kubernetes 规范中直接显示。如下代码是一个 Pod 定义，该 Pod
定义会使用默认调度器进行调度。

```
apiVersion: v1
kind: Pod
metadata:
  name: some-pod
  labels:
    name: some-pod
spec:
  containers:
  - name: some-container
    image: gcr.io/google_containers/pause:2.0
```

要使 custom-scheduler 调度此 Pod，请将 Pod 规格按照如下代码进行更改。

```
apiVersion: v1
kind: Pod
metadata:
  name: some-pod
  labels:
    name: some-pod
spec:
  schedulername: custom-scheduler
  containers:
  - name: some-container
    image: gcr.io/google_containers/pause:2.0
```

6．验证 Pod 使用的是自定义调度器

有两种主要的方法来验证 Pod 是否通过正确的调度器来调度。首先，在部署自定义
调度器之前，可以创建需要由自定义调度器调度的 Pod。Pod 将保持在悬而未决的状态。
然后，部署自定义调度器，待调度的 Pod 将被调度并开始运行。

另一种方法是检查事件日志并使用此命令查找计划事件，代码如下所示。

```
$ kubectl get events
```

12.4　编写授权插件

其他接口实现可以很容易地开发。API 服务器会调用授权器接口，代码如下所示。

```
type Authorizer interface {
  Authorize(a Attributes) error
}
```

这样做是为了决定是否允许每个 API 执行。

授权插件是实现这个接口的模块。授权插件代码放在 `pkg/auth/authorizer/` `$MODULENAME` 模块名中。

授权模块可以在 Go 中实现，或者可以调用远程授权服务。授权模块可以实现自己的缓存，以降低具有相同或类似参数的重复授权调用的成本。开发人员应该考虑缓存和撤销权限之间的相互作用。

12.4.1　编写准入控制接口

准入控制插件在使 Kubernetes 成为一个灵活和可适应的平台方面具有重要的作用。对 API 的每个请求（在通过身份验证和授权之后）都经过配置的准入控制插件链。如果任何插件拒绝它，那么整个请求会被拒绝。但是，准入控制插件可以做更多的事，而不仅仅是对一个请求引入或拒绝。准入控制插件可以修改传入的请求、应用默认值、修改相关的资源等。

Kubernetes 的许多高级特性依赖于准入控制插件。如果运行一个没有任何插件的 API 服务器，会得到一个非常小的 Kubernetes。对于 Kubernetes 1.4 及以上版本，推荐以下的准入控制插件列表。

- NamespaceLifecycle。
- LimitRanger。
- ServiceAccount。
- DefaultStorageClass。
- ResourceQuota。

读者可以编写自己的准入控制插件，并且必须将其编译到 API 服务器进程中。

可以通过`--admission-control`标志告诉 Kubernetes API 服务器要使用哪些准

入控制插件，可以将其设置为以逗号分隔的准入控制插件名称列表，代码如下所示。

```
--admission-control=NamespaceLifecycle,LimitRanger,CustomAdmission
```

准入支持在`/pkg/admission`中。

1. 实现准入控制插件

准入控制插件必须实现`admission.Interface`接口（接口名是 Interface 确实有点令人困惑），代码如下所示。

```
type Interface interface {
  Admit(a Attributes) (err error)
  andles(operation Operation) bool
}
```

这个接口非常简单。`Admit()`函数接收一个 `Attributes` 接口，并根据这些 `Attributes` 决定是否应该接受请求。如果返回 `nil`，则请求 ID 被允许；否则将被拒绝。

`Handles()`函数返回准入控制插件处理的操作。如果一个准入控制器不支持某一操作，则它被认为对于这个插件是允许的。

通过注册的准入控制插件链并确定是否允许操作的整个工作流程只有下面几行代码。

```
func(admissionHandler chainAdmissionHandler) Admit(a Attributes) error {
    for _, handler: =range admissionHandler {
        if ! handler.Handles(a.GetOperation()) {
            continue
        }
        err: =handler.Admit(a)
        if err != nil {
            return err
        }
    }
    return nil
}
```

下面来看一个简单的例子——alwaysDeny 准入控制插件。它是为测试而设计的，会拒绝任何请求。

`Admit()`函数总是返回 `no-nil`，`Handles()`总是返回 `true`，因此它会处理每个操作，`Admit()`拒绝它，代码如下所示。

```
type alwaysDeny struct {}
```

```
func(alwaysDeny) Admit(a admission.Attributes)(err error) {
  return admission.NewForbidden(a, errors.New("Admission control is
denying all modifications"))
}

func(alwaysDeny) Handles(operation admission.Operation) bool {
  return true
}
// NewAlwaysDeny 创建一个始终拒绝准入处理程序
func NewAlwaysDeny() admission.Interface {
  return new(alwaysDeny)
}
```

2. 注册一个准入控制插件

每个准入控制插件都有自己的 init() 函数，当插件被导入时调用它。根据这个思路，开发者应该注册自己的插件，这样它才可用。如下代码是 AlwaysDeny 拒绝准入控制插件的 init() 函数。

```
func init() {
    admission.RegisterPlugin(
        "AlwaysDeny",
        func(config io.Reader)(admission.Interface, error) {
            return NewAlwaysDeny(),nil
        })
}
```

它只调用准入安装包的 RegisterPlugin() 函数，传递 Plugin 名称和 factory 函数，该函数接收配置读取器并返回插件实例。

3. 链接自定义准入控制插件

Go 只支持静态插件。为了导入和注册，每个自定义插件必须链接到 API 服务器可执行文件中。

如下代码是该文件的一部分。添加插件后该插件将被导入，这将使调用它的 init() 函数注册插件。

```
package app

import (
  // 云提供商
  _ "k8s.io/kubernetes/pkg/cloudprovider/providers"
  // Admission policies
```

```
_ "k8s.io/kubernetes/plugin/pkg/admission/admit"
_ "k8s.io/kubernetes/plugin/pkg/admission/alwayspullimages"
  ...
_ "k8s.io/kubernetes/plugin/pkg/admission/serviceaccount"
)
```

如下代码展示了一些准入插件。

```
go_library(
    name = "go_default_library",
    srcs = [
        "plugins.go",
        "server.go",
    ],
    tags = ["automanaged"],
    deps = [
    .
    .
    .
        "//plugin/pkg/admission/admit:go_default_library",
        "//plugin/pkg/admission/deny:go_default_library",
"//plugin/pkg/admission/exec:go_default_library",
      "//plugin/pkg/admission/gc:go_default_library",
    .
    .
    .
```

必须为准入控制插件添加一行。

12.4.2　编写自定义度量插件

自定义度量被实现为由 Pod 公开的自定义端点，并且它们扩展了 cAdvisor 所公开的度量。

Kubernetes 1.2 增加了基于特定于应用程序的度量的 Alpha 支持扩展，如**每秒查询**（**Queries Per Second，QPS**）或平均请求延迟。必须将 ENABLE_CUSTOM_METRICS 环境变量设置为 true 来启动集群。

1. 配置 Pod 的自定义度量

要伸缩 Pod 就必须有 cAdvisor 特别定制（aka 应用程序）的度量端点。下面展示了配置格式。Kubernetes 预计配置将被放置在 definition.json 中，通过/etc/custom 度量中的配置映射挂载。ConfigMap 代码如下所示。

```
apiVersion: v1
kind: ConfigMap
metadata:
  name: cm-config
data:
  definition.json: "{\"endpoint\" : \"http://localhost:8080/metrics\"}"
```

由于 cAdvisor 当前的工作方式，localhost 指的是节点本身，而不是运行的 Pod，因此，Pod 中的适当容器必须请求一个节点端口，代码如下所示。

```
ports:
- hostPort: 8080
  containerPort: 8080
```

2．指定目标度量值

使用自定义度量的水平 Pod 自动伸缩是通过注解来配置的。注解中的值被解释为在所有运行的 Pod 上平均的目标度量值，代码如下所示。

```
annotations:
  alpha/target.custom-metrics.podautoscaler.kubernetes.io:
'{"items":[{"name":"qps", "value": "10"}]}'
```

在这种情况下，如果有 4 个 Pod 在运行，并且每个 Pod 报告 qps 度量等于 15，那么 HPA 将启动两个额外的 Pod，因此总共有 6 个 Pod。如果在注解中传递了多个度量或配置了 CPU，那么 HPA 将使用来自计算的最大数量的副本。

即使未指定目标 CPU 利用率，也将使用默认值 80%。为了仅基于定制度量计算所需的副本数量，CPU 利用率目标应该设置为非常大的值（如 100000%）。这样，与 CPU 相关的逻辑将只想要一个副本，将关于更高副本计数的决定留给自定义度量（以及最小/最大限制）。

12.4.3　编写卷插件

卷插件是另一种插件，它是 Kubelet 插件。如果想要支持一种新类型的存储，就可以编写自己的存储卷插件，将它与 Kubelet 链接，并注册它。有两种方式：持久性和非持久性。因为需要为持久性实现附加接口，因此持久存储卷需要一些额外的工作。

1．实现卷插件

卷插件是复杂的实体。如果需要实现一个新的卷插件，那么必须深入挖掘，因为有很多细节必须准确。稍后我们会介绍这部分内容的片段和接口。

如下代码是裸金属 VolumePlugin 接口（表示非持久存储卷）。

```
type VolumePlugin interface {
  Init(host VolumeHost) error
  GetPluginName() string
  GetVolumeName(spec *Spec) (string, error)
  CanSupport(spec *Spec) bool
  RequiresRemount() bool
  NewMounter(spec *Spec,
             podRef *v1.Pod,
             opts VolumeOptions) (Mounter, error)
  NewUnmounter(name string,
               podUID types.UID) (Unmounter, error)
  ConstructVolumeSpec(volumeName,
                      mountPath string) (*Spec, error)
  SupportsMountOption() bool
  SupportsBulkVolumeVerification() bool
}
```

各种接口函数接收或返回几个其他接口和数据类型，如 Spec、Mounter 和 Unmounter。

如下代码是 Spec，它是 API Volume 的内部表示。

```
type Spec struct {
  Volume           *v1.Volume
  PersistentVolume *v1.PersistentVolume
  ReadOnly         bool
}
```

还有其他几个接口从 VolumePlugin 派生出来，并在它们表示的存储卷上被赋予一些额外的属性。以下是可用接口的列表。

- PersistentVolumePlugin。
- RecyclableVolumePlugin。
- DeletableVolumePlugin。
- ProvisionableVolumePlugin。
- AttachableVolumePlugin。

2．注册卷插件

注册Kubelet卷插件略有不同，它是通过调用每个插件上的ProbeVolumePlugins()

来完成的，这个 `ProbeVolumePlugins()` 返回一个插件的列表。如下代码使其中一个片段。

```
func ProbeVolumePlugins(pluginDir string) []volume.VolumePlugin {
  allPlugins := []volume.VolumePlugin{}

  allPlugins = append(allPlugins,
                      aws_ebs.ProbeVolumePlugins()...)
  allPlugins = append(allPlugins,
                      empty_dir.ProbeVolumePlugins()...)
  allPlugins = append(allPlugins,
                      gce_pd.ProbeVolumePlugins()...)
  .
  .
  .

  return allPlugins
}
```

如下代码是 `aws_elb` 卷插件的 `probeVolumePlugins()` 函数的示例。

```
func ProbeVolumePlugins() []volume.VolumePlugin {
  return []volume.VolumePlugin{&awsElasticBlockStorePlugin{nil}}
}
```

一般来说，可以返回多个插件，而非只是一个插件。

3．链接卷插件

自定义卷插件必须链接到 Kubelet 可执行文件中。必须在 deps 部分中为自定义卷插件添加一行代码到 build 文件中如下代码展示了其他卷插件。

```
go_library(
    name = "go_default_library",
    srcs = [
        "auth.go",
        "bootstrap.go",
        "plugins.go",
        "server.go",
        "server_linux.go",
    ],
    tags = ["automanaged"],
    deps = [
        "//cmd/kubelet/app/options:go_default_library",
        "//pkg/api:go_default_library",
        .
```

.
.

```
"//pkg/volume:go_default_library",
"//pkg/volume/aws_ebs:go_default_library",
"//pkg/volume/azure_dd:go_default_library",
```

.
.

12.5 总结

在本章中，我们讨论了 3 个主要的主题：使用 Kubernetes API、扩展 Kubernetes API 以及编写 Kubernetes 插件。Kubernetes API 支持 OpenAPI 规范，它是 REST API 设计的一个实现，它遵循所有当前的最佳实践。它非常一致、有组织且有详细记录。然而，它是一个庞大的 API，不易理解。读者可以通过 HTTP 上的 REST 直接访问 API，也可以使用正式的 Python 客户端库，甚至通过调用 kubectl 进行访问。

扩展 Kubernetes API 涉及定义自己的第三方资源。当把它们与其他自定义插件相结合时，或者在外部查询和更新这些插件时最为有效。

插件是 Kubernetes 设计的基础，意味着它总是可以被用户扩展以适应任何需求。本章介绍了可以编写的各种插件，以及如何在 Kubernetes 上无缝地注册与集成它们。

读完本章后，读者应该非常清楚通过 API 访问、第三方资源和自定义插件的方式定制和控制 Kubernetes 的所有主要机制。读者可以利用这些能力来增强 Kubernetes 的现有功能，并使其适应自身和系统的需要。

在第 13 章中，会介绍 Helm、Kubernetes 包管理器及其图表。读者可能已经意识到，在 Kubernetes 上部署和配置复杂的系统并不简单。Helm 允许将一组清单组合在一个图表中，作为单个单元的安装。

第 13 章
操作 Kubernetes 软件包管理器

本章将介绍 Kubernetes 软件包管理器——Helm。每一个成功和伟大的平台都必须有一个好的软件包系统。Helm 是由 Deis（于 2017 年 4 月被微软收购）开发的，后来直接为 Kubernetes 项目做出了贡献。本章会从理解 Helm 的动机、体系结构以及组成部分开始。然后，我将带领读者亲自动手，看一看如何在 Kubernetes 中使用 Helm 及其图表，包括查找、安装、定制、删除和管理图表。最后，将介绍如何创建自己的图表以及操作版本控制、依赖关系和模板。

13.1 理解 Helm

Kubernetes 提供了许多在运行时组织和编排容器的方法，但是它缺乏将镜像集分组在一起的更高层次的组织，这就是 Helm 的应用场景。在本节中将详细介绍 Helm 的动机、体系结构和组件，并讨论从 Helm Classic 到 Helm 的转变过程中发生了哪些变化。

13.1.1 Helm 的动机

Helm 为以下几种重要的用例提供支持。
- 管理复杂性。
- 易升级。
- 简单共享。
- 安全回滚。

即便是最复杂的应用程序，图表也可以描述、提供可重复的应用程序安装，并作为单一的权威点。就地升级和自定义钩子可以比较容易地进行更新。共享可在公共或私有服务器上版本化和托管的图表是很简单的。当需要回滚最近的升级时，Helm 提供了一个命令来回滚对基础设施的一组内聚性的更改。

13.1.2 Helm 架构

Helm 被设计为执行以下操作。

- 从头开始创建新图表。
- 将图表打包成图表存档（tgz）文件。
- 与图表存储的图表存储库交互。
- 在现有的 Kubernetes 集群中安装和卸载图表。
- 管理已安装 Helm 的图表的发布周期。

Helm 使用客户机-服务器体系结构来实现这些目标。

13.1.3 Helm 组件

Helm 有一个运行在 Kubernetes 集群上的服务器组件和运行在本地机器上的客户端组件。

1. Tiller 服务器

服务器负责管理发布。它与 Helm 客户端以及 Kubernetes API 服务器进行交互。其主要功能如下。

- 监听来自 Helm 客户端的输入请求。
- 结合图表和配置来构建发布。
- 在 Kubernetes 中安装图表。
- 跟踪后续发布。
- 通过与 Kubernetes 交互升级和卸载图表。

2. Helm 客户端

请在机器上安装 Helm 客户端，它承担以下职责。

- 本地图表开发。
- 管理知识库。
- 与 Tiller 服务器交互。
- 发送要安装的图表。
- 询问与发布相关的信息。
- 请求升级或卸载现有版本。

13.1.4　Helm 与 Helm–Classic

直到 0.70 版本 Helm 都是由 Deis 开发的。从那之后，原本的 Helm 已经被打上 Helm-Classic 的烙印。使用 Helm-Classic 的唯一原因是，开发者已经有了现有的图表，但还没有准备好升级。

13.2　使用 Helm

Helm 是一个丰富的安装包管理系统,它允许开发者执行一切必要的步骤来管理安装在集群上的应用程序。下面我们将尝试使用它。

13.2.1　安装 Helm

安装 Helm 包括安装客户端和服务器。Helm 是在 Go 中实现的，相同的二进制可执行文件可以充当客户端或服务器。

1．安装 Helm 客户端

必须正确配置 kubectl 以使之与 Kubernetes 集群进行通信，因为 Helm 客户端使用 kubectl 配置与 Helm 服务器（Tiller）进行通信。

Helm 为所有平台提供二进制版本，对于 Windows 来说，上述方案是唯一的选择。

对于 macOS 和 Linux 系统来说，还可以根据如下代码的脚本安装客户端。

```
$ curl https://raw.githubusercontent.com/kubernetes/helm/master/scripts/
get > get_helm.sh
$ chmod 700 get_helm.sh
$ ./get_helm.sh
```

在 macOS 上，也可以使用自制程序，代码如下所示。

```
brew install kubernetes-helm
```

2．安装 Tiller 服务器

Tiller 通常在集群内运行。对开发来讲，在本地运行 Tiller 有时更容易。

（1）在集群中安装 Tiller

安装 Tiller 的简单方法来源于安装 Helm 客户端的机器。

运行以下命令：Helm init。

这将初始化客户端以及远程 Kubernetes 集群上的 Tiller 服务器。安装完成后，将在集群的 `kube-system` 命名空间中存在一个运行 Tiller 的 Pod，代码如下所示。

```
$ kubectl get po --namespace=kube-system -l name=tiller
NAME                           READY   STATUS    RESTARTS   AGE
tiller-deploy-3210613906-2j5sh 1/1     Running   0          1m
```

还可以运行 `helm version` 来检查客户端和服务器的版本，代码如下所示。

```
$ helm version
Client: &version.Version{SemVer:"v2.2.3", GitCommit:"1402a4d6ec9fb349e17b
912e32fe259ca21181e3", GitTreeState:"clean"}
Server: &version.Version{SemVer:"v2.2.3", GitCommit:"1402a4d6ec9fb349e17b
912e32fe259ca21181e3", GitTreeState:"clean"}
```

（2）在本地安装 Tiller

要在本地运行 Tiller，需要先构建它。这在 Linux 和 macOS 上是支持的，代码如下所示。

```
$ cd $GOPATH
$ mkdir -p src/k8s.io
$ cd src/k8s.io
$ git clone https://github.com/kubernetes/helm.git
$ cd helm
$ make bootstrap build
```

`bootstrap` 目标将尝试安装附属项，重建 `vendor/` 树，并验证配置。

`build` 目标将编译 Helm 并将其放置在 `bin /helm` 目录下。Tiller 也会被编译，并放置在 `bin /tiller` 下。

现在便可以只运行 `bin /tiller`。Tiller 将通过 kubectl 配置连接到 Kubernetes 集群。

这时需要告知 Helm 客户端连接到本地 Tiller 服务器。可以通过设置 `environment` 变量来实现，代码如下所示。

```
$ export HELM_HOST=localhost:44134
Or you can pass it as a command-line argument, --host localhost:44134.
```

13.2.2　寻找图表

为了用 Helm 安装有用的应用程序和软件，首先需要找到它们的图表。这就是 `helm search` 命令进入的地方。默认情况下，Helm 搜索官方的 Kubernetes `chart repository`，称为 `stable`，代码如下所示。

```
$ helm search
NAME                    VERSION    DESCRIPTION
stable/chaoskube        0.5.0      Chaoskube periodically kills
random pods in you...
stable/cockroachdb      0.2.2      CockroachDB is a scalable,
survivable, strongly...
stable/dokuwiki         0.1.3      DokuWiki is a standardscompliant,
simple to us...
stable/Jenkins          0.3.1      Open source continuous
integration server. It s...
stable/kapacitor        0.2.2      InfluxDB's native data processing
engine. It ca...
stable/kube-lego        0.1.8      Automatically requests
certificates from Let's ...
stable/kube-ops-view    0.2.0      Kubernetes Operational View -
read-only system ...
stable/kube2iam         0.2.1      Provide IAM credentials to pods
based on annota...
```

官方 repository 库拥有丰富的图表库, 这些图表库代表所有现代的开放源码数据库、监视系统、Kubernetes 专用的助手和许多其他产品, 例如 Minecraft 服务器。读者可以搜索特定的图表。例如, 下面的代码搜索包含 kube 的名称或描述的图表。

```
$ helm search kube
NAME                    VERSION    DESCRIPTION
stable/chaoskube        0.5.0      Chaoskube periodically kills random pods
in you...
stable/kube-lego        0.1.8      Automatically requests certificates from
Let's ...
stable/kube-ops-view    0.2.0      Kubernetes Operational View - read-only
system ...
stable/kube2iam         0.2.1      Provide IAM credentials to pods based on
annota...
stable/sumokube         0.1.1      Sumologic Log Collector
stable/etcd-operator    0.2.0      CoreOS etcd-operator Helm chart for
Kubernetes
stable/nginx-lego       0.2.1      Chart for nginx-ingress-controller and
kube-lego
stable/openvpn          1.0.1      A Helm chart to install an openvpn server
insid...
stable/spartakus        1.1.1      Collect information about Kubernetes
clusters t...
stable/traefik          1.1.2-h    A Traefik based Kubernetes ingress
controller w...
```

让我们尝试搜索 MySQL，代码如下所示。

```
$ helm search mysql
NAME            VERSION     DESCRIPTION
stable/mysql    0.2.5       Fast, reliable, scalable, and easy to use open-
...
stable/mariadb  0.5.14      Fast, reliable, scalable, and easy to use open-
...
```

来看一下发生了什么？为什么 mariadb 出现在结果中？原因在于，mariadb（MySQL 的分支）在其描述中提到了 MySQL，尽管在截断的输出中看不到它。要获得完整的描述，请使用 helm inspect 命令，代码如下所示。

```
$ helm inspect stable/mariadb
description: Fast, reliable, scalable, and easy to use open-source
relational database
  system. MariaDB Server is intended for mission-critical, heavy-load
production systems
  as well as for embedding into mass-deployed software.
engine: gotpl
home: https://mariadb.org
icon: https://bitnami.com/assets/stacks/mariadb/img/mariadb-stack-
220x234.png
keywords:
- mariadb
- mysql
- database
- sql
maintainers:
- email: containers@bitnami.com
  name: Bitnami
name: mariadb
sources:
- https://github.com/bitnami/bitnami-docker-mariadb
version: 0.5.14
```

13.2.3 安装包

现在已经找到了所需的安装包。读者可能希望将其安装在自己的 Kubernetes 集群上。在安装安装包时，Helm 创建了一个可以用来跟踪安装进程的版本。下面来使用 Helm 安装命令安装 MariaDB。让我们详细地过一遍输出结果，输出的第一部分列出了本例中的 -alert-panda 的名称（可以使用--name 标志选择自己的名称）、命名空间和部署状态，代码如下所示。

```
$ helm install stable/mariadb
NAME: alert-panda
LAST DEPLOYED: Sat Apr 1 18:39:47 2017
NAMESPACE: default
STATUS: DEPLOYED
```

输出列表的第二部分列出了由该图表创建的所有资源。需注意的是，资源名称都是从发布名称派生而来的，代码如下所示。

```
==> v1/PersistentVolumeClaim
NAME                     STATUS       VOLUME       CAPACITY       ACCESSMODES       AGE
alert-panda-mariadb      Pending                                                   1s

==> v1/Service
NAME                     CLUSTER-IP       EXTERNAL-IP       PORT(S)       AGE
alert-panda-mariadb      10.3.245.245     <none>            3306/TCP      1s

==> extensions/v1beta1/Deployment
NAME                     DESIRED       CURRENT       UP-TO-DATE       AVAILABLE       AGE
alert-panda-mariadb      1             1             1                0               1s

==> v1/Secret
NAME                     TYPE         DATA       AGE
alert-panda-mariadb      Opaque       2          1s

==> v1/ConfigMap
NAME                     DATA       AGE
alert-panda-mariadb      1          1s
```

最后一部分是关于如何在 Kubernetes 集群的内容中使用 MariaDB 的简单提示，代码如下所示。

```
MariaDB can be accessed via port 3306 on the following DNS name from
within your cluster:
alert-panda-mariadb.default.svc.cluster.local
```

为了连接到数据库，请执行以下操作。

（1）运行一个可以作为客户端使用的 Pod，代码如下所示。

```
    kubectl run alert-panda-mariadb-client --rm --tty -i --image
bitnami/mariadb --command -- bash
```

（2）使用 `mysql cli` 连接，然后提供密码，代码如下所示。

```
$ mysql -h alert-panda-mariadb
```

1．检查安装状态

Helm 不会等待安装完成，因为安装过程可能需要一段时间。`helm status` 命令以与初始 `helm install` 命令输出相同的格式显示关于发布的最新信息。在 `install` 命令的输出中，可以看到持久存储卷请求处于悬而未决的状态。代码如下所示。

```
$ helm status alert-panda | grep Persist -A 3
==> v1/PersistentVolumeClaim
NAME                     STATUS    VOLUME         CAPACITY    ACCESSMODES    AGE
alert-panda-mariadb      Bound     pvc-41...0156  8Gi         RWO            10m
```

它现在被绑定了，并且附加了一个 8 GB 容量的存储卷。

下面来尝试连接和验证 `mariadb` 确实是可访问的。首先从连接的提示中修改建议的命令。用运行 `mysql` 替代运行 `bash`，可以直接在容器上运行 `mysql` 命令，如代下所示。

```
$ kubectl run alert-panda-mariadb-client --rm --tty -i --image bitnami/
mariadb --command -- mysql -h al
ert-panda-mariadb
```

如果没有看到命令提示符，请尝试输入 `enter`。代码如下所示。

```
MariaDB [(none)]> show databases;
+--------------------+
| Database |
+--------------------+
| information_schema |
| mysql |
| performance_schema |
+--------------------+
3 rows in set (0.00 sec)
```

2．定制图表

通常，作为用户，读者可能会希望自定义或配置所安装的图表。Helm 完全支持通过配置文件进行定制。若想要了解可能的自定义内容，可以再次使用 `helm inspect` 命令，但这次关注的是值。如下代码是部分输出。

```
$ helm inspect values stable/mariadb
```

```
## Bitnami MariaDB 镜像版
## ref: https://hub.docker.com/r/bitnami/mariadb/tags/
##
## Default: none
image: bitnami/mariadb:10.1.22-r1

## 指定一个 imagePullPolicy (必选)
## 如果镜像标签为 latest，则建议将其改为 Always
## ref: http://kubernetes.io/docs/user-guide/images/#updating-images
imagePullPolicy: IfNotPresent

## 为根用户指定密码
## ref: https://github.com/bitnami/bitnami-docker-mariadb/blob/master/
README.md#setting-the-root-password-on-first-run
##
# mariadbRootPassword:

## 创建数据库用户
## ref: https://github.com/bitnami/bitnami-docker-mariadb/blob/master/
README.md#creating-a-database-user-on-first-run
##
# mariadbUser:
# mariadbPassword:

## 创建数据库
## ref: https://github.com/bitnami/bitnami-docker-mariadb/blob/master/
README.md#creating-a-database-on-first-run
##
# mariadbDatabase:
```

例如，如果想要在安装 mariadb 时设置 root 密码并创建数据库，则可以创建以下 YAML 文件并将其保存为 mariadb-config.yaml，代码如下所示。

```
mariadbRootPassword: supersecret
mariadbDatabase: awesome_stuff
```

然后，运行 helm 并将其传递给 yaml 文件，代码如下所示。

```
helm install -f config.yaml stable/mariadb
```

还可以用—set 命令设置命令行上的单个值。如果--f 和--set 都试图设置相同的值，那么，--set 优先。例如，在如下代码所示的情况中，root 密码将成为 evenbettersecret。

```
helm install -f config.yaml --set mariadbRootPassword=evenbettersecret
```

```
stable/mariadb
```

可以使用逗号分隔列表指定多个值：--set a＝1，b＝2。

3．额外的安装选项

- helm install 命令可以从多个来源安装。
- chart repository 库（如刚才所见）。
- 本地图表归档（helm install foo-0.1.1.tgz）。
- 未包装的 chart 目录（helm install path/to/foo）。
- 完整的 URL（helm install https://example.com/charts/foo-1.2.3.tgz）。

4．升级和回滚版本

读者可能需要升级安装到最新的版本。Helm 提供了 upgrade 命令，它的操作非常智能，只更新发生变化的部分。例如，让我们检查一下 mariadb 安装的当前值，代码如下所示。

```
$ helm get values alert-panda
mariadbDatabase: awesome_stuff
mariadbRootPassword: evenbettersecret
```

现在，来运行、更新和更改数据库的名称，代码如下所示。

```
$ helm upgrade alert-panda --set mariadbDatabase=awesome_sauce stable/
mariadb
$ helm get values alert-panda
mariadbDatabase: awesome_sauce
```

请注意，此时 root 密码已经丢失。升级时会替换所有现有值。现在回过头来，helm history 命令显示了所有可用的修订，可以回滚到下面的版本，代码如下所示。

```
$ helm history alert-panda
REVISION   STATUS       CHART          DESCRIPTION
1          SUPERSEDED   mariadb-0.5.14 Install complete
2          SUPERSEDED   mariadb-0.5.14 Upgrade complete
3          SUPERSEDED   mariadb-0.5.14 Upgrade complete
4          DEPLOYED     mariadb-0.5.14 Upgrade complete
```

这里，我们回滚到版本 3，代码如下所示。

```
$ helm rollback alert-panda 3
```

```
Rollback was a success! Happy Helming!

$ helm history alert-panda
REVISION   STATUS       CHART            DESCRIPTION
1          SUPERSEDED   mariadb-0.5.14   Install complete
2          SUPERSEDED   mariadb-0.5.14   Upgrade complete
3          SUPERSEDED   mariadb-0.5.14   Upgrade complete
4          SUPERSEDED   mariadb-0.5.14   Upgrade complete
5          DEPLOYED     mariadb-0.5.14   Rollback to 3
```

下面来验证回滚后的变化，代码如下所示。

```
$ helm get values alert-panda
mariadbDatabase: awesome_stuff
mariadbRootPassword: evenbettersecret
```

5．删除发布版本

当然，也可以使用 helm delete 命令删除发布版本。

首先，来检查一下发布列表，这里只有 alert-panda，代码如下所示。

```
$ helm list
NAME            REVISION    STATUS      CHART            NAMESPACE
alert-panda     5           DEPLOYED    mariadb-0.5.14   default
Now, let's delete it:
$ helm delete alert-panda
So, no more releases:
$ helm list
```

但是 Helm 也跟踪删除的版本，从如下代码可以看到它们使用--all 标记。

```
$ helm list --all
NAME            REVISION    STATUS      CHART            NAMESPACE
alert-panda 5               DELETED     mariadb-0.5.14   default
```

13.2.4　使用安装包库

Helm 在简单的 HTTP 服务器存储库中存储图表。任何标准的 HTTP 服务器都可以承载一个 Helm 库。在云端，Helm 团队验证了 AWS S3 和 Google Cloud 存储都可以作为启用 Web 模式的 Helm 存储库。Helm 也与本地包服务器捆绑在一起进行开发者测试。它运行在客户端机器上，因此不适合共享。如果在一个小的团队中，可以在本地网络上的共享机器上运行 Helm 安装包服务器，那么所有团队成员都可以访问。

若要使用本地安装包服务器，请键入 helm serve。请在一个单独的终端窗口中执行它，因为它是阻塞的。Helm 将默认启动来自~/.helm/repository/local 的图表。可以将图表放在此处，并生成带有 Helm 索引的 helm index 文件。

生成的 index.yaml 文件会列出所有图表。

需要注意的是，Helm 不提供用于将图表上传到远程存储库的工具，因为这需要远程服务器理解 Helm、知道将图表放在哪里以及如何更新 index.yaml 文件。

在客户端，helm repo 命令允许用户 list、add、remove、index 和 update，代码如下所示。

```
$ helm repo
```

此命令由多个子命令与 chart 存储库交互。

它可以用于列举、添加、删除、索引和更新图表库。

● 使用案例的代码如下所示。

```
$ helm repo add [NAME] [REPO_URL]
```

● 使用的代码如下所示。

```
helm repo [command]
```

可用命令的代码如下所示。

```
list        list chart repositories
add         add a chart repository
remove      remove a chart repository
index       generate an index file for a given a directory
update      update information on available charts
```

13.2.5　使用 Helm 管理图表

Helm 提供了几个管理图表的命令。它可以创建一个新的图表，代码如下所示。

```
$ helm create cool-chart
Creating cool-chart
```

Helm 将在 cool-chart 创建如下代码所示的文件和目录。

```
-rw-r--r--  1  Gigi 333 Apr  2 15:25 .helmignore
-rw-r--r--  1  Gigi  88 Apr  2 15:25 Chart.yaml
drwxr-xr-x 1  Gigi   0 Apr  2 15:25 charts/
drwxr-xr-x 1  Gigi   0 Apr  2 15:25 templates/
-rw-r--r--  1  Gigi 381 Apr  2 15:25 values.yaml
```

一旦编辑了自己的图表，就可以把它打包成一个 gzipped 的压缩包，代码如下所示。

```
$ helm package cool-chart
```

Helm 将创建一个名为 cool-chart-0.1.0.tgz 的存档文件，并将其存储在 local 目录和 local repository 中。

还可以使用 helm 来帮助自己找到图表的格式或信息的问题，代码如下所示。

```
$ helm lint cool-chart
$ helm lint cool-chart
==> Linting cool-chart
[INFO] Chart.yaml: icon is recommended

1 chart(s) linted, no failures
```

充分利用启动器包

Helm create 命令带有一个可选的--starter 标记，允许指定启动图表。

启动器只是位于$HELM_HOME/starters 中的常规图表。作为图表开发人员，可以编写专门用于启动的图表。这样的图表应该考虑到以下问题。

- Chart.yaml 将被生成器生成的文件覆盖。
- 用户将期望修改这样的图表内容，因此文档应该指示用户如何做到这一点。

目前，将图表添加到$HELM_HOME/starters 的唯一方法是手动复制它。在图表的文档中，读者可能会解释这个过程。

13.3　创建自己的图表

图表是描述一组相关的 Kubernetes 资源的文件集合。单个图表可以用于部署一些简单的东西，比如 memcached Pod；或者一些复杂的东西，比如带有 HTTP 服务器、数据库、缓存等的完整的 Web 应用程序堆栈。

图表是作为特定目录树中的文件创建的。然后，它们可以被打包成版本化的档案来进行部署。关键文件是 Chart.yaml。

13.3.1　Chart.yaml 文件

图表需要的是 Chart.yaml 文件。它需要一个名称和版本字段。

- Name：图表的名称（与目录名相同）。

- Version: 一个 SemVer 2 版本。

它还可以包含各种可选字段。

- description: 该项目关键词的单一句子描述。

这个项目的关键词列表。

- home: 该项目主页的 URL。
- sources: 该项目源代码的 URL 列表。
- 维护者
  - name: 维护者的名称（每个维护者所需的名称）。
  - email: 维护者的电子邮件（每个维护者可选）。
- engine: 模板引擎的名称（默认为 gotpl）。
- icon: SVG 或 PNG 图像用作图标的 URL。
- appVersion: 这个应用程序的版本。
- deprecated: 这张图表是否被弃用？（boolean）

1. 版本控制图

Chart.yaml 内部的 version 字段被许多 Helm 工具使用，包括 CLI 和 Tiller 服务器。在生成安装包时，Helm 包命令将使用它在 Chart.yaml 中找到的版本作为包名中的令牌。该系统假定图表包名称中的版本号与 Chart.yaml 中的版本号相匹配。如果不能满足这个假设，就会产生错误。

2. appVersion 字段

appVersion 字段与版本字段无关。它不被 Helm 使用，而是被用作想要了解它们正在部署什么的用户的元数据或文档。Helm 不应该强制保证正确性。

3. 弃用图表

管理图表存储库中的图表时，有时需要删除图表。Chart.yaml 中可选的弃用字段可以用来标记图表。如果存储库中图表的最新版本被标记为弃用，则整个图表被认为是弃用的。稍后可以通过发布未标记为未删除的新版本来重用图表名称。下面是 kubernetes/图表项目，用于表示图表的工作流如下。

请更新图表的 Chart.yaml 来标记图表为弃用，废弃该版本。

- 在 chart repository 中发布新的图表版本。
- 从 source repository 中删除图表（如 Git）。

13.3.2　图表元数据文件

图表包含描述图表的安装、配置、使用和许可的各种元数据文件。图表的 README 文件应在 MarkDown（README.md）中格式化，一般应包含以下内容。

- 图表提供的应用程序或服务的描述。
- 任何预先必要的或要求的运行图。
- 在 values.yaml 和默认 values 中的描述选项。
- 可能与安装或配置图表相关的任何其他信息。

图表还可以包含一个简短的纯文本 templates/NOTES.txt 文件，该文件将在安装后以及查看发布状态时打印出来。该文件被评估为模板，并且可以用于显示使用说明、下一步，或者与图表发布相关的任何其他信息。例如，可以提供用于连接到数据库或访问 Web UI 的指令。由于在运行 helm install 或 helm status 时会将此文件打印到 STDOUT，因此建议保持内容简短并指向 README 以获得更多细节。

13.3.3　管理图表依赖

在 Helm 中，一个图表可能依赖于任何其他图表。这些依赖关系通过在安装过程中将依赖关系图复制到 charts/子目录中来明确表达。

依赖项既可以是图表存档（foo-1..2.3.tgz），也可以是未打包的图表目录。但是它的名字不能以_或.开始，这样的文件会被图表加载器忽略。

1．使用需求管理依赖关系

与其手动将图表放在 charts/子目录中，不如使用图表内部的 requirements.yaml 文件声明其依赖性。

requirements.yaml 文件是用于列出图表相关性的简单文件，代码如下所示。

```
dependencies:
  - name: foo
    version: 1.2.3
    repository: http://example.com/charts
  - name: bar
    version: 3.2.1
    repository: http://another.example.com/charts
```

- name 字段是所需图表的名称。
- version 字段是所需图表的版本。

- repository 字段是 chart repository 的完整 URL。请注意，还必须使用 helm repo 添加，在本地添加该 repository 库。

一旦有了依赖文件，就可以运行 Helm 依赖更新，它将使用依赖文件将所有指定的图表下载到图表子目录中，代码如下所示。

```
$ helm dep up foo-chart
Hang tight while we grab the latest from your chart repositories...
...Successfully got an update from the "local" chart repository
...Successfully got an update from the "stable" chart repository
...Successfully got an update from the "example" chart repository
...Successfully got an update from the "another" chart repository
Update Complete. Happy Helming!
Saving 2 charts
```

当 Helm 依赖更新检索图表时，它将作为图表归档存储在 charts/ 目录中。因此，对于前面的示例，人们会期望在 charts 目录中看到如下代码所示的文件。

```
charts/
  foo-1.2.3.tgz
  bar-3.2.1.tgz
```

使用 requirements.yaml 管理图表是一种轻松更新图表的方式，也是在整个团队中共享需求信息的好方法。

2. 利用 requirements.yaml 中的特殊字段

除其他字段之外，每个需求条目还可以包含可选字段 tags 和 condition。

默认情况下会加载所有图表。如果存在 tags 或 condition 字段，它们将被评估并用于控制其应用于图表的加载。

condition：condition 字段保存一个或多个 YAML 路径（用逗号分隔）。如果此路径存在于上级父值中，并解析为布尔值，则基于该布尔值启用或禁用图表。只有列表中找到的第一条有效路径会被评估，如果没有路径存在，则该条件不受影响。

tags：tags 字段是与此图表关联的标签的 YAML 列表。在父级的值中，可以通过指定标记和布尔值来启用或禁用带 tags 的所有图表。

下面是一个 requirements.yaml 和 values.yaml 的示例，它们很好地利用了 tags 和 condition 来启用和禁用依赖项的安装。requirements.yaml 文件根据 global enabled 字段和特定 sub-charts enable 字段的值定义了安装依赖项的两个条件，代码如下所示。

```
# parentchart/requirements.yaml
```

依赖性代码如下所示。

```
- name: subchart1
  repository: http://localhost:10191
  version: 0.1.0
  condition: subchart1.enabled, global.subchart1.enabled
  tags:
    - front-end
    - subchart1
- name: subchart2
  repository: http://localhost:10191
  version: 0.1.0
  condition: subchart2.enabled,global.subchart2.enabled
  tags:
    - back-end
    - subchart2
```

values.yaml 文件将值分配给一些条件变量。subchart2 标签并没有得到任何值，因此它被认为是启用的，代码如下所示。

```
# parentchart/values.yaml
subchart1:
  enabled: true
tags:
  front-end: false
  back-end: true
```

在安装图表时，还可以从命令行设置 tags 和 condition，它们将优先于 values.yaml 文件，代码如下所示。

```
helm install --set subchart2.enabled=false
```

tags 和 condition 的区分如下。
- condition（设置值时）总是覆盖 tags。第一 condition 路径会忽略存在于该图表的 wins 和后续条件。
- tags 会被评估为图表的任何标签看起来都为 true，然后启用图表。
- tags 和 condition 值必须设置在父级的值中。
- tags：键入必须是顶层键。全局和嵌套 tags 表当前不被支持。

13.3.4 使用模板和值

任何应用程序都需要配置和适应特定的用例。Helm 图表是使用 Go 模板语言填充占位符的模板。Helm 支持来自 Sprig 库和其他一些特殊功能的附加功能。模板文件存储在图表的 templates/子目录中。Helm 将使用模板引擎来呈现该目录中的所有文件并应用所提供的值文件。

1. 编写模板文件

模板文件只是遵循 Go 模板语言规则的文本文件。它们可以生成 Kubernetes 配置文件。如下代码是 Gitlab CE 图表中的服务模板文件。

```
apiVersion: v1
kind: Service
metadata:
name: {{ template "fullname" . }}
labels:
  app: {{ template "fullname" . }}
  chart: "{{ .Chart.Name }}-{{ .Chart.Version }}"
  release: "{{ .Release.Name }}"
  heritage: "{{ .Release.Service }}"
spec:
  type: {{ .Values.serviceType }}
  ports:
  - name: ssh
    port: {{ .Values.sshPort | int }}
    targetPort: ssh
  - name: http
    port: {{ .Values.httpPort | int }}
    targetPort: http
  - name: https
    port: {{ .Values.httpsPort | int }}
    targetPort: https
  selector:
    app: {{ template "fullname" . }}
```

2. 使用管道和功能

Helm 允许通过内置的 Go 模板函数、sprig 函数和管道在模板文件中使用丰富而复杂的语法。如下代码是一个利用这些能力的示例模板。它对 food 和 drink 键使用重复、引用和上部函数，也使用管道将多个函数链接在一起。

```
apiVersion: v1
kind: ConfigMap
metadata:
  name: {{ .Release.Name }}-configmap
data:
  greeting: "Hello World"
  drink: {{ .Values.favorite.drink | repeat 3 | quote }}
  food: {{ .Values.favorite.food | upper | quote }}
```

请查看值文件是否有如下代码所示的部分。

```
favorite:
  drink: coffee
  food pizza
```

如果有，那么得到的图表将如下代码所示。

```
apiVersion: v1
kind: ConfigMap
metadata:
  name: cool-app-configmap
data:
  greeting: "Hello World"
  drink: "coffeecoffeecoffee"
  food: "PIZZA"
```

3. 嵌入预定义值

Helm 提供了一些可以在模板中使用的预定义值。在 GitLab 图表上方的 `Release.Name`、`Release.Service`、`Chart.Name` 和 `Chart.Version` 是 Helm 预定义值中的例子。其他预定义值如下。

- `Release.Time`。
- `Release.Namespace`。
- `Release.IsUpgrade`。
- `Release.IsInstall`。
- `Release.Revision`。
- `Chart`。
- `Files`。
- `Capabilities`。

Chart 是 `Chart.yaml` 的内容。文件和能力预定义值是允许通过各种功能访问的

map-like 对象。注意，Chart.yaml 中的未知字段被模板引擎忽略，也不能用于将任意结构化数据传递给模板。

4．从文件中反馈值

下面是 Gitlab CE 缺省值文件的一部分。这个文件的值用于填充多个模板。例如，在前面的服务模板中使用 ServiceType、sshPort、httpPort 和 httpsPort 值，代码如下所示。

```
image: gitlab/gitlab-ce:9.0.0-ce.0
serviceType: LoadBalancer
sshPort: 22
httpPort: 80
httpsPort: 443

resources:
  requests:
    memory: 1Gi
    cpu: 500m
  limits:
    memory: 2Gi
    cpu: 1
```

读者可以在 install 命令中提供自己的 YAML values 文件来重写默认值，代码如下所示。

```
$ helm install --values=custom-values.yaml gitlab-ce
```

5．作用域、依赖关系和值

值文件可以声明顶级图表的值，以及包含在该图表的 charts/目录中的任何图表的值。例如，gitlab-ce values.yaml 文件包含其依赖关系图、postgresql 和 redis 的默认值，代码如下所示。

```
postgresql:
  imageTag: "9.6"
  cpu: 1000m
  memory: 1Gi
  postgresUser: gitlab
  postgresPassword: gitlab
  postgresDatabase: gitlab
  persistence:
    size: 10Gi
```

```
redis:
  redisPassword: "gitlab"
  resources:
    requests:
      memory: 1Gi

  persistence:
    size: 10Gi
```

顶层图表可以访问其相关图表的值，反之亦然。此外，还有一个全局值可以访问所有图表。比如，读者可以添加如下代码所示的配置。

```
global:
  app: cool-app
```

当存在全局时，它将被复制到每个从属图表的值，代码如下所示。

```
global:
  app: cool-app

postgresql:
  global:
    app: cool-app
  ...
redis:
  global:
    app: cool-app
  ...
```

13.4　总结

在本章中，我们介绍了 Kubernetes 安装包管理器——Helm。Helm 赋予 Kubernetes 管理由许多互依赖的 Kubernetes 资源组成的复杂软件的能力。它与 OS 包管理器的用途相同，它组织软件包，让用户搜索图表、安装和升级图表，并与合作者共享图表。读者可以自行开发图表并将其存储在图表存储库中。

读完本章后，读者应该理解 Helm 在 Kubernetes 生态系统和社区中所起的重要作用，也应该能够高效地使用 Helm，甚至开发和分享自己的图表了。

在第 14 章中，我们将展望 Kubernetes 的未来，介绍它的路线图，以及我的愿望清单中的一些个人事项。

第 14 章
Kubernetes 的未来

本章将从多个角度展望 Kubernetes 的未来。首先将从路线图和未来产品的特征展开，并深入 Kubernetes 的设计过程。接下来将介绍自创建以来 Kubernetes 的发展趋势，包括社区、生态系统和思维共享等多个维度。Kubernetes 的未来很大程度上将取决于它与竞品之间的对比。由于容器编排是一个全新的、迅速变化、不易理解的领域，因此教育培训也将在其中扮演重要角色。本章的最后将围绕我最感兴趣的部分展开——动态插件。

本章将涉及以下主题。

- 未来发展的道路。
- 面临的挑战。
- Kubernetes 的发展势头。
- 教育和培训。
- 动态插件。

14.1 未来发展道路

Kubernetes 是一个大型开源项目，我们共同回顾一下它计划中将具备的特性和即将更新的版本，以及聚焦于特定领域的各种兴趣小组。

14.1.1 Kubernetes 的发行版和里程碑

Kubernetes 有非常频繁的更新迭代，截至 2017 年 4 月的最新版本为 1.6.1，下一个版本 1.7 已经有大约 22%的用户完成更新。为了展示其已经完成的工作，下面列出了 1.7 版本中更新的几个问题。

- WIP 将 KubeletConfiguration 参数分组到子结构中。
- 将 Kubelet 的 master-service-namespace 标志标记为弃用。
- 移除 deprecated --babysit-daemons kubelet 标记。
- 清理 pre-ControllerRef 兼容性逻辑。
- 用 Watch() 为 VerifyControllerAttachedVolume 替代单一投票。

每 3 个月会发布一次小版本，直到下一次发布前，会发布补丁来弥补漏洞和问题。

另一种预测接下来版本变化的方法是了解 Alpha 和 Beta 版本的更新情况。

下面是 Alpha 1.7 版本中的一些更新内容。

- Juju: 如果检测到 GPU 硬件，启用 GPU 模式。
- 在解析 apiversion 之前检查错误。
- get-kube-local.sh 用 --namespace=kube-system 选项检查 Pod。
- 在 kubeapi-load-balancer 中使用 http2 来修复 kubectl exec 的使用。
- 在接下来的 API 中支持 status.hostIP。

14.1.2　Kubernetes 的特别兴趣小组和工作组

作为一个大型开源社区项目，Kubernetes 的大部分开发工作都是在多个工作组中进行的。

未来版本的更新计划也将主要针对于这些 SIG（特别兴趣小组）和工作组，因为 Kubernetes 太大了，无法集中处理所有问题，与 SIG 相关的问题是常遇到也是常被讨论的。

14.2　面临的挑战

Kubernetes 是容器编排中的热门技术领域，Kubernetes 未来也必将被视为整个市场的一部分。一些潜在的竞争者也可能成为合作伙伴，来促进自己的产品和 Kubernete 共同发展，至少可以使 Kubernete 在其平台上运行。

14.2.1　捆绑价值

像 Kubernetes 这类容器编排平台，直接或间接地与更大或更小范围的平台去竞争。例如，Kubernetes 或许可以在 AWS 这样特定的云平台上可用，但可能不是 default/go-to 的解决方案。另外，Kubernetes 是 Google 云平台上 GKE 的核心。选择云平台或 PaaS 这类更高抽象级别的开发者，通常会选择默认的解决方案，但部分开发者或组织也会担心提供商锁定，或需要在多个云平台或混合公共/私有的平台上运行。

Kubernetes 在这个方面有很强的优势。

14.2.2 Docker Swarm

Docker 目前是作为容器标准存在的，通常人们提到容器时便是在说 Docker。Docker 希望在容器编排领域分一杯羹，因而发布了 Docker Swarm 产品。Docker Swarm 的主要好处是它在 Docker 安装时作为其中的一部分，并且使用标准的 Docker API，因而它很容易入门。然而，Docker Swarm 在功能和成熟度方面却落后于 Kubernetes。此外，在高品质工程和安全方面，Docker 的风评也不是很好，那些注重系统稳定性的开发者和组织可能会避免使用 Docker Swarm。Docker 自身也意识到了这个问题，正在积极采取相应的改进方案，它发布了一个企业专供版，并通过 Moby 项目将 Docker 的内部构件作为一组独立的组件。

14.2.3 Mesos/Mesosphere

Mesosphere 是开源 Apache Mesos 背后的公司，而 DC/OS 产品是云中运行容器和大数据的现任产品。技术是成熟的，中间层进化了，但它们没有 Kubernetes 拥有的资源和动力。我相信 Mesosphere 会做得很好，因为它是一个很大的市场，但是它不会威胁到 Kubernetes 作为头号容器编排解决方案的地位。

14.2.4 云平台

一大批组织和开发人员涌向公共云平台，以避免由基础设施的低层管理带来的麻烦。这些公司的主要动机往往是快速行动，专注于自己的核心竞争力。因此，他们经常使用云提供商提供的默认部署解决方案，因为集成是无缝的和流线型的。

14.2.5 AWS

Kubernetes 通过官方的 Kubernetes Kops 项目在 AWS 上运行得很好。

Kops 的一些特征如下。

- AWS 中实现 Kubernetes 集群的自动化。
- 部署高度可用的 Kubernetes 主节点。
- 生成 Terraform 配置的能力。

然而，Kops 不是一个官方的 AWS 解决方案。如果通过 AWS 控制台和 API 管理基础设施，阻力最小的路径是使用 AWS 弹性容器服务（ECS）——一种内置的容器编排解决方案，它不基于 Kubernetes。

14.2.6　Azure

Azure 提供了 Azure 的容器服务，他们不喜欢收藏夹。如果我想使用 Kubernetes、Docker Swarm 或 DC/OS，可以选择。这很有趣，因为最初 Azure 是基于 Mesosphere DC/OS 的，后来他们添加了 Kubernetes 和 Docker Swarm 作为编排选项。随着 Kubernetes 在能力、成熟度和心态共享方面的不断进步，我相信它也将成为 Azure 上的头号编排选项。

14.2.7　阿里云

阿里云是中国 AWS 的一种方式。他们的 API 与 AWS API 非常像。阿里云提供了一种基于 Docker Swarm 的容器管理服务。我已经在阿里云上小规模地部署了一些应用程序，它们似乎能够跟上该领域的变化，并快速跟踪大型玩家。

14.3　Kubernetes 势头

Kubernetes 背后有巨大的动力，这个社区超级强大。随着 Kubernete 功能的增强，用户蜂拥而至，技术媒体承认它的头号领导地位，这个生态系统非常热闹，许多大公司和公司（不止 Google）都支持它。

14.3.1　社区

Kubernetes 社区是它的一大资产，并且 Kubernetes 也加入了 CNCF。

14.3.2　GitHub

Kubernetes 是在 Github 上托管代码的，是 Github 上的顶级项目之一。它在明星中排名前 0.01%，在活动方面排名第一。

在 LinkedIn 个人资料中列出的 Kubernetes 专业人士比其他同类产品的多得多。

14.3.3　会议

Kubernetes 活跃的另一个迹象是会议、聚会和参加者的数量。KubeCon 正在迅速成长，新的 Kubernetes 聚会每天都在开放。

14.3.4 思维共享

Kubernetes 得到了很多关注和部署。进入容器/DeOps/微型服务领域的大公司和小公司都用 Kubernetes，其趋势是显而易见的。一个有意思的度量是，随着时间的推移，StackOverflow 问题的数量变化，Kubernetes 社区开始回答问题并促进合作，这些使得其竞争对手相形见绌，趋势是十分明显的，如图 14.1 所示。

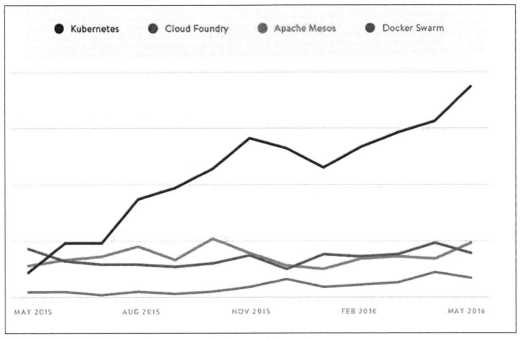

图 14.1　应用趋势

14.3.5 生态系统

Kubernetes 的生态系统令人印象深刻，包括从云提供商到 PaaS 平台以及提供简化环境的初创公司。

14.3.6 公有云提供商

主要的云提供商会直接支持 Kubernetes。显然，Google 正在引领 GKE，这是 Google 云平台上的本地容器引擎。前面提到的 Kops 项目是 AWS 的良好支持、维护和文档化解决方案。Azure 提供 Kubernetes 作为其后端之一的 Azure 容器服务。

1．OpenShift

OpenShift 是 RedHat 的容器应用程序产品，构建在开放源码 OpenShift 的源头（基于 Kubernetes）之上。OpenShift 在 Kubernetes 之上添加了应用程序生命周期管理和 DevOps 工具，对 Kubernetes（如自动伸缩）做出了很大贡献。这种互动是非常健康和令人鼓舞的。

2．OpenStack

OpenStack 是开源的私有云平台，它将 Kubernetes 作为基础编排平台来进行标准化。跨公共云和私有云的混合部署的大型企业可以在一端与 Kubernetes 云联邦和 OpenStack 进行更好的集成，作为私有云平台，OpenStack 借助了 Kubernetes。

3．其他选手

有许多其他公司使用 Kubernetes 作为基础，比如 Rancher 和 Apprenda。大量初创企业开发了在 Kubernetes 集群内部运行的附加组件和服务。Kubernetes 的未来是光明的。

14.4　教育和培训

教育将是至关重要的一环。随着 Kubernetes 的早期使用者让位给大多数人，为组织和开发人员提供合适的资源以快速获取 Kubernetes 并提高生产力非常重要。已经有一些很好的资源，而且我预测，未来这些资源的数量和质量将会提高。当然，本书也是这些驱动力中的一部分。

官方的 Kubernetes 文档变得越来越好，但还有很长的路要走，在线教程很适合入门。Google 已经为 Kubernetes 制作了一些 Udacity 课程，读者可以访问观看。

另一个优秀的资源是 KataCoda，它提供了一个完全免费的 Kubernetes 场所，在这里，读者可以只花费几秒便获得一个私有集群，此外还提供了多个关于高级主题的实践教程。

Kubernetes 也有很多付费培训选项。随着 Kubernetes 普及程度的进一步提高，将有更多的备选项。

14.5　动态插件

这部分在任何官方路线图中都没有被列出。我计划与社区讨论这个问题，如果有积极的回应，就开始推动这一努力。

　　Kubernetes 是用 Go 实现的。Go 是一种非常强调简单性的伟大语言。因此，它的一个突出特点是单个可执行二进制文件。并没有单独的运行时，直到 Go 1.8 之前，都还没有动态加载的库，这种方法在很多情况下都很好。然而，对于灵活和动态配置的应用程序来说，这也是一个障碍。当然，Kubernetes 是具有灵活性和插件的。但是这些插件（除 CNI 插件之外）必须全部编译成 Kubelet 或 API 服务器。CNI 插件是另一种情况，它被部署为单独的可执行文件，但这限制了标准输入和输出的接口。因为 API 传输数据是有限的，这种方法对 CNI 插件适用，但是对于更多的交互式插件来说并不是一个好的选择。

　　如果由于某种原因，Go 1.8 动态插件不适合，另一种可能的解决方案是利用 Go 接口来实现 C。通过 C 接口，可以动态加载 Go 插件并具有两种较好的性能：稳定的 Kubernetes 平台，这个平台支持较好定义的插件接口从精心控制的目录中加载，而不需要去构建；整个 Kubernetes API 服务器或 Kubelet 的重新部署，这是一个重要的推动因素，因为 Kubernetes 使用已进入主流，而开发人员只是想部署他们的应用程序并使用第三方插件而不构建 Kubernetes 本身。

14.6　总结

　　在本章中，我们展望了 Kubernetes 的未来，技术基础、社区、广泛的支持和动力都是非常令人振奋的。虽然 Kubernetes 仍然年轻，但创新和稳定的步伐是非常鼓舞人心的。

　　此时，读者应该清楚地知道 Kubernetes 现在处于什么阶段，从哪里开始。读者应该确信 Kubernetes 不仅仅会留在当前，在未来许多年中，它将成为领先的容器编排平台，并与更大的产品和环境集成。

　　现在请读者来使用所学到的东西，与 Kubernetes 一起创造惊人的东西！